国家自然科学基金重点项目（编号：41530207）资助

鲁西早前寒武纪构造–热事件

侯贵廷　张　昊　杨立辉　著

科 学 出 版 社

北 京

内 容 简 介

华北克拉通是中国重要的克拉通之一。鲁西地区位于华北克拉通的东部,其前寒武纪地质的研究程度在整个华北克拉通内是最薄弱的。本书通过野外调查、岩石矿物学分析、地质年代学分析、地球化学分析、同位素分析、构造解析和动力学机制分析,研究鲁西前寒武纪构造-热事件,提出了鲁西地区前寒武纪地质演化的五个阶段,即:新太古代早期科马提岩及其构造-热事件(Ⅰ)、新太古代晚期表壳岩及其构造-热事件(Ⅱ)、新太古代末期韧性剪切带及地块拼贴事件(Ⅲ)、古元古代伸展事件(Ⅳ)和中晚前寒武纪超大陆裂解的伸展阶段(Ⅴ),提出新太古代晚期在鲁西地区就已经出现了岛弧和俯冲机制,进入古元古代就已经具备了现代刚性板块的特征,基本完成了克拉通化过程。

本书适合与地质相关的高等院校教师和研究生以及区域地质和矿产资源领域的研究人员使用。

审图号: GS 京(2025)0191 号

图书在版编目(CIP)数据

鲁西早前寒武纪构造-热事件 / 侯贵廷,张昊,杨立辉著. -- 北京:科学出版社,2025.2. — ISBN 978-7-03-080164-7

Ⅰ. P534.1

中国国家版本馆 CIP 数据核字第 2024SQ1011 号

责任编辑: 王 运 柴良木 / 责任校对: 何艳萍
责任印制: 肖 兴 / 封面设计: 无极书装

科学出版社出版
北京东黄城根北街 16 号
邮政编码: 100717
http://www.sciencep.com
北京建宏印刷有限公司印刷
科学出版社发行 各地新华书店经销
*
2025 年 2 月第 一 版 开本: 787×1092 1/16
2025 年 2 月第一次印刷 印张: 12 1/4
字数: 290 000
定价: **169.00 元**
(如有印装质量问题,我社负责调换)

前　　言

自 20 世纪 60 年代板块构造学说诞生以来，该学说能否适用于前寒武纪地质时期，一直是世界地质的研究前沿问题。由于早前寒武纪地球处于比显生宙更热的状态，从岩浆海到刚性岩石圈的转换时期，岩石圈何时具备板块构造特征，地球何时启动板块构造机制，都是目前国际上关注的重要地质科学问题。

华北克拉通是世界上重要的克拉通，记录了中国最早的岩石年龄和最早的岩石圈演化历史。尤其位于华北克拉通东部的鲁西地区是我国最早发现典型科马提岩的地区，因此，鲁西地区是研究我国早前寒武纪地质的最佳场所，对华北克拉通以及全球前寒武纪地质研究都具有重要意义。

鲁西地区发育了丰富的前寒武纪地质体，记录了一系列的地质事件，揭示了鲁西前寒武纪地质演化。鲁西地区不但发育了中国最典型的新太古代科马提岩，还发育了新太古代表壳岩变质玄武岩、韧性剪切带和古元古代的变形变质的岩墙群以及中新元古代的未变形未变质的岩墙群，这一系列地质体在鲁西地区露头清晰，发育良好，为我们开展华北克拉通鲁西地区的早前寒武纪研究提供了良好的地质条件。

在整个华北克拉通范围内，鲁西地区的研究程度相对最弱，远不如山西-内蒙古和冀东地区，值得开展广泛系统的深入研究。鲁西前寒武纪地质尚存在如下科学问题：

（1）鲁西地区在新太古代从垂向构造体制向水平构造体制的转换机制尚不清晰；

（2）新太古代末期鲁西微陆块从俯冲转换为碰撞拼贴的过程尚缺乏构造地质学证据；

（3）在完成微陆块拼合后，鲁西地区在古元古代早期克拉通化的时间和过程尚不明确。

本书通过野外地质调查、岩石学和矿物学分析、同位素年代学分析、地球化学分析、同位素分析、显微构造、构造解析和大地构造动力学机制分析，对鲁西地区前寒武纪一系列的构造-热事件开展系统深入的研究，提出了鲁西地区前寒武纪地质演化的五个阶段。最后提出新太古代晚期在鲁西地区的岩石圈就已经初步具备了板块构造特征，出现了岛弧和俯冲机制，进入古元古代就已经完成了克拉通化过程，进入板块构造机制时期。

本书的前言由侯贵廷主笔；绪论由侯贵廷、张昊主笔；第 1 章、第 2 章、第 3 章、第 5 章由张昊和杨立辉主笔，侯贵廷修改；第 4 章由张昊主笔，侯贵廷修改；第 6 章和第 7 章由张昊和侯贵廷主笔。全书由侯贵廷整理统稿和校稿。

本书得到国家自然科学基金重点项目（编号：41530207）的支持。在研究过程中得到刘树文、万渝生、张波、田伟、李秋根和彭澎等专家的支持与帮助，在此一并感谢。

侯贵廷

2024 年 11 月 15 日

目　　录

绪　　论

板块构造理论自 1968 年被提出以来，已经取得了许多突破性进展，成功地解释了显生宙以来的地球演化过程及各种构造-热事件。但是，前寒武纪，尤其是早前寒武纪的构造-热事件还难以用板块构造理论来完全解释（李三忠等，2015）。因此，发生在早前寒武纪的构造体制问题已经成为目前地球科学领域的关注热点（Li et al.，2018；Palin et al.，2020；Liu et al.，2022）。前人针对地球太古宙壳幔动力学体制提出了许多构造模式，包括顶壳构造（lid tectonics）、地幔柱构造（mantle plumb）、重力沉降构造（sagduction tectonics）、滴落构造（dripping tectonics）和早期板块构造（early plate tectonics）等（Condie，2008；Hou et al.，2008a，2018b；Bedard，2018；Cawood et al.，2018；Wang et al.，2020）。这些构造模式可以总结为两种控制太古宙时期地球构造演化的构造体制，即地幔柱相关的垂向构造体制以及俯冲相关的水平构造体制（Zegers and Keken，2001；Bedard，2006；Dhuime et al.，2012，2015；Moyen and Laurent，2018）。对垂向和水平这两种体制的研究是解决早前寒武纪构造体制问题的关键。

1. 地球构造活动的垂向体制

地幔柱主导的垂向构造体制观点认为，地壳的生长和演化与地幔柱的活动和岩石圈拆沉作用有关。新太古代绿岩带中科马提岩表明，地球早期可能发生深部地幔上涌，并在较高温度下高程度部分熔融（Nebel et al.，2014）。例如，加拿大 Abitibi 绿岩带中互层状产出的科马提岩和拉斑玄武岩，证明了新太古代存在与现代黄石公园类似的地幔柱构造体制（Herzberg et al.，2010）。

原始地球经历原始地核分离后，形成原始地幔。约 4.45 Ga 前，原始地壳从初始地幔中分离出来；约 4.3 Ga 前，原始地幔发生分异（李三忠等，2015）。原始地幔分异过程中形成的岩浆海，逐渐冷却形成科马提质和玄武质的外壳。与此同时，早期地球在陨石撞击下产生了地幔对流循环和不均一性。目前研究表明，太古宙地球的构造岩浆活动可能受到顶壳构造控制（Debaille et al.，2013；Palin and Santosh，2021）。根据岩石圈流变学特性，又可将顶壳构造划分为停滞（stagnant）和活动（mobile）两种类型。停滞顶壳构造的动力学体制特点为固化顶壳、地幔对流和地幔柱构造体制。许多学者认为，该模型代表了古中太古代原始地壳生长和壳幔相互作用的主要方式（Palin et al.，2020）。

在早期地球的软流圈和原始地壳之间可能存在一个岩浆海（图 0.1）（Elkins-Tanton，2012）。岩浆海与原始地壳相互作用，发生广泛的岩浆活动，这些岩浆可以形成侵入体或喷出地表。在早期大部分岩浆沿着管道向上运移，以喷出作用为主。这种构造体制主要发生在冥古宙，被称为热管（heat-pipe）构造（图 0.1）（Moore and Webb，2013）。随着岩浆的不断喷出，原始地壳不断加厚，因此上升的熔体越来越难到达地表，此时侵入作用占据主导。这些古老的岩浆岩在持续岩浆活动作用下不断埋藏，其变质作用从角闪岩相转换为麻粒岩相（Palin and Santosh，2021）。在此阶段，这些变质火山岩在含水条件下发生部分熔融，形成了英云闪长岩-奥长花岗岩-花岗闪长岩（TTG）组分的岩浆（Martin et al.，2005）。长英质熔体在上升过程中或成为侵入体或喷出地表，形成了地球早期稳定的大陆地壳。持续加厚的基性地壳产生榴辉岩相变质，相对于下伏橄榄岩发生重力学不稳定（Aoki and Takahashi，2004）。太古宙地球较热，因此这些榴辉岩相的下地壳发生韧性变形"滴"入地幔中，随后地幔柱在重力驱动下上涌，形成地幔柱构造（图 0.1）（Piccolo et al.，2019）。此后，地幔不断冷却而软流圈不断加厚，阻碍了"水滴"状榴辉岩的形成，因而大量榴辉岩发生拆沉（delamination）作用（图 0.1）（Zegers and van Keken，2001）。上涌的岩石圈地幔由于压力降低而发生熔融，形成了新的地壳。随着新生地壳的不断形成，原来的地壳发生埋藏而熔融，形成了新的 TTG，进而大陆地壳不断形成（Moyen and Martin，2012；Wiemer et al.，2018）。

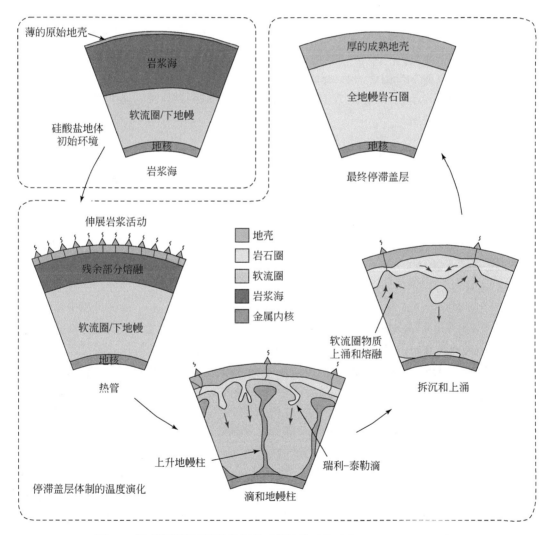

图 0.1　地球停滞顶壳构造体制的时间演化（修改自 Palin et al.，2020）

上述过程表明，在垂向构造体制下可以形成大量 TTG 侵入体，而这些 TTG 构成了新太古代早期大陆地壳基底的主体。针对 TTG 侵入体的形成，Bedard（2006）提出了触发式拆沉驱动的岩浆分异过程（图 0.2）。他认为，第一代地幔熔体在上涌加热地壳底部使其发生部分熔融形成花岗质熔体的同时，也会形成互补的榴辉岩残留体。花岗质熔体由于密度较小，会上升到浅部的火山岩地壳中，进而导致地壳对流翻转，密度较大的残留体会拆沉进入地幔。较大的拆沉体快速沉入深地幔，激发深部地幔物质底辟上升。而更小的拆沉体与浅部上地幔混合，触发第二代地幔熔体形成。这种多层次和多次代的地幔上涌及其壳幔相互作用是产生大量 TTG 岩石的主要原因。

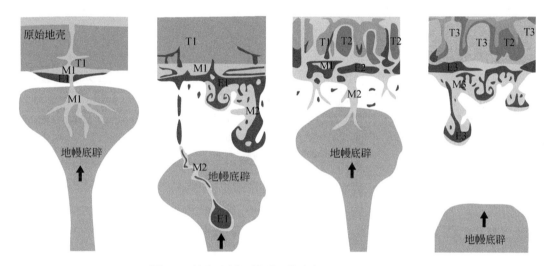

图 0.2　触发式拆沉模型（修改自 Bedard，2006）

M1-第一代地幔熔体；T1-第一代英云闪长质熔体；E1-第一代榴辉岩和辉岩残留体；M2-第二代地幔熔体；T2-第二代英云闪长质熔体；E2-第二代榴辉岩和辉岩残留体；M3-第三代地幔熔体；T3-第三代英云闪长质熔体；E3-第三代榴辉岩和辉岩残留体

早期地球通过不断的壳幔相互作用，形成了太古宙具有穹脊构造（dome and keel structure）特征的花岗绿岩带。绿岩带是已经变形、呈长条脊状、发生绿片岩相变质的火山岩-沉积岩单元，发育在一些大型片麻状或块状花岗岩侵入体穹隆中（李三忠等，2015）。绿岩带和花岗岩侵入体形影不离，呈穹脊状构造，共同构成太古宙基底的主体。这种穹脊构造在形成过程中可能发生了多次底辟（diapirism）和沉降（sagduction）作用，因此会形成多期次陡立的线理和面理。

2. 地球构造活动的水平体制

近年来，大量岩石学、地球化学和年代学研究表明，新太古代绿岩带主要由科马提岩-拉斑玄武岩序列和拉斑玄武岩-钙碱性玄武岩-安山岩-英安岩-流纹岩序列组成（Polat et al.，1998，2007，2011；Kerrich et al.，1999；Manikyamba and Kerrich，2011，2012；Angerer et al.，2013）。前者是典型的垂向构造体制下地幔柱作用的产物，而后者通常与水平构造体制下的俯冲作用有关（Hollings and Wyman，1999；Polat，2009，2013；Santosh et al.，2016）。如前文所述，停滞顶壳构造在太古宙构造体制中占据主导地位，并通过拆沉作用和地幔柱上涌形成大量 TTG 岩石。随着地幔热源的不断衰减，以水平运动为特征的活动顶壳构造开始出现（Weller and Lenardic，2018）。由于密度差异，初始的镁铁质地壳进入地幔，进而引发了初始俯冲。板内的地壳分异导致了陆核的形成，引起了地幔对流，俯冲范围扩大。陆块碰撞造山，继而引起地壳部分熔融，产生大量 TTG 岩石（翟明国等，2020）。这一过程主要在太古宙末 2.5 Ga 完成。

Moyen 和 Laurent（2018）系统性阐述了这一过程。镁铁质火山岩构成了早期地球的原始地壳，这种地壳在不同区域的厚度存在差异，在地幔对流上涌的区域地壳可能较厚。局部较厚的原始地壳发生重力失稳而成为碎片沉入地幔 ［图 0.3（a）］。随后，当地壳的高密度底部发生拆沉，便逐渐形成了类似俯冲的构造样式。虽然这种俯冲并不是持续发展的，并且难以驱动区域规模的板块运动。但是在地质和地球化学角度上，出现了一些俯冲带区域的典型结构，包括并置地体、水平逆冲拼贴、类弧岩浆、双变质带和同构造盆地等。同时，某些区域的镁铁质原始地壳在停滞顶壳构造体制下的纯板内环境中发生地壳分异，逐渐形成大陆地壳 ［图 0.3（b）］。而一旦陆核形成后，大陆下方就会发生地幔对流，进而导致地幔柱上涌和岩石圈变形。该时期的俯冲作用局限于大陆边缘 ［图 0.3（c）］。随着俯冲作用的持续，在俯冲带和克拉通之间的"裂谷"带发生伸展作用和镁铁质地壳增生的事件。最后，微陆块在水平移动过程中发生碰撞拼贴形成热造山带，并导致了地壳的部分熔融和下地壳塑性流动，进一步汇聚成更大的地块，成为克拉通。然而，该时期其他区域的镁铁质壳可能不发生上述过程，仍保持较为稳定的停滞顶壳构造，不一定是全球的构造事件［图 0.3（d）］。

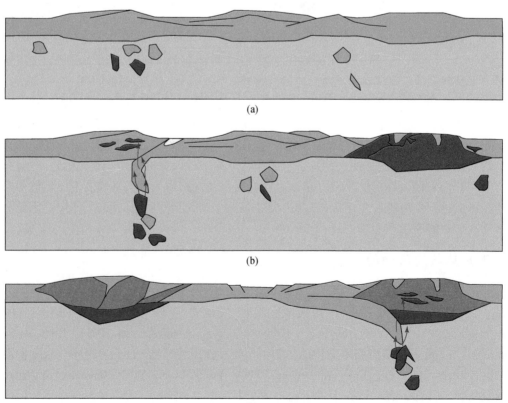

(a)

(b)

(c)

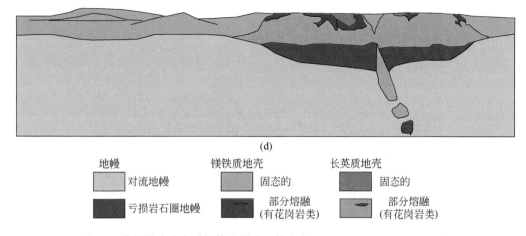

(d)

地幔	镁铁质地壳	长英质地壳
对流地幔	固态的	固态的
亏损岩石圈地幔	部分熔融（有花岗岩类）	部分熔融（有花岗岩类）

图 0.3　推测的太古宙时期构造样式（修改自 Moyen and Laurent，2018）

此外，在新太古代晚期绿岩带中发现了大量典型的玻安岩、富铌玄武岩、高镁安山岩、赞岐岩和埃达克岩等岩石，这些岩石更可能代表了洋壳俯冲作用的产物（Guo et al.，2013；Polat，2013；Wang et al.，2017）。俯冲洋壳板片脱水形成的流体首先交代了地幔楔和邻近的地幔，并触发了不同地幔物质的部分熔融，形成了初始的幔源岩浆，这些幔源基性岩浆喷发到地表形成了新太古代基性火山岩。此外，由于幔源岩浆的高温，其在上升过程中也触发了地壳部分熔融并经受了部分的地壳混染，导致了多期 TTG 岩石产生（Gao et al.，2019a，2019b，2020a；Hu et al.，2019a，2019b）。大量研究表明，在新太古代晚期，这种俯冲相关的水平构造体制开始逐渐取代垂向构造体制（Nutman et al.，2011；Zhai and Santosh，2011；Lin and Beakhouse，2013；Li et al.，2018）。

3. 现代板块构造起源

众所周知，现代板块构造体制起源于前寒武纪，但是其启动的时间、条件和动力学机制仍存在较大的争议（李三忠等，2015，2019）。针对板块构造启动时间，有以下几种观点（图 0.4）。第一种观点认为，冥古宙时期地球原始陆壳形成，那时就有板块构造（Hopkins et al.，2010；Maruyama et al.，2018）。其主要证据为西澳大利亚 Jack Hills 太古宙沉积岩中 4.4 Ga 的碎屑锆石记录，这些碎屑锆石是板块构造启动以及长英质大陆地壳形成的标志。第二种观点认为，板块构造始于太古宙的某一时期，如 3.8 Ga、3.5 Ga 或 2.9 Ga（Komiya et al.，1999；Greber et al.，2017；Palin et al.，2020）。其主要证据为陆壳岩石的大规模形成以及出现了俯冲相关的水平构造体制。第三种观点认为，板块构造出现于元古宙的某一时期，如 2.0~1.8 Ga 或 800~600 Ma（Hamilton，2011；Brown et al.，2020）。其主要证据为元古宙以来发育的各种"冷俯冲"造山带。上述观点的差异植根于依据不同的板块构造启动标志，包括岛弧、增生型造山带、前陆盆地、汇聚性大陆边缘和古地磁等（图 0.5）。其中，地球化学特征、蛇绿岩以及超高压变质作用是最受关注的判别标志（Condie and Kröner，2008）。

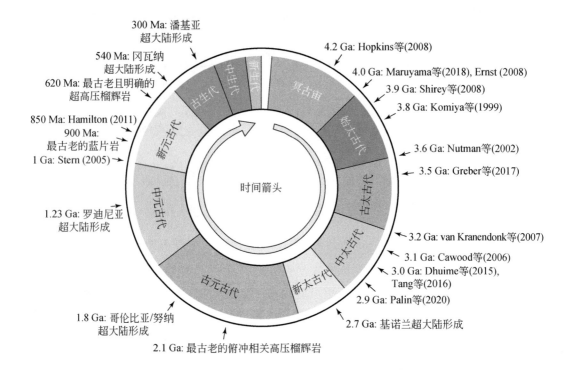

图 0.4　地球板块构造启动时间代表性成果和重要地质事件（修改自 Palin et al.，2020）

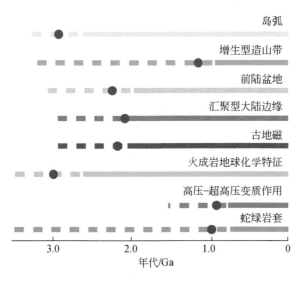

图 0.5　板块构造的主要判别标志（修改自 Condie and Kröner，2008）

对于板块构造的启动，李三忠等（2015）认为需要满足三个条件：刚性岩石圈、地幔对流以及俯冲作用。研究表明，在新太古代已经出现了刚性的岩石圈和地幔对流循环。然而，对于俯冲作用是否存在的判断仍存在争议。一部分学者指出，地球在新元古代之前地温梯度较高，难以满足刚性岩石圈和密度差异引发水平俯冲的基本条件（Hamilton，2011）。

另一部分学者认为，太古宙的板片俯冲可能是"热俯冲"，表现为板块温度高，刚性较弱，板块规模小和厚度较大，形成大量岛弧新生地壳，并以岛弧拼贴增生为主（Condie and Kröner，2013）。Gerya（2014）将前寒武纪造山带分为超热、热、混合以及冷造山带（图0.6）。随着时间发展，俯冲板片的分层性越来越明显，规模越来越大，俯冲深度越来越深。其中，2.0 Ga是关键的热演化时间节点。此后地温梯度逐渐下降，从新元古代以来开始发育现代冷造山带。因此，前寒武纪板块构造不是全球同时发生的，而是在局部出现的，随着时间的变化逐渐成为全球的主导构造，并且从平缓的运动向更深的俯冲转变（Sizova et al.，2014）。板块构造从古太古代到新太古代再到古元古代是幕式出现和演化的，在这一过程中，"热"是地球演化以及构造体制转变的根本制约因素（Zhai and Peng，2020；翟明国等，2020）。

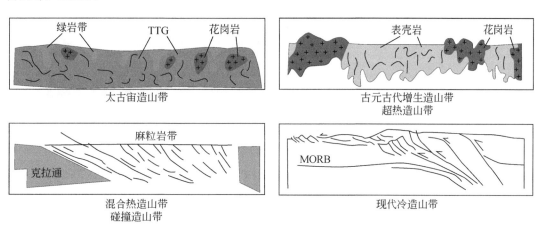

图0.6　前寒武纪造山带随时间演化（修改自Gerya，2014）

MORB-洋中脊玄武岩

新太古代时期，特别是2.7~2.5 Ga，是大陆地壳增生速度最快和体积增加最多的时期（Geng et al.，2012；Condie and Kröner，2013；Wan et al.，2014）。此时的大陆地壳地温梯度较高，厚度较大，主要发生韧性变形，俯冲深度较浅。因此表现为以"热厚软"为特征的浅俯冲作用。而现代板块构造体制下，大陆地壳地温梯度较低，厚度较小，刚性较强，俯冲较深，因此表现出以"冷薄脆"为特征的深俯冲作用（Zheng and Zhao，2020）。越来越多的证据表明，浅俯冲可能出现于3.0~2.5 Ga，以发育俯冲相关的基性岩和TTG岩石为标志（刘树文等，2015；O'Neill et al.，2016；Cawood et al.，2018）。在太古宙、古元古代期间，大陆地壳可能已经具有板块构造的某些特点，但是不足以判断是否达到了现代板块构造的启动条件（Palin et al.，2020；Palin and Santosh，2021）。综上所述，我们认为现代板块构造体制更可能出现于新元古代（约0.8 Ga），主要有如下证据：①板块构造启动之后，将会导致双变质作用的发育，典型的双变质带形成于0.8 Ga（Brown et al.，2020）；②蓝片岩以及超高压榴辉岩在0.8 Ga后集中出现，指示了冷、深、陡的板片俯冲（Condie and Kröner，2008）；③Cawood（2020）指出，地质体俯冲类型从高温韧性逐渐转变为低温刚性俯冲，这是由地幔的温度演化决定的，其界限可能在0.8 Ga。

4. 前寒武纪韧性剪切带

韧性剪切带又称韧性断层，主要发育在中下地壳，岩石在较高的温度和差应力下发生塑性变形，形成狭长的高应变带，即韧性剪切带（Ramsay，1980；Fossen，2016）。在岩石圈尺度下的断裂构造体系中，无论是形成逆断层还是正断层，都会在较浅的深度（<10 km）表现为脆性断层，在进入脆-韧性转换带（10～15 km）之后逐渐转变为韧性剪切带（图 0.7）。也就是说，随着深度的增加，地壳内不同深处的变形特征和变形机制显示出分带性（刘俊来，2017；侯泉林等，2018）。这与岩石本身的性质相关，同时也受到了温度压力等因素的控制。

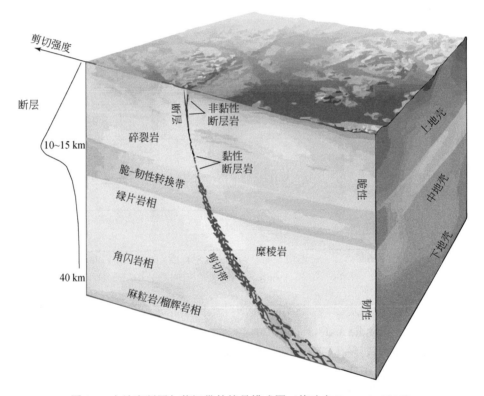

图 0.7　上地壳断层与剪切带的简易模式图（修改自 Fossen，2016）

韧性剪切带可以形成于伸展、挤压或者走滑构造背景，并且表现出了不同的面理和线理产状特征（Lin et al.，2007；Fossen，2016）。太古宙韧性剪切带常发育在太古宙花岗片麻岩基底之上，研究较为薄弱，其报道集中在中国华北、加拿大苏必利尔省、西澳大利亚和南非等地区（Zegers et al.，1998；Lin，2005；Gagnon et al.，2016；Li et al.，2017；Liu et al.，2017；Kato et al.，2018；Zhang et al.，2022b）。大多数剪切带发育具有不同倾角的糜棱面理，并且剪切带常常发育在成规模的绿岩带周围，表明它们为垂向构造体制的产物（Liu et al.，2017；Kato et al.，2018）。然而，有些韧性剪切带发育陡倾的糜棱面理和近水平的线理，并表现出斜向走滑挤压的特点，表明它们可能为水平构造体制的产物（Gagnon et al.，

2016）。

　　大量野外观测及地质填图表明，太古宙剪切带在华北克拉通分布较为广泛，主要集中在冀北、辽东和鲁西等地区，但是其研究却相对薄弱（宋明春，2008）。Li 等（2017）和Liu 等（2017）分别对辽东的白家坟韧性剪切带和冀北的双山子韧性剪切带开展研究。这两条剪切带均形成于新太古代晚期，发育在花岗岩穹窿与绿岩带接触的位置，其变质温度为高绿片岩相到低角闪岩相。几何学和运动学的研究表明其形成于重力差异沉降下的垂向大地构造环境。鲁西地区的韧性剪切带最早由张拴宏和王新社等学者进行了初步研究。该区的韧性剪切带主要分布在田黄和泰山等地区，发育在新太古代花岗岩基底之上，呈北西向线性延伸（张拴宏和周显强，1999；王新社，1999；王新社等，1999）。张拴宏等（1999）和王新社等（2005）分别对鲁西田黄地区韧性剪切带的几何学和运动学进行了研究。田黄地区主要发育青邑韧性剪切带和任岭韧性剪切带，与华北克拉通大多数太古宙剪切带不同的是，这两条剪切带发育近于直立的糜棱面理和近于水平的拉伸线理，具有右行走滑剪切特征。糜棱岩的磁组构研究表明该剪切带岩石变形以压扁作用为主，其最小磁化率主轴方向表明剪切带受到了 NE 向水平挤压，发生了右行剪切变形（张拴宏等，1999）。根据显微构造特征推断该剪切带处于绿片岩相的变质环境，王新社等（2005）对剪切带进行有限应变测量，数据糜棱岩应变数据投到了弗林图解的视压扁域，表明剪切过程中可能发生水平缩短和垂向增厚。因此，他们认为该剪切带可能是新太古代末期陆壳拼合的产物，反映该地区在新太古代末存在大陆地壳的垂向加厚作用。

　　韧性剪切带之所以发生韧性变形，不仅与其岩石性质有关，更与岩石所处的温度和压力条件有关（Fossen and Cavalcante，2017）。因此，获得韧性剪切带剪切变形时的温压条件（深度）在剪切带动力学研究中十分重要。由于太古宙韧性剪切带常常经历了多期变质作用的叠加，所以恢复其变形温度较为困难。因此，一般要结合岩石的微观变形行为和石英的组构特征进行综合分析（Law，2014）。

　　大量研究表明，变形温度会强烈影响石英和长石的微观变形行为（Passchier and Turrow，2005；Menegon et al.，2011）。在上地壳到地表层次（0～10 km），岩石在较低的温度和压力下发生脆性破裂，形成碎裂岩，此时石英和长石颗粒主要发生显微破裂。在中下地壳（15～30 km），岩石发生塑性变形，其中约 15 km 处为石英的脆韧性转换域，约 20 km处为长石的脆韧性转换域。在中地壳深度，在绿片岩相变质环境下，粗粒长石基本表现为脆性，部分长石颗粒发生破裂和旋转形成旋转碎斑系，部分发生膨凸重结晶；石英发生颗粒定向拉长和亚颗粒旋转动态重结晶（Handy et al.，1999），其变质变形的温度条件为300～450 ℃。当到达下地壳（30 km）深度，在角闪岩相变质环境下，长石颗粒变小，普遍都发生了亚颗粒旋转动态重结晶；石英颗粒变大，形成多晶条带和矩形条带（Hanmer et al.，1995；Hippertt et al.，2001）。这种构造岩被称为高温条带状糜棱岩，其变质变形的温度条件为450～600 ℃。因此，根据石英和长石的显微构造，可以反推韧性剪切带形成的温压条件（Law，2014）（图0.8）。

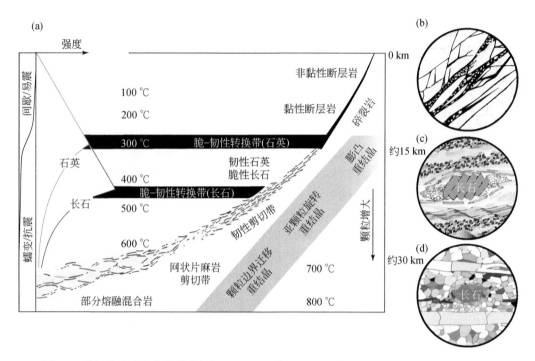

图 0.8　剪切带垂向变化的简单图解（a）和三个不同区域中显微组构特征［（b）～（d）］

（修改自 Fossen and Cavalcante，2017）

　　在一定温度压力和构造应力下，矿物晶体经过塑性变形形成特定滑移面和沿该面的滑移方向，这被称为滑移系。大量对石英的流变学研究表明，温度、应变速率和流体作用都会改变石英滑移系，继而会对其结晶学优选方位（CPO）产生影响（Lister，1977；Menegon et al.，2011；Law，2014；Graziani et al.，2020）。在这些影响因素中，学者普遍认为温度是最为重要的影响因素（Tullis，1977；Stipp et al.，2002a，2002b；Takeshita，2021）。电子背散射衍射（EBSD）是一种获取岩石组构特征的革命性技术。运用 EBSD 技术，可以获得石英的 CPO，进而可以获得石英滑移系，便可以推测剪切变形的温度（图 0.9）（Passchier and Trouw，2005；Toy et al.，2008）。石英 c 轴在较低温度下发生底面 a 滑移，当温度升高，棱面 a 滑移开始占据主导（Wilson，1975；Lister and Dornsiepen，1982）。在中温条件下，石英 c 轴发生柱面 a 滑移，而到高温条件发生柱面 c 滑移（Mainprice et al.，1986）。此外，Law（2014）指出，利用石英 c 轴组构极密环带形成的开角（opening-angle）也可以计算变形温度。目前，EBSD 技术已经广泛应用到韧性剪切带研究中（Zhang et al.，2012a）。

　　不同矿物有各自的封闭温度，根据这些矿物在体系封闭后的年龄，可以大致推断剪切作用时间。对于那些经历复杂构造演化的前寒武纪剪切带，确定其剪切年龄同样并非易事（Oriolo et al.，2016，2018；Sanislav et al.，2018）。许多学者认为，剪切过程中重结晶云母的 Ar/Ar 年龄可以用来代表剪切活动时间（Harrison et al.，1985，2009；Schneider et al.，2013）。然而，云母 $^{40}Ar/^{39}Ar$ 体系容易受后期构造-热事件影响而发生重置，导致年龄数据无效（Mulch and Cosca，2004；Nania et al.，2022）。根据岩脉与剪切带之间的关系，Searle（2006）将侵入剪切带的岩脉划分成前剪切（pre-kinematic）、同剪切（syn-kinematic）和后剪切（post-kinematic）三种类型。前剪切岩脉卷入剪切带中发生糜棱岩化；同剪切岩脉常常截切围岩叶理，但是又被叶理化改造，岩脉叶理与围岩的叶理一致；后剪切岩脉发育形态不规则，侵入方向多变，无明显变形（Oriolo et al.，2018）。因此，可以运用对不同期次岩脉和原岩的锆石 U-Pb 定年，间接限定剪切带的活动时限。

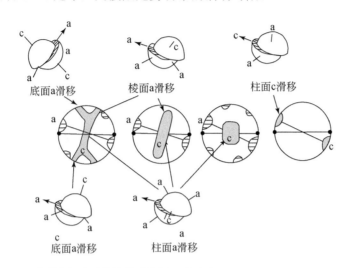

图 0.9　不同温度下石英滑移系特征（修改自 Passchier and Trouw，2005）

5. 前寒武纪基性岩墙群

基性岩墙是沿着岩浆运移通道（先存破裂）侵位的一种较陡立的基性岩脉，与围岩不整合接触，切穿已经存在的岩层或者组构，其厚度较小，但在长度和深度上可以区域性延伸，并成群发育，称为岩墙群（侯贵廷，1998b，2012；彭澎，2016）。自 1985 年以来已经召开了 8 次国际岩墙群大会。国际上一致认为岩墙群是岩石圈具有刚性特征的表现，是克拉通化后大陆脆性破裂伸展作用的结果（Hou，2008a，2008b，2008c；Srivastava，2010；Peng et al.，2016）。因此，基性岩墙群被广泛用于指示区域构造岩浆事件和大陆演化过程（Halls，1982；侯贵廷等，2003；Peng et al.，2007）。此外，根据基性岩墙群的几何学、年代学以及磁组构特征，可以进一步研究其形成机制、进行古应力恢复以及超大陆对比与重建等工作（侯贵廷等，1998，2000，2002；Hou et al.，2008a，2008b，2008c，2010）。在新太古代，华北克拉通的各个微陆块经历了垂向构造体制向水平构造体制的转变，形成了大量花岗质岩石，克拉通的基底已经基本形成（Zhai and Peng，2020；翟明国等，2020）。然而，前人对于这些微陆块何时并以什么样的方式拼合形成华北克拉通以及克拉通化的时间，仍然存在争议（Zhai and Santosh，2011；Zhao and Zhai，2013）。大陆克拉通化代表了稳定大陆形成的过程，可以说是地球演化历史上最伟大的事件（翟明国等，2022）。基性岩墙群是这一时期岩石圈刚性行为的最早记录，代表了大陆克拉通化的完成（侯贵廷等，1998b，2000）。因此，对华北克拉通古元古代岩墙群的研究是解决上述问题的关键。

在华北克拉通发育有大量古元古代岩墙，这些岩墙主要可以划分为未变质岩墙和变质岩墙（Hou et al.，2006b，2008a；Peng，2015；Wang et al.，2016）。未变质岩墙的侵入年龄集中在约 1.8～1.6 Ga，广泛分布于华北克拉通中部及东部的泰山、莱芜、五台、吕梁和密云等地区（侯贵廷等，1998b，2000，2002；Peng et al.，2005，2007，2011，2012b；Hou et al.，2006a，2006b；Li et al.，2015）。众多学者认为，这些未变质岩墙是陆内伸展的结果，指示了古元古代晚期华北克拉通完成了克拉通化过程（侯贵廷等，1998，2000；Hou et al.，2006a，2006b；Peng，2015）。近年来，在华北克拉通发现了大量变质岩墙，主要分布于赞皇、孟良崮、太行、五台和迁西等地区（Han et al.，2015；Wang et al.，2016；Peng et al.，2017；Duan et al.，2019；Yang et al.，2019）。这些岩墙普遍经历了角闪岩相的变质作用，其年龄集中在 2.2～1.9Ga。关于该地质历史时期形成这些变质岩墙的大地构造环境仍存在争议，有学者认为这些岩墙形成于弧后伸展环境（Han et al.，2015），另一部分学者认为它们形成于陆内裂谷伸展环境（Peng et al.，2017；Yang et al.，2019）。因此，对于华北克拉通变质基性岩墙的研究是解决华北克拉通克拉通化时间问题的关键所在。

除基性岩墙外，在华北克拉通还发现了大量的约 2.2～1.9 Ga 的古元古代中酸性岩浆活动，为华北克拉通该期的大地构造环境提供了关键证据。例如，Peng 等（2010，2012a）提出华北克拉通东部和中部的横岭岩浆带以发育双峰式火山岩为特征。此外，对五台地区滹沱群碎屑锆石的研究表明，其沉积地层形成于与大陆裂谷相关的环境中（Liu et al.，2011；Du et al.，2017）。对华北克拉通 2.2～1.6 Ga 基性岩墙及其岩浆活动的研究表明，华北克拉通可能分别在约 2.20～2.05 Ga 和约 1.80～1.60 Ga 存在两期陆内伸展的大地构造环境（Peng et al.，2017；Yang et al.，2019）。

6. 岩浆活动静寂期

目前在华北克拉通发现了包括基性岩墙在内的大量 2.2～1.9 Ga 岩浆活动，但是约 2.45～2.2 Ga 的岩浆活动却很少见。这一现象不仅出现在华北克拉通，而且在全球克拉通中都是如此（Barley et al.，2005；Condie et al.，2009；Condie and Aster，2010）。越来越多的研究表明，古元古代早期（约 2.45～2.20 Ga）的构造岩浆作用发生了显著的变化（Condie et al.，2009）。该时期地幔位温显著降低，岩浆活动十分微弱，并且缺乏典型的绿岩带和 TTG 花岗岩，因此也被称为古元古代构造-岩浆静寂期（或称为地球冷却期）（Tectono-magmatic quiescence）（Campbell and Griffiths，2014；Eriksson and Condie，2014；Condie，2018）。其可能的原因为该时期仍处于停滞顶壳构造下的裂谷环境或者存在较缓慢的俯冲作用（Condie et al.，2009；Lauri et al.，2012）。

尽管约 2.45～2.20 Ga 的岩浆事件在全球较为稀少，但是近年来随着研究深入，在多个克拉通也陆续发现了一些该时期的岩浆活动，如在北美 Churchill 克拉通西部，印度 Dharwar 克拉通以及巴西 São Francisco 克拉通等地区（Hartlaub et al.，2007；Belica et al.，2014；Teixeira et al.，2015）。华北克拉通作为世界上最古老的克拉通之一，也保留了较为完整的约 2.45～2.20 Ga 岩浆记录（Zhou and Zhai，2022）。前人研究表明，该期岩浆活动主要分布在中条、登封、吕梁和淮安等地，可以分为三个阶段：①2.50～2.42 Ga 的岩浆活动发育辉长岩、赞岐岩、闪长岩、中高压型 TTG 和钾质花岗岩（Peng et al.，2013a；Ouyang et al.，2020）；②2.42～2.25 Ga 主要为辉长岩、低压型 TTG 和 A 型花岗岩（Dan et al.，2012；Diwu et al.，2014）；③2.25～2.20 Ga 主要包含了玄武岩-英安岩-流纹岩序列花岗质深熔体（Wang et al.，

2014b；Chen et al.，2015）。上述岩石组合表明，华北克拉通在 2.50～2.42 Ga 经历了俯冲-碰撞到后碰撞事件，受到了持续的克拉通化作用。在 2.42～2.20 Ga 华北克拉通可能处于裂谷环境，受到地幔柱驱动发生地幔上涌和壳幔相互作用（Yuan et al.，2017；Duan et al.，2021；Zhou and Zhai，2022）。

7. 鲁西前寒武纪地质存在的科学问题

近年来，随着研究的深入和测试手段的发展，鲁西前寒武纪大地构造演化的研究有了大量突破性进展。万渝生、刘树文、Kusky、Polat 和 Santosh 等学者对鲁西太古宙基底进行了大量岩石学、年代学和地球化学等方面的工作，对鲁西太古宙岩石组合及构造演化有了更深入的认识。

基于前人成果，得到如下认识：①对鲁西新太古代约 2.7 Ga 和约 2.5 Ga 的表壳岩进行了大量研究（Wan et al.，2011，2012a；Wang et al.，2013b；Gao et al.，2019b；Sun et al.，2019b），并提出鲁西在新太古代晚期受水平构造体制控制，发育自南西向北东俯冲的构造模式（Peng et al.，2012；Sun et al.，2020b；Yu et al.，2021）。然而，由于对鲁西整个区域表壳岩的研究尚不全面，因此对新太古代构造体制转换过程的认识存在争议。②鲁西地区出露的大量太古宙末期壳源花岗岩，代表了鲁西微陆块从俯冲转变为碰撞的微陆块拼贴聚合过程（Sun et al.，2019a，2020b；Zhou and Zhai，2022）。然而，这一过程尚缺乏构造地质学的证据。在鲁西太古宙基底上发育大量新太古代活动的韧性剪切带，对该剪切带的变形温度和变形年代仍存在争议，这阻碍了我们对鲁西微陆块碰撞拼贴过程的理解。③华北克拉通太古宙基底自约 2.5 Ga 由微陆块拼合形成后，开启了克拉通化过程，但其在古元古代岩浆静寂期（约 2.45～2.2 Ga）的岩浆活动较少。特别是，在鲁西地区从未发现过约 2.45～2.2 Ga 的岩浆活动事件，导致我们对鲁西古元古代克拉通化的时间和过程认识不清晰，有空白期。

本书依托于国家自然科学基金重点项目"华北克拉通东部太古宙壳幔作用与地壳生长方式"，选择华北克拉通东部的鲁西地区为研究区，以该区前寒武纪各期构造-热事件为研究内容，来探讨鲁西前寒武纪克拉通化的过程和构造演化。在前人研究的基础上，本书按照鲁西早前寒武纪时间演化顺序，以鲁西田黄和泰山等地区新太古代表壳岩、韧性剪切带和古元古代变质基性岩墙为研究对象，结合构造地质学、岩石学、年代学和地球化学等研究手段，研究各类岩石的岩相学、地质年代学、岩石成因和大地构造背景，试图揭开鲁西地区新太古代—古元古代构造体制转换以及克拉通化过程。该研究同时对整个华北克拉通早前寒武纪构造演化具有重要的理论意义。

8. 研究思路

在前人对鲁西太古宙基底研究基础上，本研究思路是运用大地构造学基本理论，将构造地质学方法与岩石地球化学方法相结合，开展鲁西地区的前寒武纪构造演化研究。具体研究思路的技术路线如图 0.10 所示。

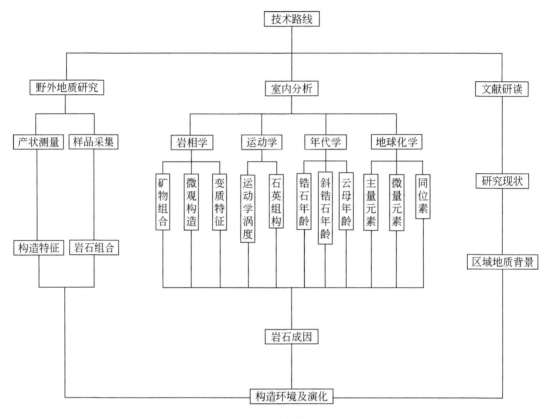

图 0.10　技术路线图

（1）野外踏勘和样品采集：以鲁西的田黄和泰山地区为主要研究区，通过野外地质勘察，厘定表壳岩和变质岩墙的岩石组合、空间分布以及与周围花岗质岩石的接触关系；对韧性剪切带进行运动学标志识别、采集定向标本，测量线理和面理；同时在研究区进行实测剖面和局部填图工作。

（2）岩相学和矿物学研究：对采集的样品磨制定向薄片，之后在偏光显微镜下观察样品的矿物组成、微观构造特征和蚀变情况等，对样品进行初步命名和分类。

（3）运动学涡度及石英组构研究：对采集的糜棱岩定向薄片进行有限应变测量和运动学涡度计算；通过构建极莫尔圆获取样品的运动学信息。对糜棱岩样品进行 EBSD 实验，获取样品石英颗粒的 CPO，进而结合显微构造推断剪切带的变形温度。

（4）全岩主量、微量元素和 Sm-Nd 同位素地球化学实验：根据野外和室内研究，挑选具有研究意义的样品，开展 X 射线荧光光谱（XRF）仪和激光剥蚀电感耦合等离子质谱（LA-ICP-MS）实验，分别测量全岩的主量和微量元素，从地球化学角度分析原岩成因和变质作用过程。对典型样品进行 Sm-Nd 同位素测试，进一步分析岩石成因和岩浆作用过程。

（5）年代学测试及锆石 Lu-Hf 同位素实验：对典型样品进行定年矿物（锆石、斜锆石、云母）挑选。随后，对挑选出的锆石和斜锆石颗粒进行制靶，拍摄阴极发光（CL）和背散射（BSE）照片。通过观察锆石和斜锆石结构，初步鉴定锆石成因，之后运用 LA-ICP-MS对锆石进行 U-Pb 定年实验，运用高灵敏度高分辨率二次粒子质谱（SHRIMP）对斜锆石进行 U-Pb 实验，运用 VG3600 质谱仪对云母颗粒进行 Ar/Ar 逐级加热实验。使用 ICPMS Data Cal 和 Squid 软件来处理测年数据，使用 Isoplot 软件绘制年龄谐和图并且计算相关年龄。结合前人的年代学数据，得出合理的成岩年龄。对具有典型年龄的锆石进行 Lu-Hf 同位素测试，进一步分析锆石成因及可能形成的大地构造环境等信息。

　　最后综合国内外研究现状及以上构造地质学、岩石地球化学和年代学的研究成果，系统分析并讨论鲁西早前寒武纪基底的岩石组合及成因、构造−热事件序列和大地构造环境与演化过程。

第1章　鲁西区域地质概况

华北克拉通位于中国北部，面积超过 30 万 km^2，是欧亚大陆东部规模最大、时代最为古老的克拉通。华北克拉通因其发育约 3.8 Ga 的古老岩石记录和约 2.8～2.7 Ga、约 2.6～2.5 Ga 两期新太古代地壳生长事件而被中外地质学家所重视，是探讨太古宙末期地壳生长方式和动力学机制转变的关键地区（Hou et al.，2008a，2008b；Zhai and Santosh，2011；Nutman et al.，2011；Zhao and Zhai，2013；Wan et al.，2014，2023）。

1.1　华北克拉通早前寒武纪地质概况

1.1.1　华北克拉通的构造单元划分

自 20 世纪 90 年代以来，许多学者根据华北克拉通的岩石组合、形成年代、变形特征和变质程度等，对其提出了多种不同的微陆块划分方案。例如：①伍家善等（1998）将华北克拉通划分为 5 个微陆块，分别为胶-辽、迁怀、晋冀、豫院和蒙陕；②张福勤等（1998）认为华北克拉通基底可以划分成阴山-冀北、鲁冀辽、辽东、胶北、皖北和太华等 15 个微陆块；③翟明国和卞爱国（2000）将华北克拉通基底划分成 6 个微陆块，分别为胶-辽、迁怀、阜平、集宁、许昌和阿拉善；④随后，Zhai 和 Santosh（2011，2013）对上述第 3 种划分方案进行了修改补充，将华北克拉通划分为阿拉善、徐淮、许昌、集宁、鄂尔多斯、迁怀和胶-辽共 7 个微陆块以及两条 2.7～2.6 Ga 和约 2.5 Ga 的绿岩带。Zhai 和 Santosh（2011）认为，这些微陆块在新太古代末期沿着绿岩带拼贴碰撞聚集在一起，伴有麻粒岩相的变质作用和大量壳源侵入体产生，最终完成克拉通化形成华北克拉通（图 1.1）。

然而，上述划分方案却受到了部分地质学家的质疑。Zhao 等（1998，2001）在华北克拉通中部发现了一条近南北向分割华北克拉通的碰撞造山带。他指出：①华北克拉通东西部和中部新太古代岩石呈现出不同的变质年龄；②东西部和中部基底具有不同的岩石组合和 P-T-t 轨迹。因此，Zhao 等（2004，2005）提出华北克拉通由西部陆块、东部陆块和中部造山带构成，东部陆块和西部陆块沿着中部造山带在约 1.85 Ga 时期碰撞拼合（图 1.2）。这些构造单元具有不同的变质作用时间和 P-T 演化特征。东部陆块新太古代基底岩系的变质作用发生在约 2.5 Ga，变质演化以等压冷却（IBC）逆时针 P-T 轨迹为特征，反映变质作用的成因与大规模地幔岩浆底侵有关。西部的孔兹岩带主期变质作用发生在约 1.95 Ga，变质演化以近等温减压（ITD）顺时针 P-T 轨迹为特征，反映阴山陆块与鄂尔多斯陆块碰撞形成西部陆块的热构造过程。华北中部带变质作用发生在约 1.85 Ga，变质演化同样以近等温减压（ITD）顺时针 P-T 轨迹为特征，反映了西部陆块和东部陆块最终碰撞形成统一的华北克拉通基底的构造过程。其证据主要为中部造山带发育有高压麻粒岩和榴辉岩等高级变质岩，记录的碰撞造山的变质峰期年龄为 1.85 Ga；中部带发育前陆盆地和大型线形构造如走滑韧性剪切以及推覆褶皱带等变形（Zhao et al.，2005，2012；Zhao and Zhai，2013）。随着研究的不断深入，上述划分方案得到了进一步的发展。有些学者指出，西部陆块由北部的阴山陆块和南部的鄂尔多斯陆块组成，它们在约 1.95 Ga 碰撞拼合形成东西向的孔兹岩带（Zhao et al.，2005；Yin et al.，2011，2014）。东部陆块由西部的龙岗陆块和东部的狼林陆块组成，它们之间存在一条古元古代（2.2～1.9 Ga）裂谷碰撞带（胶-辽-吉带），并沿该带在约 1.9 Ga 碰撞拼贴形成东部陆块（Li et al.，2005，2006；Zhao et al.，2011）。

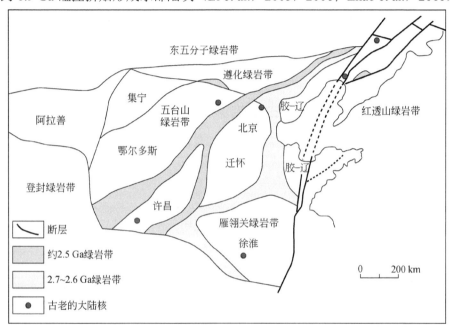

图 1.1　华北克拉通微陆块及绿岩带划分模型（修改自 Zhai and Santosh，2011）

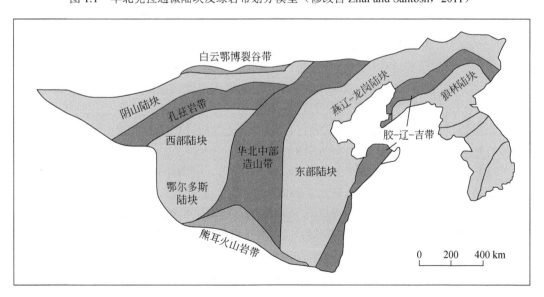

图 1.2　华北克拉通构造演化模型（修改自 Zhao et al.，2005）

　　此外，Kusky 等（2016）根据俯冲相关混杂堆积带和双变质带，也将华北克拉通划分为东部陆块、西部陆块和中央造山带。其中，中央造山带和 Zhao 等（2004，2005）提出的中部造山带部分重合，但他们认为东部陆块和西部陆块在约 2.5 Ga 发生弧-陆碰撞，而不是约 1.85 Ga。近年来，学者陆续在冀东地区发现了约 2.5 Ga 榴辉岩相石榴子石单斜辉石岩和超高压橄榄岩，证实在新太古代末期就发生了洋壳俯冲和碰撞过程（Ning et al., 2022；Wu et al., 2022）。Peng 等（2012a，2014）指出华北克拉通在古元古代东西岩浆作用的差异，在东部和中部广泛发育 2.2～1.96 Ga 的横岭岩浆带，而在西部发育 1.96～1.88 Ga 徐武家岩浆带。因此，他们根据东西两个不同岩浆体系将华北克拉通分为东部陆块和西部陆块，认为东西陆块在约 1.85 Ga 发生洋脊俯冲进而沿缝合线碰撞，导致了不同地壳层次和不同变质级别的岩浆岩剥露。

1.1.2　华北克拉通东部太古宙岩浆活动

　　华北克拉通新太古代早期（约 2.7 Ga）的岩浆活动记录主要出露于鲁西和胶东地区。鲁西地区保留有完好的约 2.7 Ga 表壳岩，被称为泰山岩群，包含了科马提岩-拉斑玄武岩序列（Wan et al., 2011）。此外，在中条、霍邱、阜平、赞皇、恒山和吉南等地区也陆续发现了新太古代早期的岩浆记录，其岩石组合主要为 TTG 等花岗质片麻岩（Wan et al., 2014）。对华北克拉通太古宙基底的岩石学和年代学研究表明，华北克拉通经历了明显的新太古代早期构造-热事件和大陆地壳增生过程，这与世界上其他古老克拉通一致。这些约 2.7 Ga 地质记录将＞2.8 Ga 的岩浆活动记录覆盖，其分布范围向西逐渐扩大［图 1.3（a）］。约 2.7 Ga 科马提岩、基性火山岩和 TTG 片麻岩的共生岩石组合表明，华北克拉通东部在新太古代早期可能受到了垂向地幔柱作用和水平俯冲作用的联合控制（Wang et al., 2015a）［图 1.3（b）］。

　　然而，区别于世界上大部分太古宙克拉通，华北克拉通在太古宙最强烈的构造-热事件时期为新太古代晚期（2.6～2.5 Ga），相对较晚一些。其中，冀东、辽西、五台和辽北等地区的基底发育保存较好的新太古代晚期表壳岩，代表了强烈的构造-热事件（Wang et al., 2022b）。结合对华北克拉通东部新太古代变质火山岩、TTG 片麻岩和钾质花岗岩等岩石组合的岩石学、年代学和地球化学研究，Wang 等（2015b）提出了华北克拉通东部陆块太古宙地壳生长方式模型（图 1.3）：①在洋中脊处，软流圈上涌发生减压熔融，形成了洋中脊玄武岩（MORB）以及亏损地幔。②发生洋-洋初始俯冲，俯冲板片流体交代地幔楔导致其发生部分熔融，形成了岛弧拉斑玄武岩（IAT）。③随着俯冲作用的持续，俯冲板片的流体或熔体不断交代地幔楔，使其在部分熔融的过程中发生大离子亲石元素（LILE）和轻稀土元素（LREE）富集，形成钙碱性玄武岩（CAB）；同时，壳源熔体通过与地幔楔相互作用，形成一系列具有高场强元素亏损特征的安山岩-英安岩-流纹岩，以及一些埃达克质或者赞岐状侵入岩。④新太古代末期洋内岛弧与东部陆块可能发生了弧-陆碰撞以及板片后撤（slab rollback），形成了大规模壳源花岗岩和麻粒岩相变质作用。上述构造-热事件和构造演化研究表明，华北克拉通东部在新太古代末期的地壳生长和壳幔相互作用主要受水平构造体制下的洋-洋俯冲以及弧-陆碰撞作用控制（Wang et al., 2015a）。即华北克拉通东部在新太古代早期（约 2.7 Ga）地壳生长受地幔柱和岛弧联合作用体制控制，而新太古代晚期（2.6～2.5 Ga）主要受洋-洋俯冲和弧-陆碰撞作用控制（王伟等，2015）。在新太古代晚期，俯冲相关的水平构造体制可能逐渐取代了地幔柱相关的垂向构造体制。

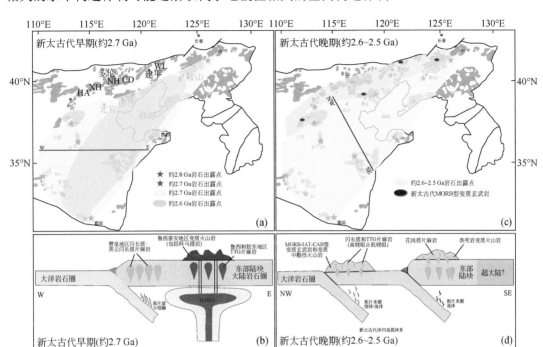

图 1.3　华北克拉通东部陆块太古宙地壳生长方式模型（修改自 Wang et al.，2015a）

MORB-洋中脊玄武岩；IAT-岛弧拉斑玄武岩；CAB-钙碱性玄武岩

1.2　鲁西地区早前寒武纪地质概况

1.2.1　鲁西岩石组合

鲁西地区作为华北克拉通东部陆块最重要的早前寒武纪变质结晶基底出露区之一，一直是中外地质学家研究的重点。在构造位置上，鲁西处于华北克拉通东部，总面积大于 1 万 km^2。鲁西的太古宙基底为典型的"花岗绿岩带"，绿岩以条带状和透镜状分布在花岗片麻岩的"海洋"中（Wan et al.，2010）。

鲁西太古宙表壳岩的研究始于 20 世纪 60 年代。前人将鲁西表壳岩系统称为泰山岩群。王世进（1993）在前人研究的基础上，将鲁西地区变质地层划分为三期，分别为中太古代沂水岩群、新太古代泰山岩群和古元古代晚期济宁岩群。其中，泰山岩群可进一步划分为"雁翎关岩组"、"柳杭岩组"、"山草峪岩组"和"孟家屯岩组"。济宁岩群曾一度被认为形成于古元古代，但是最近的锆石测年技术表明，其形成于新太古代末期。Wan 等（2010，2011，2012a，2014）结合锆石 SHRIMP 年代学数据，对鲁西表壳岩年代学进行了重新厘定（图 1.4），把鲁西新太古代表壳岩划分为新太古代早期表壳岩和新太古代晚期表壳岩。

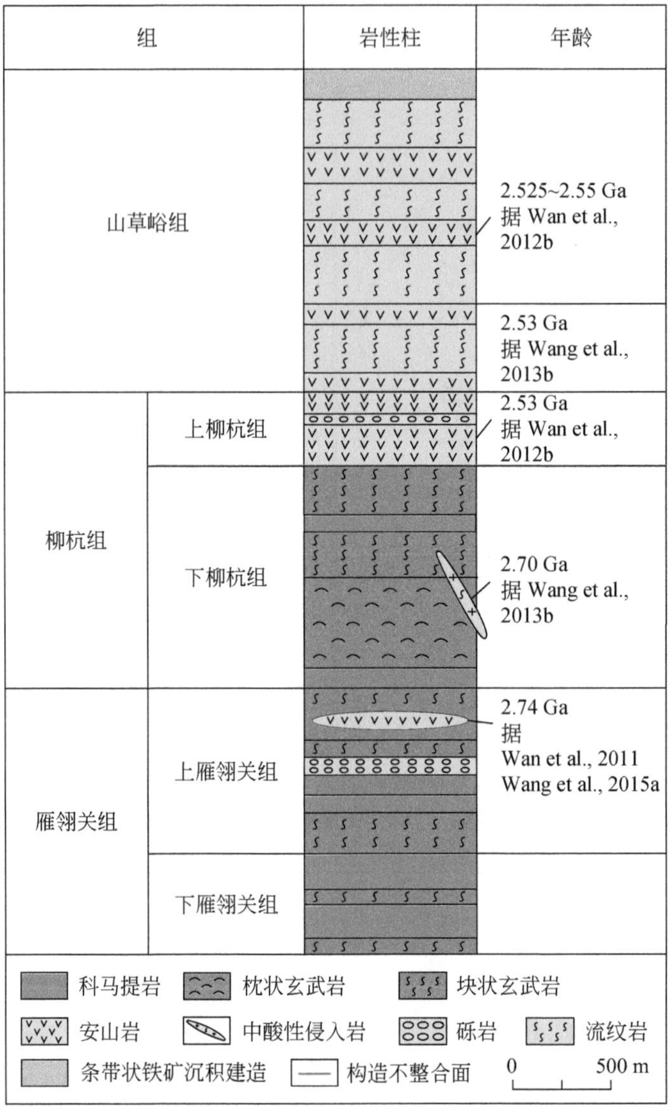

组		岩性柱	年龄
山草峪组			2.525～2.55 Ga 据 Wan et al.，2012b
			2.53 Ga 据 Wang et al.，2013b
柳杭组	上柳杭组		2.53 Ga 据 Wan et al.，2012b
	下柳杭组		2.70 Ga 据 Wang et al.，2013b
雁翎关组	上雁翎关组		2.74 Ga 据 Wan et al., 2011 Wang et al., 2015a
	下雁翎关组		

▨ 科马提岩		∿ 枕状玄武岩		ₛₛ 块状玄武岩	
∨∨ 安山岩		◿ 中酸性侵入岩		⊙⊙⊙ 砾岩	
▨ 条带状铁矿沉积建造		— 构造不整合面			流纹岩

0   500 m

图 1.4　鲁西新太古代表壳岩岩性柱状图（修改自 Wan et al.，2011，2012a；Wang et al.，2013b，2015a）

新太古代早期（2.75～2.70 Ga）表壳岩有如下几部分：原泰山岩群的雁翎关岩组、柳杭岩组下段的大部分以及孟家屯岩组。雁翎关岩组分布在新泰、雁翎关和七星台等区域，主要由变质科马提岩、变质玄武岩和少量的变质安山岩-英安岩组成（Wang et al.，2013b；王伟等，2016）。Wan 等（2011）对雁翎关岩组超基性-基性熔岩中的变质玄武安山岩进行了锆石 SHRIMP U-Pb 定年，得到其年龄为 2747±7 Ma，表明雁翎关岩组表壳岩的形成时代为新太古代早期。此外，Dong 等（2021）将雁翎关岩组划分为东北带、西南带和中部带，中部带主要为变质沉积岩，其碎屑锆石年龄介于 2.75～2.52 Ga，表明雁翎关岩组的一部分可能形成于新太古代晚期。下柳杭岩组主要由变质玄武岩组成，主要分布在新泰-柳杭村和七星台地区（Wan et al.，2013；王伟，2015）。Wan 等（2011）对柳杭岩组下部的细粒黑云母片麻岩进行 SHRIMP U-Pb 定年，获得其年龄分别为 2739±16 Ma 和 2703±6 Ma。Wang 等（2013b）获得了七星台地区侵入柳杭岩组底部的一条 TTG 岩脉的锆石年龄为 2706±9 Ma。以上年龄表明，下柳杭岩组玄武质熔岩的形成时代不晚于 2.70 Ga。但是，目前在野外并未发现雁翎关岩组和下柳杭岩组接触的剖面，因此我们无法确定雁翎关岩组和下柳杭岩组的形成顺序。孟家屯岩组发育在孟家屯地区，主要由石榴子石石英岩和斜长角闪岩构成，呈透镜体发育在花岗质围岩中。根据其野外侵入关系和锆石年代学测试结果推知，孟家屯岩组形成时代不晚于 2.70 Ga，并经历了约 2.6 Ga 角闪岩相变质作用（杜利林等，2003）。

新太古代晚期（约 2.56～2.525 Ga）表壳岩有如下几部分：原泰山岩群的柳杭岩组上段和下段的一部分、山草峪岩组以及济宁岩群。上柳杭岩组主要分布在柳杭和雁翎关地区，由角闪-黑云变粒岩、薄层斜长角闪岩和变质砾岩组成，岩石组合与下柳杭岩组明显不同。Wang 等（2013b）指出上柳杭岩组与雁翎关岩组呈构造接触关系。Wan 等（2012a）对七星台地区上柳杭岩组中变质砾岩碎屑锆石进行了年代学研究，其年龄集中在 2.59～2.58 Ga，表明上柳杭岩组形成时代为新太古代晚期。山草峪岩组主要分布在山草峪地区，岩石组合为角闪-黑云变粒岩夹薄层斜长角闪岩和少量的云母片岩与条带状铁矿沉积建造互层，其原岩主要为长英质火山岩-沉积岩系。年代学研究表明，山草峪岩组中角闪-黑云变粒岩锆石年龄峰值集中在 2.55～2.53 Ga，与上柳杭岩组年龄基本一致（Wan et al.，2012a）。济宁岩群分布在济宁市，主要由千枚岩、板岩和 BIF 沉积建造组成，其原岩为中酸性熔岩、钙泥质岩、粉砂泥质岩和凝灰岩。对济宁岩群千枚岩中长英质火山岩夹层进行锆石 SHRIMP U-Pb 定年，得到的年龄为 2.55～2.52 Ga，表明济宁岩群的形成时代为新太古代晚期（王伟等，2010）。

关于鲁西前寒武纪侵入岩的研究历史悠久，成果丰富。王世进（1993）将早前寒武纪侵入岩划分为四期，分别为新太古代沂水期、新甫山期、中天门期和古元古代傲来山期。后来，根据更精确的同位素年代学研究，傲来山期应归入新太古代末期，而不是古元古代；新甫山期应属于新太古代晚期，而非新太古代中期（万渝生等，2012）。根据鲁西地区侵入岩最新岩石学和年代学数据，一些学者将鲁西地区的侵入岩分为四个系列，分别是 TTG 片麻岩系列、花岗闪长岩-二长花岗岩-正长花岗岩系列（GMS）、辉长-闪长-石英闪长岩系列（GDQ）和紫苏花岗岩系列（Wan et al.，2012a，2014；Li et al.，2016；Gao et al.，2018b；Sun et al.，2020b）。其中：①TTG 片麻岩系列发育有约 2.75～2.60 Ga 和约 2.55～2.50 Ga 两期（Wan et al.，2014；Ren et al.，2016；Dong et al.，2017）。约 2.75～2.60 Ga 的 TTG 片麻岩主要分布在鲁西中部的泰安地区，侵入新太古代早期形成的科马提岩-拉斑玄武岩序列中。这套 TTG 片麻岩普遍经历了角闪岩相的变质作用，发育强烈的北西-南东向片麻理。约 2.55～2.50 Ga 的 TTG 片麻岩主要分布在鲁西东部的孟良崮、沂水区域和西南部的田黄、枣庄区域，这套岩石经历了强烈的变质变形作用（Wan et al.，2010；Dong et al.，2017）。②GMS 是鲁西地区侵入岩的主体，与 TTG 片麻岩呈侵入接触的关系。它们发育了不同程度强弱的片麻理结构，主要形成于约 2.54～2.50 Ga 时期，少部分形成于 2.60 Ga（Santosh et al.，2016；Gao et al.，2018b；Sun et al.，2020b）。③GDQ 主要由辉长岩、辉绿岩以及闪长岩组成，主要分布在沂水地区和田黄地区，大部分以小型包体或岩株侵入 TTG 片麻岩和 GMS 侵入体中，其形成年龄为约 2.54～2.50 Ga（Wan et al.，2010；Santosh et al.，2016；

Gao et al.，2019a；Sun et al.，2019a）。④紫苏花岗岩系列仅分布在鲁西东部的沂水地区，其和周围的 TTG 系列具有明显的侵入关系，其侵位年龄为约 2.56～2.53 Ga（Wu et al.，2013）。

1.2.2　鲁西基底的单元划分

对于鲁西地区基底的划分曾提出多种方案，取得了显著成果。侯贵廷等（2004）最早根据岩浆分布和构造特征将鲁西地块划分为两个单元，即西部新甫山期 TTG 类岩石和东部傲来山期二长花岗岩（图 1.5）。侯贵廷等（2004）指出，鲁西地区的韧性剪切带主要发育在新太古代傲来山期二长花岗岩和新甫山期 TTG 岩石内，一般沿 TTG 岩石与二长花岗岩的接触带发育，或沿二长花岗岩与绿岩的接触带发育，可能是这些单元拼贴的结果。

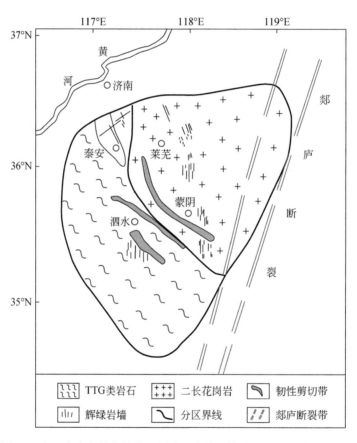

图 1.5　鲁西太古宙基底的单元划分示意图（修改自侯贵廷等，2004）

Wan 等（2010，2012a）根据岩石类型和形成年代将鲁西太古宙基底从北东到南西划分为三个岩带（图 1.6）：A 带位于北东侧，为新太古代晚期的壳源花岗岩，主要由 2.525～2.490 Ga 的二长花岗岩、正长花岗岩和条带状片麻岩组成。B 带位于中部，为新太古代早期的岩石，主要由 2.75～2.60 Ga 的 TTG 和表壳岩组成。C 带位于南西侧，为新太古代晚期的新生岩浆岩，岩性主要为石英闪长岩、英云闪长岩、花岗闪长岩以及辉长岩，并有少

量二长花岗岩和正长花岗岩产出。新太古代早期表壳岩主要分布于 B 带，而新太古代晚期
表壳岩在三个岩带均有分布。鲁西是华北克拉通中唯一一个同时发育新太古代早期和晚期
表壳岩的地区。

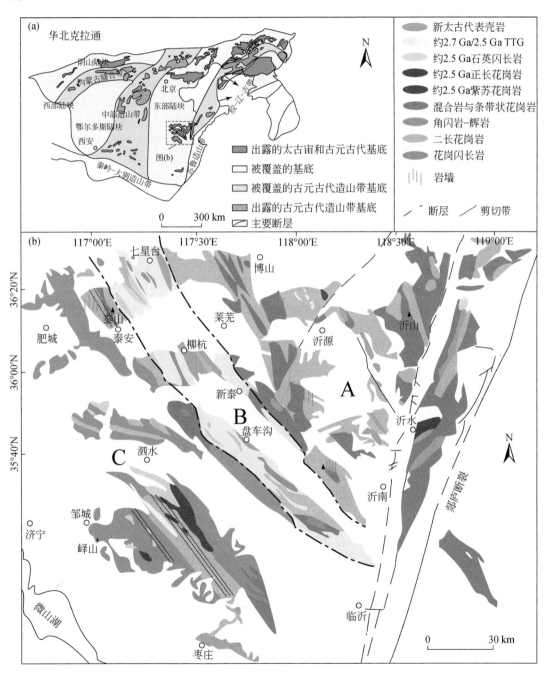

图 1.6　鲁西基底的单元划分（Wan et al.，2010）

第2章 新太古代早期科马提岩及其构造-热事件（Ⅰ）

科马提岩为高热地幔岩浆起源，其发育可作为早前寒武纪地幔柱事件的直接证据。因此，科马提岩的研究成为全世界早前寒武纪研究的重点和热点（Arndt，2008）。鲁西苏家沟科马提岩作为华北克拉通唯一发育有鬣刺结构的科马提岩，自20世纪末被首次发现以来便受到了国内外地质学家的广泛关注，但对其后续研究却相对薄弱（张荣隋等，1998，2001）。Polat 等（2006a）对鲁西苏家沟科马提岩开展了全岩的地球化学分析，得出其经历了一定程度的地壳混染，鲁西地区发育的>2.7 Ga 的科马提岩表明此时期鲁西地区地壳生长为"地幔柱-克拉通"模式。Cheng 和 Kusky（2007）通过鲁西苏家沟科马提岩内残余的橄榄石 $Mg^\#$ 计算出岩浆温度约为 1300 ℃，由此得出鲁西科马提岩为地幔柱成因的结论。上述两篇文章作为迄今为止对鲁西苏家沟科马提岩仅有的研究显然是不够的。鲁西苏家沟科马提岩随其他新太古代岩石共同经历了绿片岩-角闪岩相变质作用，其全岩的微量元素特征很可能被后期的蚀变和变质作用所扰动，因此直接用地球化学特征来解释岩石成因是不妥的，尤其是科马提岩内残余橄榄石很可能为变质成因，而针对鲁西科马提岩的变质过程的研究尚未有学者开展。综上，本书试图揭开后期的蚀变和变质作用对鲁西苏家沟科马提岩的影响，并在前人研究的基础上，进一步确定其岩石成因及大地构造意义。

2.1 野外地质和岩相学

鲁西地区发育的科马提岩位于鲁西地区中部，在苏家沟、雁翎关两地发育有较好的剖面，但仅苏家沟村附近剖面的科马提岩发育有残余鬣刺结构。因此，本书所研究对象为苏家沟村旁发育的科马提岩，也被国内外学者称为"苏家沟科马提岩"。虽然无法对科马提岩本身进行精确的年代学测试，但因其发育在雁翎关组底部，与同时期的玄武岩一同构成雁翎关组的主体。同时，本书在上一章已详细介绍雁翎关组的沉积年代不晚于新太古代早期，所以普遍认为苏家沟科马提岩的喷发年龄大于 2.750 Ga。其露头以棱镜状发育在约 2.5 Ga 的二长花岗岩中，区内无其他雁翎关组表壳岩发育（图2.1）。科马提岩层倾角为70°～80°，倾向近东向，露头区科马提岩层的厚度约为 100 m。

除对露头区进行面上考察外，由于当地的道路施工移除了原有的高度风化的表层岩石，本书得以重点完成了沿公路 AB 剖面的观察和实测。在 Cheng 和 Kusky（2007）剖面的基础上，对科马提岩的不同层位进行了重新划分，具体层位划分见图2.2。

在剖面的西南侧，识别出角闪岩层（层位1）、科马提岩熔岩趾层（层位2）和云母阳起石片岩层（层位3）。角闪岩层野外呈浅灰色，约7 m 厚。科马提岩熔岩趾层野外呈深灰色，发育在剖面的8～23 m 处，出露范围为 0.4～0.6 m 宽，1～3 m 长 [图2.3（a）]。云母阳起石片岩层野外呈浅黄色至绿色，约16 m 厚。在上述三个层位内，岩石所有的初始岩浆矿物均蚀变和变质为蛇纹石、角闪石等矿物，未识别出初始岩浆结构。

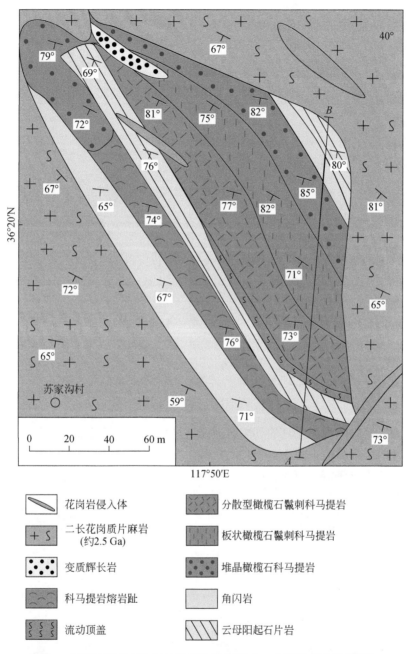

图 2.1　鲁西地区苏家沟科马提岩地质简图（AB 剖面为沿公路所测）

图例：

花岗岩侵入体

二长花岗质片麻岩（约2.5 Ga）

变质辉长岩

科马提岩熔岩趾

流动顶盖

分散型橄榄石鬣刺科马提岩

板状橄榄石鬣刺科马提岩

堆晶橄榄石科马提岩

角闪岩

云母阳起石片岩

苏家沟村

0　20　40　60 m

117°50′E

36°20′N

40°

79°　69°　67°

72°　81°　75°　82°

76°　B

67°　80°

65°　74°　77°　82°　85°　81°

72°　67°　71°　65°

65°　76°　73°

59°　71°

73°

A

剖面的中部由厚层科马提岩构成，厚约 55 m。尽管科马提岩岩浆矿物普遍蚀变并变质成蛇纹石和透闪石等次生矿物，但在野外剖面仍可识别出原始科马提岩熔岩流的结晶分层特征（Arndt et al.，2008）。为此，本书进一步将此熔岩流分为四层，分别是：流动顶盖（层位 4a）、分散型橄榄石鬣刺科马提岩（层位 4b）、板状橄榄石鬣刺科马提岩（层位 4c）和堆晶橄榄石科马提岩（层位 4d）[图 2.2（d），图 2.4（e）（f）]。

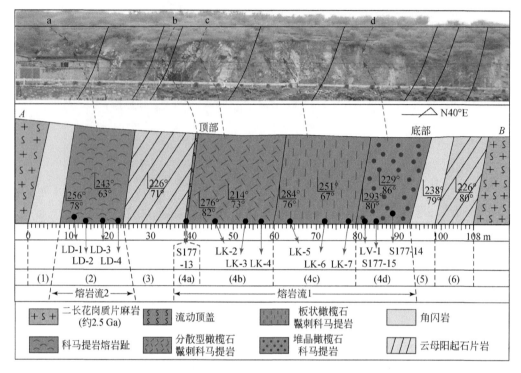

图 2.2 鲁西地区苏家沟科马提岩实测剖面图

LD、LK、LV 和 S177 为采样位置和样品号

流动顶壳为熔岩流顶部发育的具熔岩流流动结构的熔岩流顶盖，呈黄色至灰黄色，发育有典型的分散流动结构 [图 2.3（b）]，厚度为 5～40 cm 不等。

图 2.3　鲁西地区苏家沟科马提岩野外照片

（a）科马提岩熔岩趾；（b）流动顶盖；（c）（d）分散型橄榄石鬣刺科马提岩；（e）板状橄榄石鬣刺科马提岩；
（f）堆晶橄榄石科马提岩

与熔岩流顶壳直接接触的是约 21 m 厚的分散型橄榄石鬣刺层，野外呈灰黑色，块状构造 [图 2.3（c）～（e）]。镜下以他形-半自形树枝状、细长柱状的橄榄石残晶随机排列为特征，橄榄石 2～5 mm 长，0.2～0.5 mm 宽 [图 2.4（a）（b）]。几乎所有的橄榄石晶体已经被橄榄石-蛇纹石多晶体所替代，还有少量的透闪石矿物出现，部分橄榄石中心骸晶被辉石和绿泥石充填。需要注意的是，科马提岩内的橄榄石残晶具有随着剖面向右逐渐变大的特征。

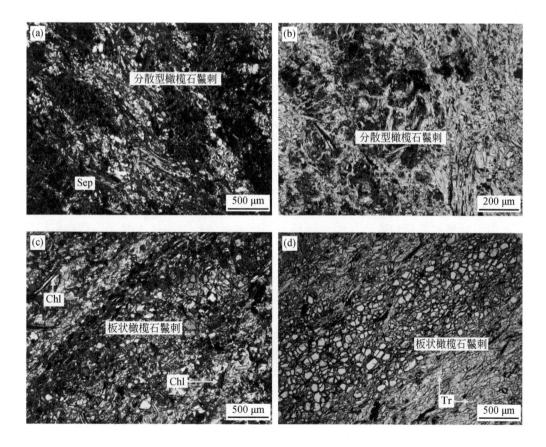

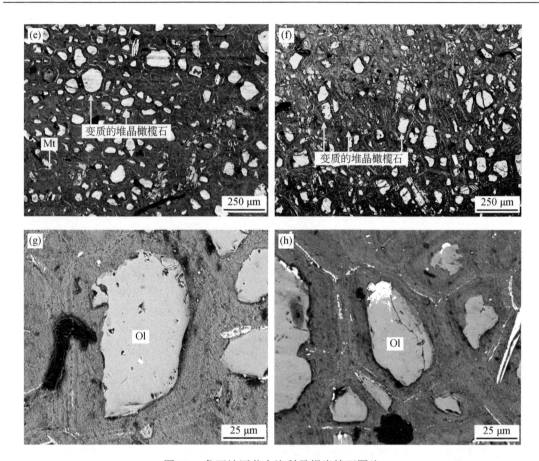

图 2.4　鲁西地区苏家沟科马提岩镜下图片

镜下图片与样品对应为：（a）LK-2；（b）LK-4；（c）LK-5；（d）LK-d；（e）S177-14；（f）～（h）S177-15。Ol-橄榄石；Mt-磁铁矿；Chl-绿泥石；Tr-透闪石；Sep-蛇纹石

　　紧邻分散型橄榄石鬣刺层的是板状橄榄石鬣刺层，约 20 m 厚，此层科马提岩野外特征与上一层并无太大区别。但在镜下此层位科马提岩的橄榄石晶体呈板状发育，具有明显的定向性且矿物晶体明显大于上层，可达到约 10 cm 长和约 1 mm 宽 [图 2.4（c）（d）]。同样，由于后期的蚀变和变质作用，橄榄石晶体大多破碎，并被小的次生橄榄石晶体颗粒所代替，部分橄榄石被蛇纹石交代，呈假象发育。橄榄石颗粒间发育蛇纹石、铬铁矿和透闪石矿物。

　　在上述两层科马提岩鬣刺层下部发育约 13.4 m 厚的科马提岩堆晶层。其野外呈灰绿色、块状构造 [图 2.3（f）]。镜下可见椭圆状橄榄石晶形，其核部残留橄榄石，边部发育蛇纹石，橄榄石残晶 0.2～0.5mm，与典型的厚层科马提岩熔岩流的堆晶层相似，如津巴布韦绿岩带 Joe 科马提岩熔岩流（Renner et al.，1994）、Abitibi 绿岩带的 Alexo 科马提岩熔岩流（Arndt et al.，2008）。堆晶橄榄石的原始颗粒形状可以通过发育在其原始矿物边缘的磁铁矿和铬铁矿限定，证明了橄榄石在变质过程中发生了氧化反应 [图 2.4（e）～（h）]。在科马提岩堆晶层的右侧为角闪岩层（层位 5）和云母阳起石片岩层（层位 6）（图 2.2）。

　　Pyke 等（1973）对发育在 Munro 小镇的 Abitibi 绿岩内的科马提岩熔岩流进行了详细

的野外调查和镜下研究，并首次提出了科马提岩熔岩流具火山层序特点。如图 2.5 所示，其由顶部至底部分别发育了流动顶盖、分散型橄榄石鬣刺科马提岩、板状橄榄石鬣刺科马提岩和橄榄石堆晶科马提岩。对比 Abitibi 绿岩内科马提岩经典剖面和不同科马提岩层的结构、构造区别，本书将苏家沟科马提岩分为两个科马提岩熔岩流——熔岩流 1 和熔岩流 2（图 2.2）。熔岩流 1 由剖面右侧的层位 4a、层位 4b、层位 4c 和层位 4d 组成，厚约 55 m。苏家沟科马提岩熔岩流 1 由左至右依次发育的残存的流动顶盖、分散型橄榄石鬣刺科马提岩、板状橄榄石鬣刺科马提岩和堆晶橄榄石科马提岩与上述经典的 Abitibi 科马提岩熔岩流相同，表明其为完整的科马提岩熔岩流，也证明了苏家沟剖面的西南侧（左侧）为此熔岩流顶部，东北侧（右侧）为此熔岩流底部。

熔岩流 2 由剖面左侧的层位组成，厚度约 15.5 m，没有鬣刺结构发育，但发育了典型的具有椭圆状切面的熔岩流。

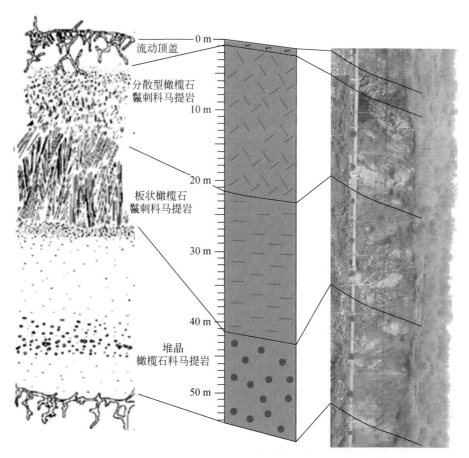

图 2.5　发育在 Munro 小镇的科马提岩熔岩流分层特征与苏家沟科马提岩熔岩流 1 对比图

（修改自 Pyke et al.，1973）

2.2　样　品　采　集

依据上述野外实测工作，本书共采集了 14 个科马提岩样品，其中科马提岩熔岩流 1 采集 10 个样品，科马提岩熔岩流 2 采集 4 个样品。具体采样点位见图 2.2。尽管苏家沟科马提岩经历了绿片岩-角闪岩相变质作用，但本书所采样品足够新鲜，且避开了后期侵入的脉体。

本书所采样品的岩性及矿物组合见表 2.1，苏家沟科马提岩的主要矿物组合为蛇纹石、橄榄石、绿泥石、透闪石和少量辉石。这表明了苏家沟科马提岩经历后期较强烈的蚀变和变质作用后，其矿物组合和典型的未变质科马提岩产生了巨大的差别。因此，对于苏家沟科马提岩的研究应着重分析其后期蚀变和变质作用对原岩的影响。

表 2.1　鲁西地区苏家沟科马提岩矿物组合表

样品	采样位置	岩性	纬度	经度	矿物组合
LD-1	苏家沟	科马提岩	35°46.364′N	118°11.496′E	蛇纹石（20%）+透闪石（35%）+橄榄石（10%）+绿泥石（25%）+辉石（5%）+铬铁矿（5%）
LD-2	苏家沟	科马提岩	35°46.377′N	118°11.057′E	蛇纹石（30%）+透闪石（35%）+橄榄石（10%）+绿泥石（20%）+辉石（5%）
LD-3	苏家沟	科马提岩	35°46.375′N	118°11.504′E	蛇纹石（20%）+透闪石（35%）+橄榄石（20%）+绿泥石（17%）+铬铁矿（8%）
LD-4	苏家沟	科马提岩	35°46.382′N	118°11.505′E	蛇纹石（20%）+透闪石（50%）+橄榄石（20%）+绿泥石（10%）
S177-13	苏家沟	科马提岩	35°46.400′N	118°11.531′E	蛇纹石（45%）+透闪石（15%）+橄榄石（5%）+绿泥石（30%）+辉石（5%）
LK-2	苏家沟	科马提岩	35°46.405′N	118°11.534′E	
LK-3	苏家沟	科马提岩	35°46.412′N	118°11.544′E	蛇纹石（34%）+透闪石（28%）+橄榄石（18%）+绿泥石（20%）
LK-4	苏家沟	科马提岩	35°46.414′N	118°11.554′E	蛇纹石（25%）+透闪石（45%）+橄榄石（15%）+绿泥石（15%）
LK-5	苏家沟	科马提岩	35°46.420′N	118°11.564′E	蛇纹石（32%）+透闪石（35%）+橄榄石（16%）+绿泥石（7%）+辉石（5%）+铬铁矿（5%）
LK-6	苏家沟	科马提岩	35°46.432′N	118°11.562′E	
LK-7	苏家沟	科马提岩	35°46.434′N	118°11.566′E	
LV-1	苏家沟	科马提岩	35°46.435′N	118°11.579′E	蛇纹石（15%）+透闪石（35%）+橄榄石（10%）+绿泥石（30%）+辉石（5%）+铬铁矿（5%）
S177-14	苏家沟	科马提岩	35°46.437′N	118°11.586′E	蛇纹石（45%）+透闪石（12%）+橄榄石（8%）+绿泥石（25%）+辉石（5%）+铬铁矿（5%）
S177-15	苏家沟	科马提岩	35°46.448′N	118°11.589′E	蛇纹石（38%）+透闪石（20%）+橄榄石（15%）+绿泥石（22%）+辉石（5%）

2.3　分析测试方法

2.3.1　全岩主量元素测试

科马提岩样品去除风化表层后，将核部粉碎至 200 目以下，获得测试所用全岩粉末。全岩主量元素的测试在北京大学地球与空间科学学院造山带与地壳演化教育部重点实验室使用 XRF 仪测定完成。首先在 105 ℃下将全岩粉末烘干，然后将烘干的样品粉末和无水四硼酸锂（$Li_2B_4O_7$）按 1∶2 的比例进行混合处理。将混合后的溶液在 1100 ℃下的 Pt-Au 熔罐中加热 20～40 min 后倒入预热好的 34 mm 直径溶样弹中进行 XRF（X 射线荧光光谱分析）测试。测试过程中以 GSR-3 和 GSR-9 为国际标样，分析的相对误差<2%。此外，为了使数据更加精确，对部分样品制作了重复的样品。将样品粉末放入 1050 ℃马弗炉中，加热 1 h，通过计算前后质量差来得出样品烧失量（LOI）。

2.3.2　单矿物主微量元素测试

本书研究重点为讨论蚀变和变质作用对科马提岩的影响，因此对科马提岩变质矿物单矿物进行了主微量元素测试分析。本书共对 206 个典型的橄榄石、辉石、透闪石、蛇纹石、绿泥石和铬铁矿矿物颗粒进行了主微量元素测试。主量元素测试在北京大学地球与空间科学学院造山带与地壳演化教育部重点实验室使用电子探针（EPMA）测定完成。所用机器为 JXA-8230，测试条件为 15.0 kV 加速电压、10 nA 探头电流和 2 μm 光束直径。标样测试间隔为两个测试点，测试数据应用 Prz[①]修正法进行数据修正。

微量元素测试在北京大学地球与空间科学学院造山带与地壳演化教育部重点实验室使用 LA-ICP-MS 测定完成。仪器配置为 Agilent 7500 ICP-MS 和 193 nm ArF 激光器，激光束直径为 36 μm，频率是 10 Hz，采用国际标样 NIST612。其中稀土元素（REE）、V、Co、Ni、Zn、Rb、Sr、Y、Sc 的分析精度为 1%～10%，Hf、Pb、Th、Zr、Ba、Ta、U 的分析精度为 10%～20%，Cr 和 Nb 的分析精度为 20%～30%。

2.3.3　岩石地球化学特征

1. 全岩主量元素特征

14 件苏家沟科马提岩全岩主量元素测试结果表明野外识别出的两个科马提岩熔岩流在主量元素上并没有明显区别。样品均具有较高的 MgO（27%～37.14%）、Al_2O_3（2%～6%）和极低的 TiO_2、Na_2O、K_2O 含量，全岩 $Mg^\#$ 为 85.11～91.22（表 2.2）。样品烧失量（5.39%～10.43%）较高，说明样品受后期蚀变作用影响严重，这与样品中出现较多的蛇纹石、绿泥石、角闪石等含水矿物是一致的。

---

① peak recognition and ZAF（zeff，absorption，fluorescence）correction，峰识别和 ZAF（有效原子序数、吸收、荧光）校正。

表 2.2 鲁西地区苏家沟科马提岩主量元素表

成分	熔岩流 2（科马提岩熔岩趾）				熔岩流 1（鬣刺结构）			
	LD-1	LD-2	LD-3	LD-4	S177-13	LK-2	LK-3	LK-4
SiO_2/%	40.36	41.12	40.22	40.81	41.09	42.14	39.65	44.77
TiO_2/%	0.10	0.10	0.09	0.10	0.14	0.15	0.11	0.17
Al_2O_3/%	2.92	3.15	2.98	3.16	4.62	4.57	3.99	4.49
TFe_2O_3/%	8.56	8.27	8.47	8.13	9.30	10.65	12.32	9.64
TFeO/%	7.70	7.44	7.62	7.32	8.37	9.58	11.09	8.67
MnO/%	0.14	0.14	0.14	0.14	0.12	0.13	0.15	0.12
MgO/%	34.28	33.27	34.26	33.89	30.67	29.91	31.99	27.73
CaO/%	2.84	3.41	2.76	3.42	5.33	5.56	3.91	6.86
Na_2O/%	0.02	0.03	0.03	0.03	0.16	0.27	0.09	0.20
K_2O/%	0.01	0.01	0.01	0.01	0.03	0.03	0.02	0.03
P_2O_5/%	0.01	0.01	0.01	0.00	0.01	0.01	0.01	0.01
LOI/%	10.17	9.41	10.43	9.71	7.06	6.00	7.18	5.39
总计/%	99.41	99.39	99.40	99.41	98.53	99.43	99.43	99.43
$Mg^{\#}$	89.82	89.86	89.91	90.18	87.90	86.08	85.11	86.37

成分	熔岩流 1（鬣刺结构）			熔岩流 1（堆晶结构）		
	LK-5	LK-6	LK-7	LV-1	S177-14	S177-15
SiO_2/%	41.72	41.76	42.50	43.02	40.48	36.25
TiO_2/%	0.15	0.15	0.17	0.07	0.12	0.07
Al_2O_3/%	4.50	4.88	5.38	3.33	4.66	2.29
TFe_2O_3/%	11.03	10.64	9.92	7.31	8.48	9.60
TFeO/%	9.92	9.57	8.93	6.58	7.63	8.64
MnO/%	0.14	0.13	0.14	0.08	0.13	0.11
MgO/%	30.20	30.04	29.49	34.49	33.87	37.14
CaO/%	5.30	5.30	5.87	3.45	4.22	4.10
Na_2O/%	0.17	0.19	0.19	0.02	0.09	0.07
K_2O/%	0.03	0.03	0.03	0.27	0.02	0.01
P_2O_5/%	0.01	0.01	0.01	0.02	0.01	0.01
LOI/%	6.18	6.27	5.71	7.31	7.46	9.82
总计/%	99.43	99.40	99.43	99.37	99.53	99.46
$Mg^{\#}$	85.77	86.14	86.75	91.22	89.79	88.69

注：$Mg^{\#}=100Mg/(Mg+Fe)$。

2. 单矿物地球化学特征

本书分别对在苏家沟科马提岩样品中识别出的 6 种矿物进行了主微量元素测试，除橄榄石和铬铁矿之外的其余 4 种矿物微量元素的原始地幔标准化蛛网图见图 2.6。

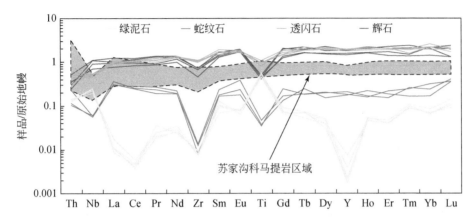

图 2.6　鲁西地区苏家沟科马提岩主要矿物微量元素原始地幔标准化蛛网图

苏家沟科马提岩微量元素数据来源于 Polat et al.，2006b；原始地幔标准化数据来源于 Sun and McDonough，1989

1）橄榄石地球化学特征

苏家沟科马提岩的橄榄石 MgO（39.77%～48.09%）变化幅度较大，$Mg^{\#}$ 为 78.42～86.93，低于全岩和蛇纹石的 $Mg^{\#}$（表 2.3）。根据橄榄石的 Cr 和 Ni 含量特征可以将橄榄石分为两组：低 Cr（3.86～6.87 ppm[①]）、高 Ni（2624～3563 ppm）组和高 Cr（4028～4466 ppm）、低 Ni（1152～1541 ppm）组（图 2.7）。

表 2.3　鲁西地区苏家沟科马提岩橄榄石主微量元素表

| 成分 | 熔岩流 2 | | | | | | 熔岩流 1 | | | |
| | LD-1 | | LD-2 | | LD-3 | | LK-2 | | LK-3 | |
	矿物 1	矿物 2	矿物 1	矿物 2	矿物 1	矿物 2	矿物 1	矿物 2	矿物 1	矿物 2
SiO_2/%	40.49	39.98	37.96	39.72	40.06	40.00	38.62	39.41	39.27	38.99
TiO_2/%	0.07	n.d.	n.d.	0.04	0.01	0.09	0.07	0.01	n.d.	n.d.
Al_2O_3/%	n.d.	0.01	0.09	n.d.	n.d.	0.03	n.d.	n.d.	n.d.	n.d.
FeO/%	11.40	11.30	10.08	10.97	10.77	10.67	19.50	19.89	19.66	19.67
MnO/%	0.23	0.26	0.23	0.18	0.19	0.25	0.12	0.29	0.32	0.26
MgO/%	47.02	47.05	43.99	47.6	47.22	48.09	39.77	40.54	41.21	40.98
CaO/%	n.d.	0.02	0.01	0.03	n.d.	0.01	n.d.	0.03	n.d.	n.d.
Na_2O/%	0.03	0.04	0.03	0.01	n.d.	0.01	n.d.	n.d.	0.02	n.d.
K_2O/%	n.d.	n.d.	0.02	n.d.	n.d.	n.d.	0.01	n.d.	0.02	n.d.

[①] 1ppm=10^{-6}。

成分	熔岩流 2						熔岩流 1			
	LD-1		LD-2		LD-3		LK-2		LK-3	
	矿物 1	矿物 2	矿物 1	矿物 2	矿物 1	矿物 2	矿物 1	矿物 2	矿物 1	矿物 2
总计/%	99.69	99.17	92.80	99.06	98.80	99.60	98.34	100.5	100.8	100.2
$Mg^{\#}$/%	88.03	88.13	88.61	88.55	88.65	88.93	78.43	78.42	78.90	78.79
LA-ICP-MS 分析										
Cr/ppm	15.45	5.10	14.37	74.73	32.61	5.54	4.46	5.03	6.02	4.26
Ni/ppm	2518	2846	2674	2411	2717	2670	2644	2683	2734	2657
Co/ppm	223	249	237	218	238	226	221	203	251	206
Th/ppm	n.d.	n.d.	0.08	0.01	0.01	0.02	0.02	n.d.	0.03	0.03
Nb/ppm	0.17	0.07	0.08	0.01	0.03	0.02	n.d.	n.d.	0.04	n.d.
La/ppm	0.03	0.04	0.04	0.06	0.10	n.d.	n.d.	0.03	0.03	0.01
Ce/ppm	0.05	0.07	0.06	0.17	0.17	n.d.	n.d.	0.11	n.d.	0.08
Pr/ppm	0.01	n.d.	0.01	0.02	0.03	0.02	n.d.	n.d.	n.d.	0.02
Nd/ppm	0.05	n.d.	0.08	0.14	0.10	0.07	0.09	n.d.	n.d.	0.08
Zr/ppm	0.09	0.02	0.08	0.32	0.17	0.04	0.04	0.08	0.05	0.03
Sm/ppm	n.d.	0.03	0.05	0.06	0.02	0.12	n.d.	0.09	0.16	0.10
Eu/ppm	n.d.	n.d.	n.d.	0.01	0.02	0.03	0.03	0.03	0.05	n.d.
Ti/ppm	19.0	13.6	19.3	31.7	25.8	6.8	9.5	10.8	10.3	9.3
Gd/ppm	n.d.	0.03	0.04	0.03	0.03	0.08	0.10	0.12	n.d.	0.08
Tb/ppm	0.01	0.01	0.01	0.01	0.01	n.d.	n.d.	n.d.	0.04	n.d.
Dy/ppm	0.01	0.03	0.02	0.04	0.03	0.06	0.07	0.06	0.09	0.05
Y/ppm	0.40	0.06	0.10	0.33	0.24	n.d.	n.d.	0.04	0.03	0.02
Ho/ppm	n.d.	n.d.	0.01	0.01	0.01	n.d.	0.02	n.d.	0.06	0.01
Er/ppm	0.01	0.02	0.02	0.03	0.03	0.04	0.05	0.05	0.10	0.03
Tm/ppm	n.d.	n.d.	n.d.	0.01	n.d.	n.d.	0.02	n.d.	0.05	n.d.
Yb/ppm	0.02	0.04	0.04	0.07	0.04	0.08	0.08	0.09	0.10	0.07
Lu/ppm	n.d.	0.01	n.d.	0.01	0.01	n.d.	n.d.	n.d.	0.03	n.d.

注：①n.d.为未检测到数值；②$Mg^{\#}=100Mg/（Mg+Fe）$。

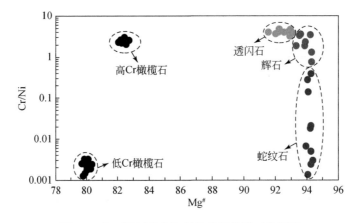

图 2.7 鲁西地区苏家沟科马提岩橄榄石分组图

2）铬铁矿地球化学特征

苏家沟科马提岩中的铬铁矿具有较高的 Fe_2O_3（17.12%～21.33%）、较低的 MgO（0.96%～2.35%）和较低的 Al_2O_3（2.91%～9.10%），$Cr^{\#}$ 为 77.5～90.1，γFe^{3+}（$100Fe^{3+}$/[$Fe^{3+}+Al+Cr$]）为 38.7～47.3，Mg/Fe 为 0.021～0.043（表 2.4）。由于在＞500℃的温度下，铬铁矿极易在岩石的早期蚀变和后期变质条件下生成，且变质成因的铬铁矿相比于岩浆成因的铬铁矿，具有高 FeO 和贫 MgO 的特征（Barnes，2000）。因此，可以判断苏家沟科马提岩中的铬铁矿为变质成因。此外，一些铬铁矿和相邻的橄榄石具有向铬铁矿一侧变化的 Cr 元素含量升高和 Mg 元素含量下降的趋势（图 2.8），进一步证明了铬铁矿的变质成因。

表 2.4　鲁西地区苏家沟科马提岩铬铁矿主量元素表及铬铁矿-橄榄石温度计表

成分	熔岩流 2				熔岩流 1	
	LD-2				LK-2	
	铬铁矿 1	铬铁矿 2	铬铁矿 3	铬铁矿 4	铬铁矿 1	铬铁矿 2
TiO_2/%	0.51	1.18	1.14	0.64	1.40	0.80
Al_2O_3/%	3.70	4.15	2.91	9.10	4.47	7.25
Cr_2O_3/%	49.95	43.35	42.80	48.64	44.95	47.48
Fe_2O_3/%	17.12	20.45	21.33	17.22	20.99	18.68
FeO/%	20.88	21.48	21.68	20.38	22.39	20.99
MnO/%	0.76	0.58	0.64	0.60	0.70	0.65
MgO/%	0.96	1.20	1.11	2.35	1.65	2.08
总计/%	93.88	92.41	91.61	98.95	96.55	97.92
$Mg^{\#}$	4.2	5.1	4.6	1.1	6.7	8.9
$Cr^{\#}$	90.1	87.1	90.4	77.5	86.6	80.9
温度和氧逸度值						
橄榄石 $Mg^{\#}$	88.7	88.9	88.9	88.9	88.6	88.8
T_1	683.6	691.9	692.8	706.6	689.0	696.8
T_2	727.8	731.9	732.9	763.9	739.8	739.7
f_{O_2}	2.5	2.9	2.9	1.6	2.1	2.1
$Al_2O_{3liq}{}^*$	6.86	7.19	6.21	9.95	7.41	9.06

注：①$Mg^{\#}$=100Mg/（Mg+Fe）；②$Cr^{\#}$=100Cr/（Cr+Al）；③温度 T_1 和 T_2 根据 Ballhaus 等（1991）、O'Neill 和 Wall（1987）公式计算所得；④f_{O_2} 根据 Ballaus 等（1991）公式计算所得；⑤$Al_2O_{3liq}{}^*$ 根据 Maurel 和 Maurel（1982）公式计算所得。

3）辉石地球化学特征

苏家沟科马提岩中的辉石具有较高的 $Mg^{\#}$（93.27～94.28）、Wo（0.274～0.278）、En（0.673～0.683）和 Fs（0.041～0.049）（表 2.5）。依据 Morimoto（1988）提出的矿物分类可知此矿物为辉石。此外，矿物在拉曼光谱实验下普遍呈现平均为 393 cm^{-1}、667 cm^{-1} 和 1011 cm^{-1} 的三个谱峰，均为典型的辉石谱峰值（图 2.9），进一步证明了所测矿物为辉石，而非透闪石或绿泥石。微量元素测试表明苏家沟科马提岩内辉石具有 Th、Zr 和 Ti 的负异常和明显的重稀土富集特征（图 2.6）。

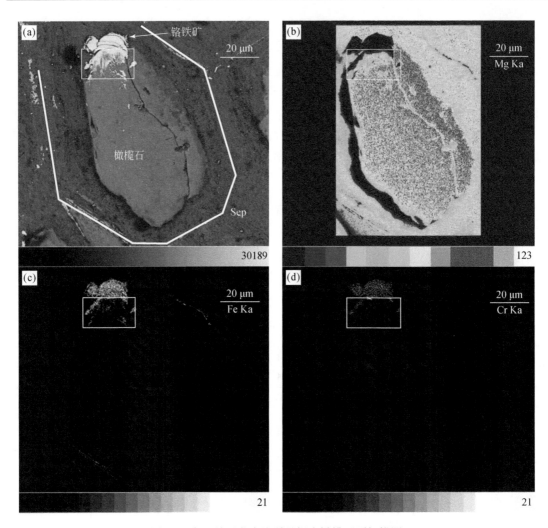

图 2.8　鲁西地区苏家沟科马提岩橄榄石面扫描图

表 2.5　鲁西地区苏家沟科马提岩辉石主微量元素表

成分	熔岩流 1（堆晶结构）				熔岩流 1（鬣刺结构）			
	LV-1				LK-2			LK-6
	辉石 1	辉石 2	辉石 3	辉石 4	辉石 1	辉石 2	辉石 3	辉石 1
SiO_2/%	57.74	57.58	57.78	58.37	57.65	58.65	57.07	58.20
TiO_2/%	0.13	0.09	0.08	0.06	0.08	0.08	0.09	0.11
Al_2O_3/%	1.90	2.03	1.79	1.22	1.59	1.21	2.11	1.44
Cr_2O_3/%	0.41	0.38	0.27	0.08	0.28	0.18	0.39	0.41
FeO/%	2.84	2.87	2.95	2.55	2.73	2.52	2.70	2.54
MgO/%	23.06	23.16	22.93	23.61	2.34	23.30	23.21	23.10
CaO/%	13.10	13.02	13.15	13.24	13.25	13.06	13.08	13.10
总计/%	99.84	99.77	99.65	99.57	99.50	99.52	99.50	99.50

续表

成分	熔岩流 1（堆晶结构）				熔岩流 1（鬣刺结构）			
	LV-1				LK-2			LK-6
	辉石 1	辉石 2	辉石 3	辉石 4	辉石 1	辉石 2	辉石 3	辉石 1
$Mg^{\#}$	93.54	93.50	93.27	94.29	93.84	94.28	93.87	94.19
Wo	0.28	0.27	0.28	0.28	0.28	0.28	0.28	0.28
En	0.68	0.68	0.67	0.68	0.68	0.68	0.68	0.68
Fs	0.05	0.05	0.05	0.04	0.04	0.04	0.05	0.04
同矿物 LA-ICP-MS 分析								
Cr/ppm	3263	2975	1673	381	1562	871	3012	3468
Ni/ppm	911	876	877	505	820	657	1258	988
Co/ppm	37.30	35.40	33.55	34.98	33.30	30.56	34.46	32.83
Th/ppm	0.02	0.02	0.03	0.03	0.03	0.04	0.03	0.05
Nb/ppm	0.60	0.66	0.78	0.50	0.70	0.78	0.62	0.80
La/ppm	0.67	0.67	0.71	0.54	0.86	0.77	0.76	0.87
Ce/ppm	1.74	1.73	2.10	1.48	2.02	2.15	1.99	2.19
Pr/ppm	0.26	0.26	0.36	0.24	0.33	0.31	0.28	0.38
Nd/ppm	1.74	1.60	1.76	1.36	1.63	1.54	1.72	1.86
Zr/ppm	6.70	7.67	8.25	5.28	8.26	6.34	7.87	8.20
Sm/ppm	0.72	0.61	0.65	0.58	0.60	0.68	0.83	0.75
Eu/ppm	0.27	0.30	0.33	0.29	0.33	0.31	0.30	0.33
Ti/ppm	560	597	594	539	599	608	640	656
Gd/ppm	0.80	0.74	1.18	0.81	1.06	1.12	0.85	1.22
Tb/ppm	0.16	0.17	0.24	0.18	0.18	0.19	0.20	0.21
Dy/ppm	1.07	1.16	1.35	1.12	1.36	1.27	1.62	1.66
Y/ppm	7.02	7.24	8.53	6.70	8.62	7.49	8.97	8.73
Ho/ppm	0.27	0.27	0.34	0.27	0.37	0.33	0.37	0.37
Er/ppm	0.81	0.82	1.08	0.68	0.95	0.75	1.03	0.98
Tm/ppm	0.15	n.d.	0.18	n.d.	0.16	n.d.	0.14	0.15
Yb/ppm	0.81	1.10	1.00	0.70	1.07	0.81	1.20	1.07
Lu/ppm	0.09	0.15	0.10	0.10	0.17	0.12	0.15	0.18

注：①n.d.为未检测到数值；②$Mg^{\#}=100Mg/（Mg+Fe）$；③Wo、En、Fs 根据 Morimoto（1988）公式计算所得。

4）透闪石地球化学特征

与上述辉石矿物相比，透闪石矿物虽然具有相似的 $Mg^{\#}$（92.17～93.99），但其具有较低的 SiO_2（55.05%～56.77%）、MgO（21.56%～22.82%）和 Nb 含量；较高的 Al_2O_3（1.76%～3.63%）、Na_2O（0.45%～1.05%）、Th、Zr 和 Ti 含量（表 2.6，图 2.6）。

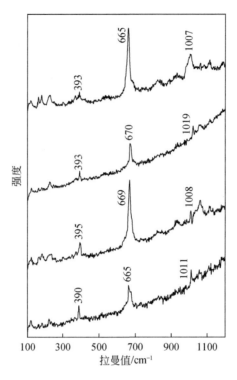

图 2.9　鲁西地区苏家沟科马提岩辉石拉曼图

表 2.6　鲁西地区苏家沟科马提岩透闪石主微量元素表

成分	熔岩流 2		熔岩流 1（鬣刺结构）			熔岩流 1（堆晶结构）	
	LD-2		LK-2			LV-1	
	矿物 1	矿物 2	矿物 1	矿物 2	矿物 3	矿物 1	矿物 2
SiO_2/%	54.93	56.64	55.48	55.93	56.20	56.77	55.05
TiO_2/%	0.21	0.06	0.16	0.16	0.15	0.07	0.20
Al_2O_3/%	3.63	1.93	3.16	2.48	2.65	1.76	3.55
FeO/%	3.29	2.76	3.03	2.85	2.80	2.60	3.06
MnO/%	0.04	0.10	0.11	0.11	0.10	0.06	0.09
MgO/%	21.70	22.79	21.98	22.67	22.48	22.82	21.56
CaO/%	12.50	12.69	13.00	12.92	12.88	13.03	12.88
Na_2O/%	1.00	0.45	0.78	0.64	0.64	0.50	1.05
K_2O/%	0.08	0.07	0.10	0.07	0.13	0.09	0.12
总计/%	97.83	97.81	98.33	98.29	98.26	98.19	98.05
$Mg^{\#}$	92.17	93.64	92.82	93.41	93.45	93.99	92.63
同矿物 LA-ICP-MS 分析							
Cr/ppm	2538	2412	3000	2637	2414	3427	2740
Ni/ppm	607	635	626	642	600	772	739
Co/ppm	35.28	37.06	37.23	35.97	35.64	44.98	44.10

续表

| 成分 | 熔岩流 2 | | 熔岩流 1（鬣刺结构） | | | 熔岩流 1（堆晶结构） | |
| | LD-2 | | LK-2 | | | LV-1 | |
	矿物 1	矿物 2	矿物 1	矿物 2	矿物 3	矿物 1	矿物 2
Th/ppm	0.03	0.02	0.04	0.03	0.04	0.05	0.05
Nb/ppm	0.39	0.37	0.43	0.40	0.36	0.58	0.54
La/ppm	0.70	0.71	0.81	0.70	0.62	1.00	0.94
Ce/ppm	1.93	1.83	2.26	1.94	1.68	2.75	2.55
Pr/ppm	0.31	0.30	0.36	0.29	0.26	0.45	0.40
Nd/ppm	1.80	1.70	2.00	1.65	1.51	2.60	2.40
Zr/ppm	12.55	11.75	13.47	12.48	11.00	17.44	16.73
Sm/ppm	0.66	0.66	0.76	0.62	0.62	0.90	0.92
Eu/ppm	0.30	0.29	0.31	0.29	0.26	0.39	0.38
Ti/ppm	1406	1369	1652	1452	1261	2079	1989
Gd/ppm	1.10	0.73	1.00	0.88	0.90	1.25	1.31
Tb/ppm	0.20	0.20	0.23	0.19	0.18	0.25	0.25
Dy/ppm	1.44	1.47	1.49	1.48	1.37	2.20	1.90
Y/ppm	8.77	8.28	8.90	8.62	7.72	11.73	11.10
Ho/ppm	0.35	0.33	0.32	0.33	0.33	0.50	0.45
Er/ppm	0.98	1.00	0.95	1.04	0.85	1.38	1.28
Tm/ppm	0.15	0.12	0.15	0.15	0.14	0.20	0.18
Yb/ppm	1.27	1.05	1.16	1.14	0.92	1.46	1.50
Lu/ppm	0.15	0.15	0.16	0.15	0.12	0.22	0.20

注：$Mg^{\#}=100Mg/(Mg+Fe)$。

5）蛇纹石地球化学特征

苏家沟科马提岩的蛇纹石矿物作为蛇纹石化蚀变的产物，其均由原生橄榄石、辉石矿物变质而成（图 2.3）。因此，具有较高的 $Mg^{\#}$（93.93～94.30）。相对于透闪石，蛇纹石具有 Nb、Zr、Ti 亏损和 Th、La 富集特征（表 2.7，图 2.6）。

表 2.7　鲁西地区苏家沟科马提岩蛇纹石主微量元素表

| 成分 | 熔岩流 2 | | 熔岩流 1（鬣刺结构） | | | 熔岩流 1（堆晶结构） | | |
| | LD-2 | | LK-2 | | | S177-14 | | |
	矿物 1	矿物 2	矿物 1	矿物 2	矿物 3	矿物 1	矿物 2	矿物 3
SiO_2/%	42.78	42.40	42.67	42.50	43.21	42.69	42.32	43.50
TiO_2/%	n.d.	n.d.	n.d.	0.01	n.d.	0.03	n.d.	n.d.
Al_2O_3/%	0.36	0.40	0.52	0.38	0.26	0.46	0.28	0.47
FeO/%	4.17	4.46	4.21	4.36	4.11	4.15	4.22	4.13
MnO/%	0.24	0.22	0.22	0.32	0.43	0.21	0.19	0.27

续表

成分	熔岩流 2		熔岩流 1（鬣刺结构）			熔岩流 1（堆晶结构）		
	LD-2		LK-2			S177-14		
	矿物 1	矿物 2	矿物 1	矿物 2	矿物 3	矿物 1	矿物 2	矿物 3
MgO/%	38.35	38.74	38.62	38.63	38.47	38.21	38.52	38.33
CaO/%	0.09	0.04	0.05	0.01	n.d.	0.02	0.03	n.d.
Na_2O/%	0.01	0.02	0.01	0.01	n.d.	0.01	0.05	n.d.
K_2O/%	n.d.	0.02	n.d.	0.02	0.01	n.d.	n.d.	n.d.
总计/%	86.38	86.79	86.67	86.65	86.83	86.11	85.98	87.30
$Mg^{\#}$	94.25	93.93	94.24	94.05	94.35	94.26	94.21	94.30
同矿物 LA-ICP-MS 分析								
Cr/ppm	9.6	9.7	49.5	3.8	840.0	14.3	557.0	313.5
Ni/ppm	2948	3428	4356	2767	2152	5763	2071	2005
Co/ppm	27.6	34.1	22.9	39.4	251.8	229.3	95.6	83.2
Th/ppm	0.01	0.01	0.01	n.d.	n.d.	0.01	n.d.	n.d.
Nb/ppm	0.03	0.04	0.04	0.06	0.07	0.04	0.05	0.07
La/ppm	0.16	0.21	0.21	0.18	0.14	0.11	0.18	0.15
Ce/ppm	0.29	0.32	0.51	0.35	0.37	0.15	0.47	0.43
Pr/ppm	0.04	0.07	0.07	0.05	0.05	0.04	0.06	0.07
Nd/ppm	0.16	0.36	0.31	0.19	0.24	0.17	0.34	0.36
Zr/ppm	0.08	0.22	0.16	0.08	0.37	0.04	1.31	1.73
Sm/ppm	0.04	0.08	0.11	0.07	0.09	0.07	0.13	0.16
Eu/ppm	0.04	0.03	0.07	0.02	0.05	0.03	0.07	0.08
Ti/ppm	23	37	61	86	86	61	89	140
Gd/ppm	0.04	0.12	0.10	0.10	0.14	0.14	0.13	0.20
Tb/ppm	0.01	0.02	0.02	0.02	0.02	0.03	0.04	0.04
Dy/ppm	0.04	0.10	0.15	0.13	0.15	0.14	0.24	0.33
Y/ppm	0.27	0.90	0.84	0.81	0.96	1.37	1.63	1.86
Ho/ppm	0.01	0.04	0.03	0.02	0.04	0.04	0.05	0.06
Er/ppm	0.04	0.09	0.10	0.10	0.07	0.14	0.18	0.20
Tm/ppm	n.d.	0.01	0.02	0.02	0.02	0.02	0.03	0.03
Yb/ppm	0.05	0.11	0.16	0.14	0.12	0.19	0.20	0.22
Lu/ppm	0.01	0.02	0.03	0.02	0.03	0.04	0.04	0.03

注：①n.d.为未检测到数值；②$Mg^{\#}=100Mg/(Mg+Fe)$。

6）绿泥石地球化学特征

绿泥石作为一种典型的蚀变矿物，和蛇纹石一样，广泛存在于苏家沟科马提岩中（图 2.3）。其 $Mg^{\#}$（91.87～92.47）较高，具有 Th、Ni、Ti 富集和 Ce、Zr、Y 亏损特征（表 2.8，图 2.6）。

表 2.8　鲁西地区苏家沟科马提岩绿泥石主微量元素表

成分	熔岩流 2		熔岩流 1（鬣刺结构）			熔岩流 1（堆晶结构）		
	LD-2		LK-2			S177-14		
	矿物 1	矿物 2	矿物 1	矿物 2	矿物 3	矿物 1	矿物 2	矿物 3
SiO_2/%	29.79	30.63	30.29	29.57	30.15	31.23	30.46	30.58
TiO_2/%	0.04	0.17	0.1	0.16	0.03	0.08	0.13	0.06
Al_2O_3/%	17.65	18.41	18.94	17.94	18.23	19.24	18.87	18.67
FeO/%	4.63	4.86	4.59	4.65	4.72	4.49	4.82	4.53
MnO/%	n.d.	0.03	0.02	n.d.	0.02	n.d.	0.02	0.01
MgO/%	30.60	30.79	31.60	31.56	30.75	30.8	30.54	30.71
CaO/%	0.01	0.05	0.03	n.d.	0.01	0.02	0.06	0.03
Na_2O/%	0.03	0.06	0.01	n.d.	0.06	n.d.	n.d.	0.04
K_2O/%	n.d.	0.37	0.00	0.26	n.d.	0.17	0.26	0.48
总计/%	84.31	86.51	87.08	88.08	89.08	90.08	91.08	92.08
$Mg^\#$	92.18	91.87	92.47	92.37	92.07	92.44	91.87	92.36
同矿物 LA-ICP-MS 分析								
Cr/ppm	10719	9381	7384	8764	4898	5073	7519	10639
Ni/ppm	2096	2151	1779	2096	1878	1982	1957	1825
Co/ppm	59.2	61.1	50.7	59.2	50.3	54.7	54.3	52.2
Th/ppm	0.01	0.01	0.01	0.01	0.01	0.01	0.01	n.d.
Nb/ppm	0.20	0.20	0.16	0.20	0.14	0.16	0.18	0.18
La/ppm	0.01	0.01	n.d.	0.01	0.01	n.d.	n.d.	n.d.
Ce/ppm	n.d.	n.d.	n.d.	0.01	0.01	n.d.	n.d.	n.d.
Pr/ppm	n.d.	n.d.	n.d.	n.d.	n.d.	n.d.	0.01	n.d.
Nd/ppm	0.04	0.04	0.04	0.05	0.04	0.05	0.03	0.04
Zr/ppm	0.13	0.15	0.10	0.12	0.08	0.09	0.11	0.11
Sm/ppm	0.05	0.04	0.04	0.05	0.06	0.05	0.05	0.04
Eu/ppm	0.01	0.01	0.01	0.01	0.01	0.01	0.01	0.01
Ti/ppm	628	695	636	760	679	738	682	603
Gd/ppm	0.04	0.04	0.05	0.06	0.06	0.05	0.04	0.04
Tb/ppm	0.01	0.01	n.d.	n.d.	n.d.	n.d.	n.d.	n.d.
Dy/ppm	0.03	0.04	0.03	0.04	0.04	0.03	0.03	0.03
Y/ppm	n.d.	0.04	0.02	n.d.	0.01	n.d.	n.d.	0.02
Ho/ppm	n.d.	0.01	0.01	n.d.	n.d.	n.d.	n.d.	n.d.
Er/ppm	0.03	0.02	0.02	0.03	0.02	0.02	0.02	0.02
Tm/ppm	n.d.	0.01	0.01	n.d.	n.d.	n.d.	n.d.	0.01
Yb/ppm	0.01	0.04	0.04	0.04	0.04	0.03	n.d.	0.03
Lu/ppm	n.d.	n.d.	n.d.	n.d.	0.01	n.d.	n.d.	n.d.

注：①n.d.为未检测到数值；②$Mg^\#=100Mg/(Mg+Fe)$。

2.3.4 岩性判别

基于 Le Bas（2000）提出的高镁火山岩分类方法，苏家沟科马提岩样品具有典型的科马提岩主量元素特征（$SiO_2 < 52\%$、$Na_2O + K_2O < 2\%$、$TiO_2 < 1\%$、$MgO > 18\%$）（图 2.10）。

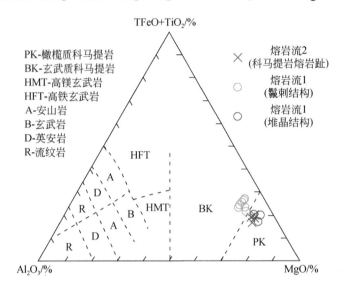

图 2.10 鲁西地区苏家沟科马提岩岩性判别图（修改自 Jensen，1976；Han et al.，2015）

国际上针对科马提岩的研究已有半个多世纪之久，而对科马提岩的分类也早已明确。迄今为止全球发现的大型太古宙科马提岩经典露头共 3 处，分别是南非 Barberton 绿岩带发育的约 3.5 Ga 的科马提岩、加拿大 Abitibi 绿岩带发育的约 2.7 Ga 的科马提岩和西澳大利亚 Kambalda 地区发育的约 2.7 Ga 含矿科马提岩（Arndt et al.，2008）。研究发现约 3.5 Ga 的 Barberton 科马提岩和约 2.7 Ga 的 Abitibi 科马提岩具有较大区别，可以划分成两个类型，其在主微量元素上均具有明显差别。主量元素上通常以 $Al_2O_3/TiO_2 = 15$ 为界限，$Al_2O_3/TiO_2 < 15$ 的科马提岩为 Al 亏损型科马提岩，约 3.5 Ga 的 Barberton 科马提岩均为此种科马提岩；$Al_2O_3/TiO_2 > 15$ 的科马提岩为 Al 不亏损型科马提岩，约 2.7 Ga 的 Abitibi 科马提岩均为此种科马提岩。微量元素上通常以 $(Gd/Yb)_N$ 为界限，约 3.5 Ga 的 Barberton 科马提岩具有 $(Gd/Yb)_N > 1$ 的特征；约 2.7 Ga 的 Abitibi 科马提岩具有 $(Gd/Yb)_N < 1$ 的特征，也称 Munro 型科马提岩。早期的科马提岩亏损 Al，而晚期的科马提岩不亏损 Al，可能与晚期壳幔分异增强、存在地壳混染有关。

本书所研究苏家沟科马提岩 Al_2O_3/TiO_2 均大于 26.4，$(Gd/Yb)_N$ 为 0.66～0.89。因此，苏家沟科马提岩为 Al 不亏损型的 Munro 型科马提岩，其与约 2.7 Ga 的 Abitibi 科马提岩不仅喷发时代相同，也具有相似的地球化学特征，这可能与地壳混染有关。

2.3.5　蚀变及变质作用讨论

1. 蚀变作用对苏家沟科马提岩主微量元素影响

Polat 和 Hofmann（2003）提出科马提岩易受后期的碳酸盐岩和硅酸盐矿物交代。当样品表现出明显的 Ce 异常（Ce/Ce*>1.1 或 Ce/Ce*<0.9）时，说明样品受到了强烈的蚀变作用。Polat 等（2006b）据此详细评估了风化和后期蚀变作用对苏家沟科马提岩地球化学特征的影响，认为苏家沟科马提岩并未出现明显的 Ce 异常，后期蚀变作用对其影响有限。此外，需要再次强调的是，因为当地道路施工，本书所研究样品均采自新挖掘的 AB 剖面。通过镜下薄片鉴定，本书首先排除了样品含有碳酸盐岩或石英脉体的情况。

超基性岩石原生的橄榄石和辉石会在水的加入下生成蛇纹石，也就是产生蛇纹石化反应，蛇纹石化反应是超基性岩的主要蚀变反应（Arndt et al.，2008）。苏家沟科马提岩的矿物组合中含有较高比例的蛇纹石，且样品具有较高的样品烧失量，表明经历了较强的蛇纹石化反应。Shervais 等（2005）通过对未蚀变橄榄岩和蛇纹石化橄榄岩的主微量元素对比发现，蛇纹石化对 Mg、Si 和 Fe 等富集的主量元素含量基本无影响。因此，蛇纹石化科马提岩主要的主量元素基本保持稳定，可以用来进行分析。

对微量元素在橄榄岩蛇纹石化过程中的变化情况则有不同的认识。Niu（2004）认为稀土元素中的一些活动性较弱的不相容元素（如典型的 Th）可以代表原始矿物的元素含量。但我们注意到 Niu（2004）的蛇纹石化样品相对于样品中的新鲜单斜辉石会出现部分稀土元素的解耦现象。同时，Allen 和 Seyfried（2005）通过实验得出稀土元素会在蛇纹石化过程中发生明显变化。Frisby 等（2016）认为蛇纹石化过程会导致样品的轻稀土富集，进而导致稀土图谱的变化。基于上述研究进展，我们认为蛇纹石化的科马提岩的主量元素可以代表原始岩石特征，而微量元素在经历了蛇纹石化的开放系统下的水岩相互作用后，必然会发生部分微量元素的流入、流出现象，不能完全代表原始岩石特征，在样品使用过程中应当充分讨论。

2. 科马提岩在变质过程中的元素迁移

依据 Arndt 和 Lesher（2004）提出的科马提岩岩浆的结晶过程可知，橄榄石作为暗色矿物通常是科马提岩岩浆结晶出的第一矿物，甚至在岩浆通道中就会有部分橄榄石结晶，由此可得，科马提岩中的橄榄石应是 Mg$^\#$值最高的矿物，且其 Mg$^\#$值应略高于全岩 Mg$^\#$值。实验数据表明，基性-超基性岩浆在分离结晶橄榄石过程中，其橄榄石与岩浆熔体的 Fe-Mg 分配系数为 0.3，误差为 0.05（K_D 系数）（Toplis，2005）。与典型科马提岩结晶橄榄石现象相矛盾的是，苏家沟科马提岩的橄榄石 Mg$^\#$值远低于全岩 Mg$^\#$值（表 2.3），如图 2.11 所示，苏家沟科马提岩的橄榄石 Mg$^\#$值为 88～89，与之相对应的平衡熔体 Mg$^\#$值应为 66～73，而苏家沟科马提岩的全岩 Mg$^\#$值为 89～90，两者明显不平衡。如果根据苏家沟科马提岩全岩地球化学成分计算与其平衡的橄榄石的 Fo，其值应为 96～97.5，这显然与橄榄石矿物化学数据相矛盾。因此，我们认为科马提岩的橄榄石并非岩浆成因，其矿物化学成分已经受到后期变质作用改造。

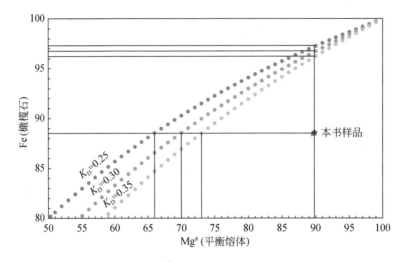

图 2.11　橄榄石 Fe-平衡熔体 Mg$^{\#}$关系图（Fe-Mg 分配系数引自 Toplis，2005）

　　在确认苏家沟科马提岩内橄榄石为变质成因的基础上，本书试图讨论科马提岩所经历的变质过程。首先，世界范围内的超基性岩在蚀变过程中都出现了高 Mg$^{\#}$ 值的蛇纹石（图 2.12）。其次，我们在苏家沟科马提岩的薄片中发现了蛇纹石中大量发育磁铁矿，而在橄榄石中则很少发育。由此，我们提出"橄榄石/辉石+水—蛇纹石+磁铁矿"的变质反应。即 Fe-Mg 元素在橄榄石和蛇纹石之间的交换可以解释变质科马提岩内橄榄石 Mg$^{\#}$值低于全岩的特征。

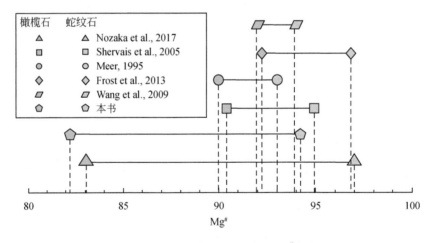

图 2.12　超基性岩蛇纹石化过程 Mg$^{\#}$变化图

　　针对苏家沟变质科马提岩内现存的低 Mg$^{\#}$值橄榄石和透闪石，我们提出"蛇纹石+单斜辉石+水—橄榄石+透闪石+磁铁矿"的变质反应，即蛇纹石在一定的变质条件下生成了变质橄榄石。

　　Cr 和 Ni 是橄榄石、辉石矿物中两种重要的微量元素，通过对苏家沟科马提岩矿物测试，我们识别出高 Cr、低 Ni 和高 Ni、低 Cr 两种橄榄石。在岩浆矿物中斜方辉石是典型的高 Cr、低 Ni 矿物，橄榄石是典型的高 Ni、低 Cr 矿物。依据上述提出的变质反应（蛇纹石+单斜辉石+水—橄榄石+透闪石+磁铁矿），苏家沟科马提岩中的橄榄石均由蛇纹石变质而成，并继承了蛇纹石的 Cr、Ni 含量特征。需要注意的是，尽管单斜辉石和透闪石可以容纳Cr 元素，但二者分子组成相似且分别位于变质反应的两端，因此并不会影响变质反应过程中的 Cr、Ni 元素变化。由于橄榄石和辉石均可以在水的参与作用下生成蛇纹石，我们认为原始的岩浆成因橄榄石和辉石矿物的 Cr、Ni 特征被蛇纹石所继承，进而被变质成因的橄榄石所继承。

$2Mg_{1.8}Fe_{0.2}SiO_4+3H_2O=\!=\!=\!1Mg_{2.85}Fe_{0.15}Si_2O_5(OH)_4+1Mg_{0.75}Fe_{0.25}(OH)_2$（变质反应 1）

$3Mg_{0.9}Fe_{0.1}SiO_3+2H_2O=\!=\!=Mg_{2.7}Fe_{0.3}Si_2O_5(OH)_4+SiO_2$（变质反应 2）

根据 Bach 等（2006）提出的蛇纹石化反应可知，由橄榄石反应生成的蛇纹石不可能富集 Cr，因为反应的左侧只有贫 Cr 的橄榄石参与（变质反应 1）；而斜方辉石反应生成的蛇纹石则会继承富 Cr 的特点，因为反应的右侧只有蛇纹石一种生成矿物（变质反应 2）。综上所述，我们认为低 Cr/Ni 值橄榄石是由橄榄石形成的蛇纹石变质而成，高 Cr/Ni 值橄榄石是由斜方辉石形成的蛇纹石变质而成。

3. 变质作用对主微量元素活动性的影响

由于后期变质过程很难对科马提岩的 MgO 含量造成影响，因此可以用 MgO 含量相关图来评估科马提岩主微量元素的活动性。正如图 2.13 所示，MgO-Al_2O_3 和 MgO-CaO 相关图解均具有明显的负相关线性关系。这表明 MgO、Al_2O_3 和 CaO 三者含量变化均由橄榄石的结晶过程控制，与后期的变质作用无关系。此外，MgO 与 TiO_2 有较好的相关性，也表明其并未明显受到变质作用的影响。

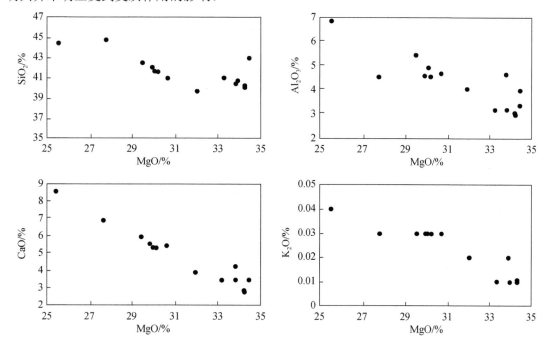

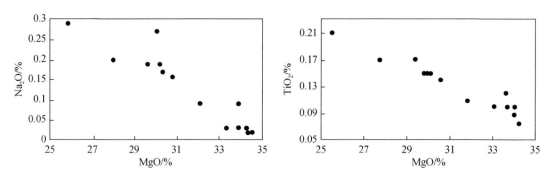

图 2.13　鲁西地区苏家沟科马提岩主量元素相关图

通过 MgO 与部分重点微量元素的相关图解可知，Ni、Zr 与 MgO 具有较好的相关性，表明其受后期变质作用影响较弱（图 2.14，数据来源于 Polat et al.，2006b）。而 Pb、Lu、Ba、Th 等高活动性元素则普遍与 MgO 无相关性，表明这些元素受后期变质作用影响较大，

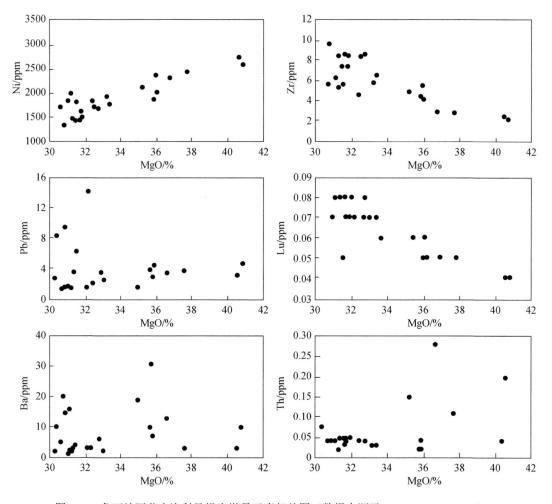

图 2.14　鲁西地区苏家沟科马提岩微量元素相关图（数据来源于 Polat et al.，2006b）

已明显不同于初始的科马提岩特征。此外，Arndt 等（2008）提出轻稀土元素在科马提岩的后期变质作用中可以保持稳定。

前述苏家沟科马提岩橄榄石面扫描图（图2.8）展示了橄榄石和铬铁矿之间的 Cr、Mg 元素交换状态，因此铬铁矿-橄榄石的"矿物对"是苏家沟科马提岩变质矿物组合平衡状态下的反映，可作为矿物温度计预测苏家沟科马提岩的变质温度。依据 Ballhaus 等（1991）的计算方法，苏家沟科马提岩经历的变质温度为 684～764 ℃（表 2.4），这个变质温度代表了苏家沟科马提岩的变质峰期温度。根据区域地质概况和野外地质踏勘可知，这次峰期变质作用很可能是约 2.5 Ga 的二长花岗岩大面积侵入所导致的。

此外，本书还应用 THERMOCALC 3.33 相平衡模拟方法预测苏家沟科马提岩的变质温压条件。结果显示在约 488℃ 条件下变质矿物达到了平衡，这代表了苏家沟科马提岩在经历了约 700℃ 的峰期变质后，在约 488℃ 退变质温度下达到了目前矿物组合的稳定状态（图2.15）。此外，我们可以观察到在退变质的过程中，橄榄石的 $Mg^\#$ 处于下降趋势，也进一步证明了苏家沟科马提岩橄榄石均为变质成因。

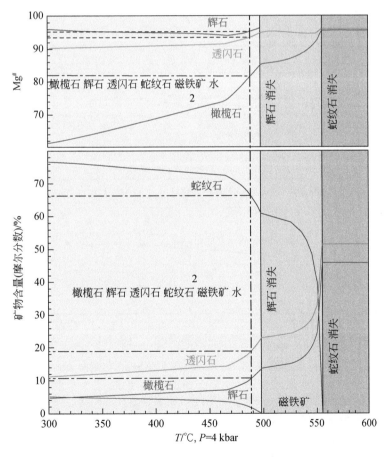

图 2.15　鲁西地区苏家沟科马提岩变质相图

1 kbar=10^8 Pa

2.3.6 苏家沟科马提岩微量元素指示意义

因为上述蚀变和变质作用的存在，本书认为苏家沟科马提岩的全岩微量元素特征反映的是不同变质矿物的组合。为此，我们通过 4 种变质矿物的组合模型试图恢复全岩的微量元素特征。针对苏家沟科马提岩 2004-10 样品（样品及微量元素数据来源于 Polat et al.，2006b），模拟表明约 17.76%的透闪石、约 47.42%的蛇纹石和约 34.82%的绿泥石变质矿物组合具有除 Th 元素含量较低外与全岩相似的特征。针对苏家沟科马提岩 KM-3B 和 KM-38 两个样品，混合模型同样展示了具有 Th 和 Zr 元素含量较低以及与全岩相似的特征（图 2.16）。

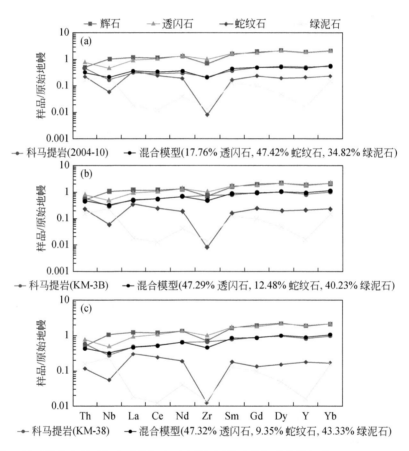

图 2.16 鲁西地区苏家沟科马提岩矿物组合回归图（原始地幔标准化数据来源于 Sun and McDonough et al.，1989）

由于苏家沟科马提岩形成后经历了角闪岩相变质作用，大部分微量元素在变质过程中会随着系统的开放而活动。一些学者指出在橄榄岩的蚀变变质过程中，Th 元素会在水岩作用下进行一定程度的富集（Paulick et al.，2006；Tian et al.，2017）。同理，Zr 的亏损也很可能是在后期的水岩作用下元素流入/流出的结果。

2.4　鲁西科马提岩的大地构造环境

前人的研究认为，鲁西苏家沟科马提岩形成在岛弧、大陆边缘等陆上环境（徐惠芬等，1992；Cheng and Kusky，2007）。科马提岩岩浆为低黏度富 Mg 熔体，其最显著特征是高温度，且远高于周围地幔温度（Campbell et al.，1989）。基于此，大部分的地质学家都认为世界范围内的＞2.7 Ga 科马提岩为同时期发育的超级地幔柱成因（Herzberg，1995；Condie，1998；Parman and Grove，2004；Barnes et al.，2012）。

对于苏家沟科马提岩，考虑到其经历强烈变质，无原生橄榄石的事实，无法应用橄榄石作为温度计。尽管 Polat 等（2006b）提出苏家沟科马提岩经历了约 2%～6% 的地壳混染，但本书认为其代表地壳混染的地球化学指标应为后期蚀变和变质水岩相互作用导致。因此，本书用 Arndt（2008）所提的计算方法，以全岩的 MgO 含量作为原始岩浆 MgO 含量，得到了苏家沟科马提岩的岩浆温度为 1540～1600℃。

苏家沟科马提岩的 Al_2O_3 含量为 17%～20%，计算可得其形成压力在 7～8 GPa，因此，其形成深度至少为 220 km（Arndt，2008）。根据 1℃/km 的地幔绝热梯度，可得苏家沟科马提岩原始地幔温度（T_M）为（1540～1600 ℃）+1×220 ℃=1760～1820 ℃。由于地幔橄榄岩的绝热梯度为 0.6 ℃/km，可得苏家沟科马提岩所代表的地幔潜能温度（T_p）为（1760～1820 ℃）–0.6×220 ℃=1628～1688 ℃。新太古代（3.0～2.5 Ga）地幔潜能温度为 1500～1600 ℃（McKenzie and Bickle，1988；Herzberg et al.，2010）。因此，可以证明苏家沟科马提岩为地幔柱起源。

综上，本书认为＞2.7 Ga 的苏家沟科马提岩与同时期其他绿岩带发育的 Murno 型科马提岩一致，均为地幔柱成因，代表了垂向的地壳生长模式。此时期的鲁西地区在地幔柱上涌导致的伸展环境下，拉张形成新的洋壳。同时，较深部的地幔物质在高热条件下不断发生部分熔融，形成鲁西地区的科马提岩-玄武岩岩石组合绿岩带，逐渐加厚的原大陆地壳和新生洋壳的底部开始部分熔融产生少量酸性岩浆，侵入上覆地壳形成零星的较晚期的 TTG 岩石（图 2.17）。

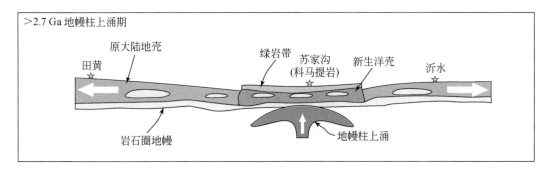

图 2.17　鲁西地区＞2.7 Ga 时期地幔柱主导下的垂向地壳生长模式

第3章 新太古代晚期表壳岩及其构造-热事件（Ⅱ）

如前文所述，鲁西新太古代表壳岩曾被统称为"泰山岩群"。大量年代学研究表明，泰山岩群可以分为两期：新太古代早期在垂向地幔柱作用下形成的科马提岩-拉斑玄武岩序列；新太古代晚期在水平俯冲作用下形成的拉斑-钙碱性玄武岩-安山岩-英安岩-流纹岩序列（Polat et al., 1998, 2007, 2011; Angerer et al., 2013; Santosh et al., 2016; Gao et al., 2019a）。因此，对鲁西新太古代表壳岩的研究是揭示鲁西构造体制从垂向转变为水平的关键。本章对鲁西泰山地区和田黄地区表壳岩进行了系统详细的岩相学、主微量元素、Sm-Nd同位素、锆石 U-Pb 和 Lu-Hf 同位素研究。根据其地球化学和年代学数据，本章探究了鲁西新太古代表壳岩的形成期次和岩石成因，并进一步阐述了它们对鲁西新太古代大地构造环境的指示。

随着针对太古宙花岗-绿岩带的研究不断深入，类似显生宙岛弧拉斑玄武岩-富铌玄武岩-玻安岩-赞岐岩等变质火山岩组合越来越多地被发现在中-新太古代绿岩带内，证明了地幔柱体制下的地壳垂向生长模式可能不是唯一的，还存在早期俯冲水平生长模式。一些学者提出太古宙存在早期板块构造体制，并认为其同样是太古宙时期重要的地球动力学机制之一（Nutman et al., 2011; Wang et al., 2011; Angerer et al., 2013; Guo et al., 2013; Turner et al., 2014）。本书以在鲁西地区中部发现了两个新太古代晚期表壳岩剖面为研究对象，通过系统的野外采样和室内测试分析，探讨这些表壳岩的岩石成因及大地构造意义，并在前人研究的基础上，进一步分析其对鲁西地区新太古代晚期地壳生长方式和动力学机制的指示意义。

3.1 泰山地区的表壳岩

鲁西地区的表壳岩常呈透镜状或条带状分布在"花岗岩海"中，分布较为分散，并且普遍经历了绿片岩相到低角闪岩相的变质作用（Wan et al., 2011）。从鲁西田黄地区和泰山地区采集了 14 块代表性样品，样品采集位置可见图 3.1。这些样品分布规模较小，部分呈现出层状结构，普遍经历了角闪岩相变质和后期蚀变。该表壳岩的岩相学特征表明其为变质基性岩，其原岩推测为火山岩。样品的野外和岩相学特征可参见表 3.1。

本书在泰山地区采集了 4 件样品（MCC03、MJZ04、DJK01 和 CLS01），均为斜长角闪岩。这些岩石被约 2.5 Ga 的 TTG 片麻岩或二长花岗片麻岩侵入，呈现中细粒粒状变晶结构、块状或片麻状构造 [图 3.2 (a) ～ (c)]。根据显微镜下观察，斜长角闪岩主要由斜长石（30%～50%）和普通角闪石（30%～50%）组成，伴有白云母、绢云母、黑云母和绿泥石等副矿物 [图 3.3 (a) ～ (c)]。大多数斜长石颗粒蚀变为云母，角闪石颗粒蚀变为绿泥石。部分样品中角闪石和斜长石颗粒发生强烈定向，形成片理构造。

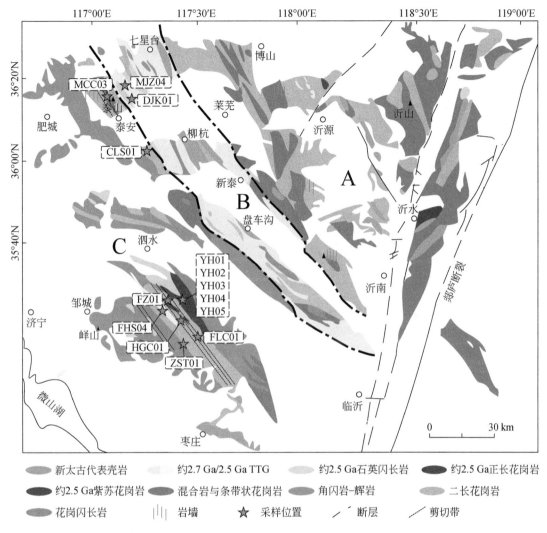

图 3.1　鲁西太古宙基底地质简图及采样位置（修改自曹国权，1996；Wan et al.，2010）

表 3.1　鲁西变质基性岩野外和岩相学特征

样品	年龄/Ga	位置	岩相学	纬度	经度	矿物组合
MCC03	2.70	马厂	斜长角闪岩	36°19′40.01″N	117°2′43.67″E	Pl（50%）+Hb（45%）+Bi（5%）
MJZ04	2.66	毛家庄	斜长角闪岩	36°20′27.88″N	117°9′11.55″E	Pl（30%）+Hb（50%）+Ms（15%）+Chl（5%）
DJK01	2.64	大津口乡	斜长角闪岩	36°17′46.97″N	117°9′10.99″E	Pl（50%）+Hb（30%）+Ser（10%）+Bi（5%）+ Chl（5%）
FLC01	2.57	分岭	斜长角闪岩	35°19′10.27″N	117°30′29.83″E	Pl（50%）+ Hb（45%）+ Ru（5%）
FZ01	2.55	樊庄	斜长角闪岩	35°28′21.8″N	117°20′38.09″E	Pl（50%）+ Hb（40%）+ Chl（5%）+ Ru（5%）
YH01	2.53	玉皇	斜长角闪岩	35°27′37.28″N	117°24′15.87″E	Pl（65%）+ Hb（35%）
YH02	2.52	玉皇	斜长角闪岩	35°27′37.28″N	117°24′15.87″E	Pl（50%）+ Hb（35%）+ Qtz（10%）+ Ru（5%）

续表

样品	年龄/Ga	位置	岩相学	纬度	经度	矿物组合
YH03	2.53	玉皇	斜长角闪岩	35°27′37.28″N	117°24′15.87″E	Pl（55%）+ Hb（30%）+ Bi（5%）+ Chl（5%）+ Ru（5%）
YH04	2.53	玉皇	斜长角闪岩	35°27′37.28″N	117°24′15.87″E	Pl（45%）+ Hb（45%）+ Ser（5%）+ Chl（5%）
YH05	2.54	玉皇	斜长角闪岩	35°27′37.28″N	117°24′15.87″E	Pl（50%）+ Hb（40%）+ Ser（5%）+ Chl（5%）
FHS04	2.53	凤凰山	斜长角闪岩	35°23′14.82″N	117°19′23.41″E	蚀变严重
HGC01	2.53	扈沟村	斜长角闪岩	35°24′40.97″N	117°27′33.83″E	Pl（60%）+ Hb（40%）
ZST01	2.54	张山头	斜长角闪岩	35°16′56.81″N	117°25′52.26″E	Pl（40%）+ Hb（40%）+ Qtz（15%）+ Bi（5%）
CLS01	2.55	徂徕山	斜长角闪岩	36°3′7.75″N	117°15′34.14″E	Pl（40%）+ Hb（30%）+ Qtz（20%）+ Bi（10%）

注：Qtz-石英；Pl-斜长石；Bi-黑云母；Ms-白云母；Hb-角闪石；Chl-绿泥石；Ser-绢云母。

　　本书在田黄地区采集了 10 件样品（FLC01、FZ01、YH01、YH02、YH03、YH04、YH05、FHS04、HGC01 和 ZST01），均为斜长角闪岩。它们被约 2.5 Ga 的二长花岗片麻岩或正长花岗片麻岩侵入，呈深灰色、细粒粒状变晶结构、块状或片麻状构造 [图 3.2（d）～（h）]。大多数样品经历了不同程度的蚀变，它们主要由斜长石（45%～65%）和普通角闪石（30%～45%）组成，伴有绿泥石、绢云母和金红石等副矿物 [图 3.3（d）～（h）]。其中，斜长石颗粒蚀变为绢云母，普通角闪石颗粒蚀变为绿泥石。

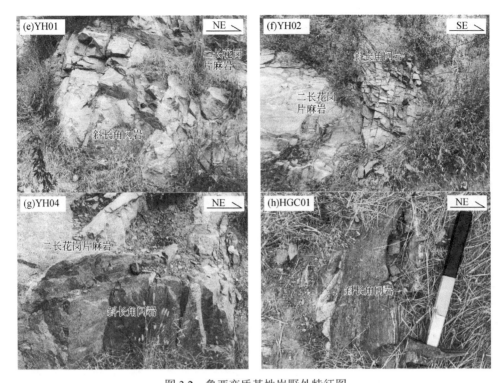

图 3.2　鲁西变质基性岩野外特征图

（a）约 2.7 Ga 变质基性岩及二长花岗质糜棱岩；（b）（c）约 2.6 Ga 变质基性岩及 TTG 片麻岩；（d）～（h）约 2.5 Ga 变质基性岩及二长花岗片麻岩

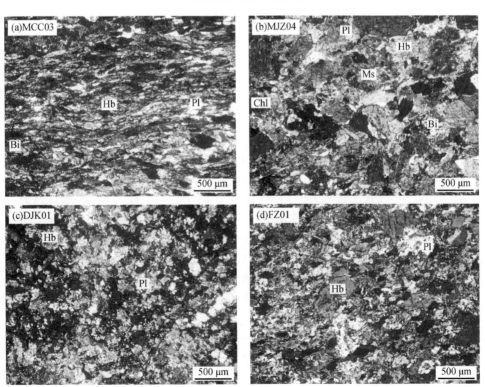

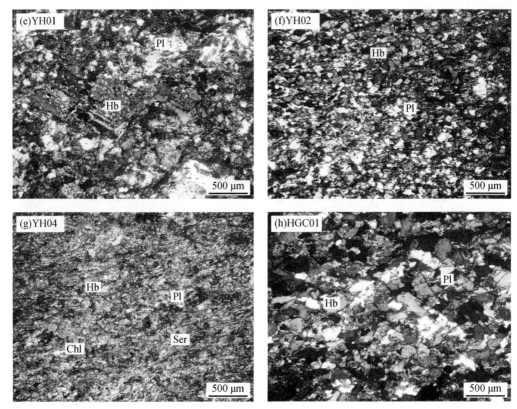

图 3.3　鲁西变质基性岩正交偏光镜下岩相图

Pl-斜长石；Bi-黑云母；Ms-白云母；Hb-普通角闪石；Chl-绿泥石；Ser-绢云母

3.1.1　分析测试方法

1. 全岩地球化学分析

本书对 14 件样品进行了全岩主微量分析。在进行主量元素分析之前，本书将斜长角闪岩全岩样品进行修整，切去被风化的部分，将新鲜岩石样品在玛瑙研磨机中切碎并磨成小于 200 目的粉末。整个实验是在北京大学地球与空间科学学院造山带与地壳演化教育部重点实验室中完成，采用 X 射线荧光光谱（XRF）仪进行主量元素分析。实验过程中，将样品粉末和助熔剂材料无水四硼酸锂（$Li_2B_4O_7$）以 1∶2 的比例混合，并在 1100 ℃高温下在 Pt-Au 坩埚中加热 20～40 min 至熔化，然后将得到的熔体倒入预热的直径为 34 mm 的溶样弹中。在测试过程中，XRF 系统使用 GSR-1（花岗岩）、GSR-3（玄武岩）和 GSR-9（闪长岩）作为标样进行校准，将溶样弹在 50 kV 和 20 mA 下用铑管进行激发。将样品粉末放入 1050 ℃马弗炉中加热 1 h，通过计算前后质量差来得出样品烧失量（LOI）。本测试分析相对误差＜0.5%。

在进行微量元素分析之前，将样品粉末准确称量（25 mg）后放入 Savilex Teflon 烧杯中，然后放入装有 HF 和 HNO_3 以 1∶1 混合溶液的高压罐中。将它们在 80 ℃下加热 24 h，然后将样品进行烘干。之后，将 HNO_3（1.5 mL）、HF（1.5 mL）和 $HClO_4$（0.5 mL）加到烘干的粉末中，并在 180 ℃ 条件下继续烘干 48 h。最后，用 1% 的 HNO_3 将残留物稀释至 50 mL。实验测试是在北京大学地球与空间科学学院造山带与地壳演化教育部重点实验室完成，使用 VG Axiom 多接收器高分辨率电感耦合等离子质谱仪（MC-HR-ICP-MS）测量了包括稀土元素（REE）在内的微量元素。实验采用 GSR-1（花岗岩）、GSR-9（闪长岩）、GSR-10（辉长岩）和 GSR-14（花岗片麻岩）作为标样从而确保分析准确性，分析相对误差 <0.5%。实验测试的详细步骤可以参照 Liu 等（2012）。

2. 全岩 Sm-Nd 同位素分析

本书对 8 件样品进行了全岩 Sm-Nd 同位素分析。实验测试是在中国地质调查局天津地质调查中心完成，使用 MC Finnigan MAT-261 热电离质谱仪（TIMS）来测定全岩 Sm-Nd 同位素组成。使用玛瑙研磨机将样品磨成 200 目的粉末，并将样品粉末与 HF 和 HNO_3 混合后装入聚四氟乙烯溶样弹中在 190 ℃ 下加热 48 h。然后将样品在热板上烘干，将残余物再溶解于 $HClO_4$（100 mL）和浓 HCl（2 mL）中并完全干燥。最后，将残余物重新溶解到稀 HCl（1 mL）中，并倒入色谱柱（AG50W-X8 树脂）上以分离和纯化稀土元素。将分离出的稀土元素馏分倒入磷酸（HDEHP）柱中，加入 HCl 作为吸水剂分离出 Nd。本书采用标准 $^{146}Nd/^{144}Nd$ 值（0.721900）进行校正。对标样 BCR-2 的 $^{143}Nd/^{144}Nd$ 值进行重复分析，得出为 0.512629±7（2σ，$n=2$）。详细分析步骤可参考 Rudnick 等（2004）。

3. 锆石 U-Pb 和 Lu-Hf 同位素分析

本书对 14 件变质基性岩样品进行了锆石 U-Pb 同位素定年。首先挑选出锆石颗粒并将其粘到环氧树脂靶上，在北京大学物理学院扫描电镜实验室获得锆石阴极发光图像。锆石颗粒的 U-Pb 定年和原位微量元素分析在武汉上谱分析实验室进行，仪器为 Agilent 7700e LA-ICP-MS，使用 GeolasPro 激光系统和 MicroLas 光学系统进行激光采样。激光的光斑大小和频率分别设置为 32 μm 和 5 Hz。使用 $^{207}Pb/^{206}Pb$ 年龄为 1065.4±0.3 Ma 的 Harvard 锆石 91500 作为主要外标（Wiedenbeck et al.，1995），使用 NIST610 作为外标计算分析锆石晶粒中 U、Th、Pb 和其他微量元素的含量。每次分析包括 20～30 s 的本底采集，然后是 50 s 的锆石颗粒数据采集。本书使用在 Excel 软件运行的 ICPMS DataCal 软件来进行背景选择和整合、信号分析、时间漂移校正、微量元素分析的定量校准以及 U-Pb 测年（Liu et al.，2008，2010）。使用 Isoplot/Ex_Ver3 进行锆石年龄谐和图和加权平均计算（Ludwig，2003）。

本书对 8 件样品进行了锆石 Lu-Hf 同位素分析。测试在武汉上谱分析实验室进行，使用 Neptune Plus MC-ICP-MS 和 Geolas HD ArF 激光剥蚀系统。根据 CL 图像确定 Lu-Hf 分析点，且该点尽量靠近 ICP-MS U-Pb 测年点。激光束斑直径为 44 μm，激光烧蚀能量密度约为 7.0 J/cm^2。每次测量包括 20 s 的本底信号采集和 50 s 的锆石颗粒数据信号采集。详细分析方法可以参照 Hu 等（2012）。为保证分析数据的可靠性，使用 Plešovice、91500 和 GJ-1 三种国际标准锆石与实际样品同时进行分析。其中，Plešovice 作为外标校准来进一步优化分析测试结果。91500 和 GJ-1 作为次级标准来监控数据校正的质量。Plešovice、91500 和 GJ-1 的详细数据可参照 Zhang 等（2020）。

3.1.2 年代学与地球化学特征

1. 锆石 U-Pb 和 Lu-Hf 同位素结果

本书选取 14 件样品和 8 件样品分别进行锆石 U-Pb 和 Lu-Hf 同位素分析，这些样品呈现出与围岩不同的年龄。根据这些样品的锆石年代学结果，本书将其分为三组，分别为约 2.7 Ga 变质基性岩、约 2.6 Ga 变质基性岩和约 2.5 Ga 变质基性岩。

本书对每个分析点使用 $^{207}Pb/^{206}Pb$ 年龄作为表观年龄（t_1），进行 $^{176}Hf/^{177}Hf$ 值计算，并将其表示为 $^{176}Hf/^{177}Hf$（t_1）。某些锆石颗粒可能受到了后期构造-热事件影响，导致其岩浆结晶锆石的环带结构、化学组分和 $^{207}Pb/^{206}Pb$ 年龄被改变。然而，Lu-Hf 同位素体系很难受到后期蚀变作用影响（Hoskin and Schaltegger，2003）。因此，采用每个锆石测点所得的表观年龄计算 $^{176}Hf/^{177}Hf$（t_1）值，从而识别岩浆结晶锆石的形成期次。将样品的加权平均年龄作为其结晶年龄（t_2），用来计算 $\varepsilon_{Hf}(t_2)$ 值，来识别样品与原始地幔的差异。

1）约 2.7 Ga 斜长角闪岩

约 2.7 Ga 的变质基性岩为 MCC03。根据阴极发光图像，从样品中挑选的锆石颗粒呈椭圆状、短柱状到棱柱状，其长度在 80～150 μm 之间，长宽比为 1∶1～2.3∶1 [图 3.4（a）]。大多数锆石表现出模糊和混乱的内部结构 [如图 3.4（a）：点 09 和 13]，部分锆石表现出具有振荡环带的内核和周围的亮边 [如图 3.4（a）：点 03 和 09]，表明这些锆石受到了后期构造-热事件的影响。大多数锆石 Th/U 值大于 0.4。样品 MCC03 的 38 个点构成的不谐和线上交点年龄为 2736±10 Ma（MSWD=2.1）。其中，34 个点投到了谐和线上，产出的加权平均年龄为 2702±1 Ma（MSWD=1.4）[图 3.5（a）]。

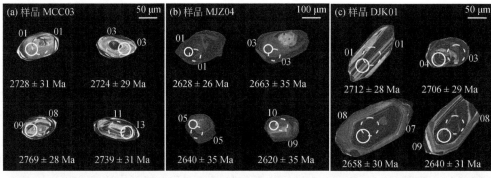

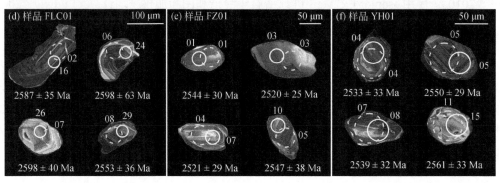

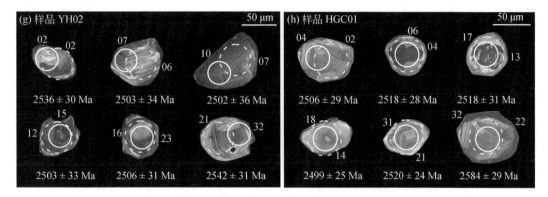

图 3.4　鲁西变质基性岩样品代表性锆石颗粒阴极发光图像

白色实线圆圈代表了 U-Pb 分析点，黄色虚线圆圈代表 Lu-Hf 分析点

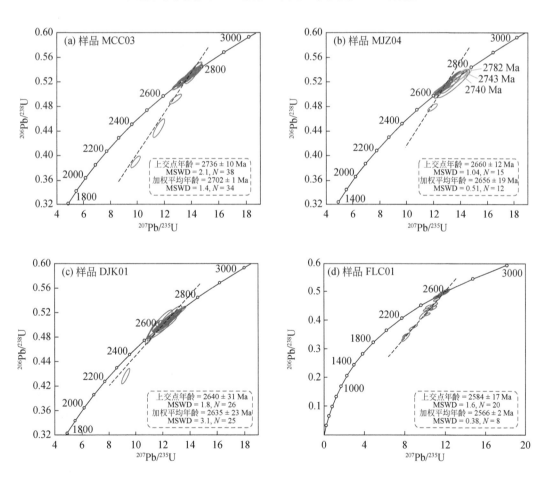

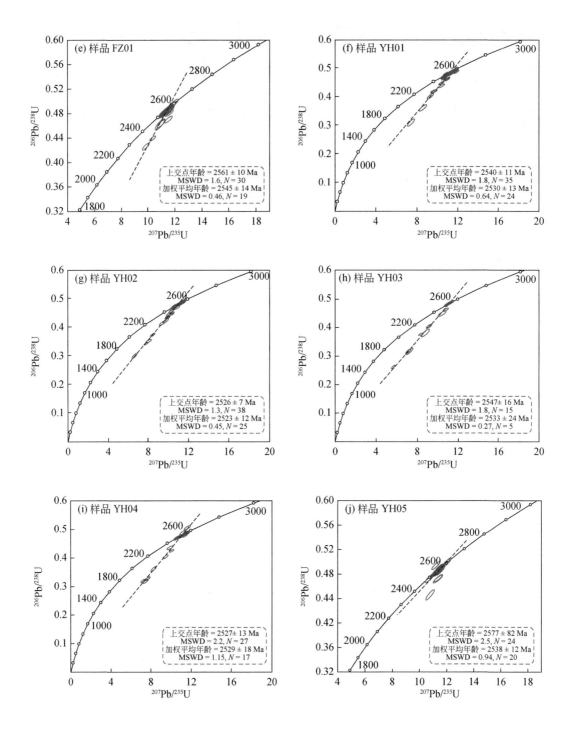

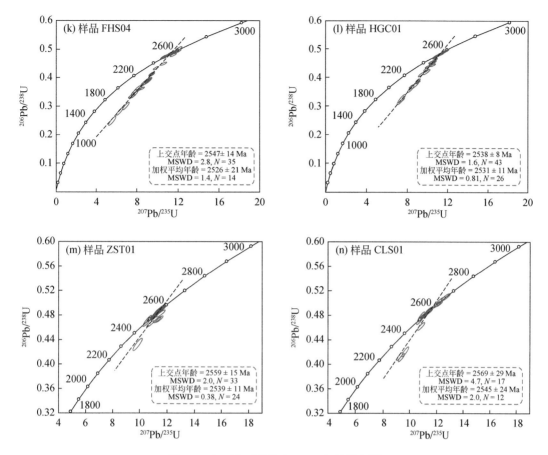

图 3.5　鲁西变质基性岩 U-Pb 年龄谐和图

本书对 MCC03 的 34 个 U-Pb 年龄分析点进一步开展了原位 Lu-Hf 同位素分析。这些点的 ^{176}Hf/^{177}Hf（t_1）值在 0.281204～0.281285 之间，形成了一条近水平分布的直线 [图 3.6（a）]，表明这些锆石为约 2702 Ga 在 ^{176}Hf/^{177}Hf 体系下发生重结晶形成的。这些特征表明，年龄较小的锆石颗粒受后期构造-热事件影响发生了不同程度的 Pb 丢失。本书使用样品 MCC03 结晶年龄（t_2=2702±1 Ma）进行计算，所有点产生正 $\varepsilon_{Hf}(t)$ 值，其范围为+5.36～+8.23，T_{DM} 值为 2672～2781 Ma。部分 $\varepsilon_{Hf}(t)$ 值投到了球粒陨石储库演化线（CHUR）和亏损地幔演化线之间的区域，其他 $\varepsilon_{Hf}(t)$ 值投到了亏损地幔演化线之上的区域（图 3.7），表明形成 MCC03 的原始岩浆直接来源于亏损地幔。

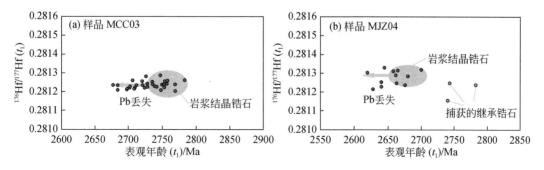

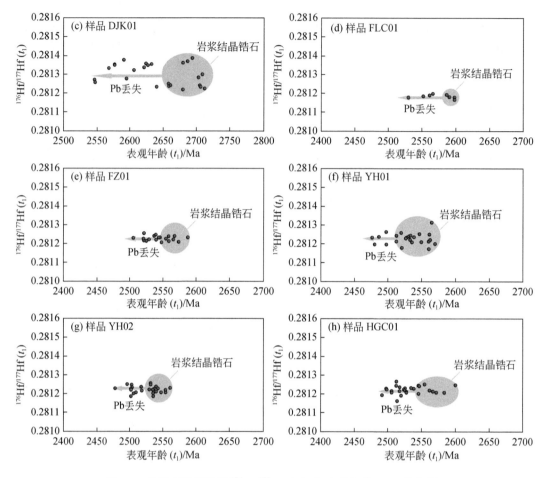

图 3.6 鲁西变质基性岩 $^{176}Hf/^{177}Hf$（t_1）与表观年龄（t_1）比值图

采用样品锆石颗粒 $^{207}Pb/^{206}Pb$ 年龄作为表观年龄

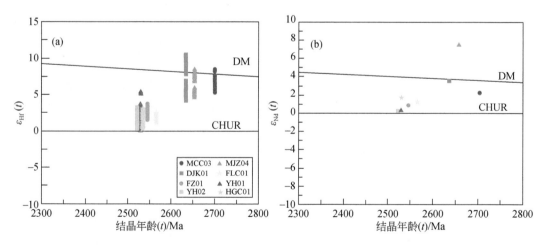

图 3.7 鲁西变质基性岩锆石 Lu-Hf 和全岩 Sm-Nd 同位素与结晶年龄比值图

采用样品锆石颗粒加权平均年龄作为结晶年龄。CHUR-球粒陨石均一源储库；DM-亏损地幔

2）约 2.6 Ga 斜长角闪岩

约 2.6 Ga 斜长角闪岩样品包括 MJZ04 和 DJZ01。从样品中挑出的锆石在阴极发光图像下呈棱柱状或椭圆状，其长度为 120～400 μm，长宽比为 1.2∶1～2.6∶1 [图 3.4（b）（c）]。大多数锆石表现为混乱模糊的内部结构 [如图 3.4（b）：点 05 和 09]，部分锆石发育核幔结构，具有较厚的边部 [如图 3.4（c）：点 08 和 09]。大多锆石 Th/U 值小于 0.4，表明它们受到了后期构造-热事件的影响。对样品 MJZ04 来说，15 个分析点落在谐和线上，其不谐和线上交点年龄为 2660±12 Ma（MSWD=1.04）。其中，有 3 个在谐和线上的点产出的表观年龄为 2743±65 Ma、2782±70 Ma 和 2740±38 Ma，它们可能是在岩浆上升或侵位期间从围岩捕获的锆石。另外 12 个在谐和线上的点产生的加权平均年龄为 2656±19 Ma（MSWD=0.51）[图 3.5（b）]。对样品 DJK01 来说，26 个点形成的不谐和线上交点年龄为 2640±31 Ma（MSWD=1.8）。其中，25 个点在谐和线上，产生的加权平均年龄为 2635±23 Ma（MSWD=3.1）[图 3.5（c）]。

本书对 MJZ04 的 15 个和 DJK01 的 27 个 U-Pb 年龄分析点进一步进行原位 Lu-Hf 同位素分析。对 MJZ04 来说，3 个较老的捕获的继承锆石的 $^{176}Hf/^{177}Hf$ (t_1) 值分别为 0.281247、0.281240 和 0.281156。MJZ04 中剩下 12 个点的 $^{176}Hf/^{177}Hf$ (t_1) 值在 0.281215～0.281328 之间，DJK01 中 27 个点的 $^{176}Hf/^{177}Hf$ (t_1) 值在 0.281219～0.281370 之间，这表明这些锆石颗粒受后期构造-热事件影响发生不同程度的 Pb 丢失 [图 3.6（b）（c）]。MJZ04 的 $\varepsilon_{Hf}(t)$ 值和 T_{DM} 值为+5.73～+8.21，2632～2753 Ma，DJK01 的 $\varepsilon_{Hf}(t)$ 值和 T_{DM} 值为+4.38～+10.29 以及 2537～2757 Ma。所有的测试点都投到了球粒陨石和亏损地幔演化线之间 [图 3.7（a）]，表明样品的母岩浆直接源于亏损地幔。

3）约 2.5 Ga 斜长角闪岩

约 2.5 Ga 的斜长角闪岩共 11 件，包括 FCL01、FZ01、YH01、YH02、YH03、YH04、YH05、FHS01、HGC01、ZST01 和 CLS01。如 CL 图像所示，这些锆石颗粒呈椭圆状、短柱状或棱柱状，它们的长度为 50～300 μm，长宽比为 1∶1～3∶1 [图 3.4（d）～（h）]。这些锆石颗粒有的具有混乱模糊的内部构造，有的呈现出具有变质环带的振荡环带特征 [如图 3.4（e）：点 01、03、07 和 10]。大多数锆石 Th/U 值高于 0.4，可能由岩浆作用形成。根据年代学数据，这些样品锆石的上交点年龄在 2584±17 Ma（MSWD=1.6）到 2526±7 Ma（MSWD=1.3）之间 [图 3.5（d）～（n）]。它们的加权平均年龄在 2523±12 Ma（MSWD=0.45）到 2566±2 Ma（MSWD=0.38）之间 [图 3.5（d）～（n）]。

本书选取了 FCL01、FZ01、YH01、YH02 和 HGC01 这 5 件样品的锆石进行原位 Lu-Hf 同位素分析。每个样品的 $^{176}Hf/^{177}Hf$ (t_1) 都十分相似，而且每个样品分析点都各自构成了一条水平的 Pb 丢失线 [图 3.6（d）～（h）]，表明它们普遍受到了后期构造-热事件影响。这些样品的 $\varepsilon_{Hf}(t)$ 均为正，其值在+0.07～+5.41 之间。这些 $\varepsilon_{Hf}(t)$ 投到了亏损地幔和球粒陨石均一储库演化线之间，表明它们的原始岩浆起源于亏损地幔 [图 3.7（a）]。

2. 元素活动性评估

本书采集的变质基性岩普遍经历了绿片岩相到低角闪岩相的变质和蚀变作用，这可能会导致它们的地球化学组分受到影响，因此，有必要对样品进行元素活动性评估。本书采用样品新鲜的核部进行分析，以尽量避免蚀变的影响。在这些样品中，样品 MJZ04 具有较为明显的 Ce 异常（$\delta Ce=0.45$），其原因可能受到了蚀变作用的一定程度的影响。其他样品都具有较低的 LOI（0.42%～4.44%）以及并不明显的 Ce 异常（$\delta Ce=0.86\sim1.04$）。这些特征都表明大部分样品的地球化学元素特征并没有受到变质和蚀变作用的影响（Polat et al.，2002）。

许多学者认为，Al_2O_3/TiO_2 值与 Zr 通常不会受到蚀变作用影响，可以作为评估其他元素活动性的指标（Guo et al.，2016；Gao et al.，2019a）。本书对约 2.5 Ga 的样品进行了主微量元素二元图的投图。根据主量元素与 Al_2O_3/TiO_2 值二元图得出，随着 Al_2O_3/TiO_2 的变化，SiO_2、TiO_2、TFe_2O_3 和 MgO 基本保持稳定的变化趋势（图 3.8），表明这些元素在后期变质和蚀变过程中基本不活动。而 Na_2O 和 K_2O 呈现出较为散乱的分布（图 3.8），表明它们在蚀变过程中的活动性。根据微量元素-Zr 的二元图，高场强元素（HFSE）、稀土元素（REE）、一些过渡金属元素和 Y 与 Zr 之间呈现较为明显的线性关系（图 3.8），表明它们在蚀变过程中基本不活动（Pearce et al.，1992）。然而，某些大离子亲石元素（LILE）分布散乱（图 3.8），表明它们的活动性。因此，这些表现为不活动的元素可以用于后续地球化学的分析。

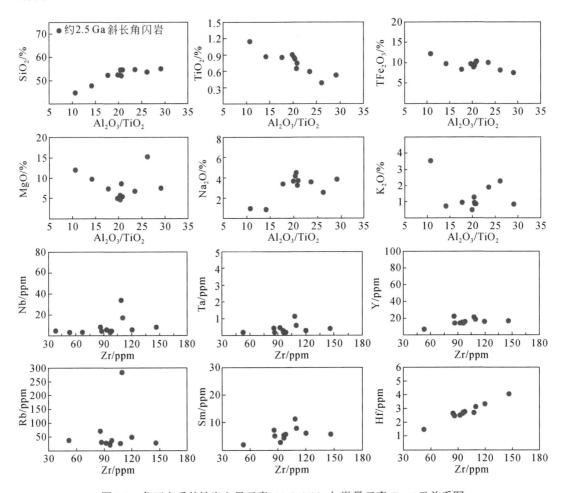

图3.8　鲁西变质基性岩主量元素-Al_2O_3/TiO_2与微量元素-Zr 二元关系图

3. 全岩地球化学特征

前文已述，根据年代学特征，本书将鲁西变质基性岩分为约 2.7 Ga、约 2.6 Ga 和约 2.5 Ga 三组。约 2.7 Ga 样品包括从泰山地区采集的 MCC03。样品 MCC03 具有较低的 SiO_2（49.49%）和 TiO_2（0.63%），同时具有较高的 MgO（10.74%）和 $Mg^{\#}$（68）。在 $Zr/TiO_2×0.0001$-Nb/Y 和 TFeO（Na_2O+K_2O）-MgO 图中，样品 MCC03 投到了拉斑玄武岩区域（图 3.9），表明其原岩具有拉斑特征。根据球粒陨石标准化 REE 图解，样品 MCC03 表现为轻微分异的 REE 模式伴有轻稀土富集的特征 [图 3.10（a）]。MCC03 的$(La/Yb)_N$ 值为 12.75，$(Gd/Yb)_N$ 值为 2.51，并具有轻度的 Eu 正异常（$\delta Eu=1.06$）和 Ce 负异常（$\delta Ce=0.93$）。在原始地幔标准化蛛网图中，MCC03 的 Nb 和 Ta 亏损程度较高 [图 3.10（b）]。其$(Nb/La)_{PM}$ 值为 0.11，Nb/Ta 值为 15.54，Nb/Y 值为 0.18。此外，它的 LILE 变化较为剧烈，进一步证实了 LILE 受到了后期蚀变作用影响。

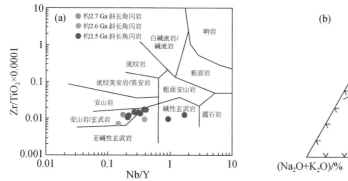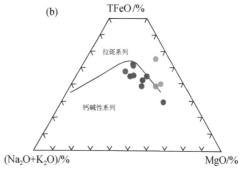

图 3.9　$Zr/TiO_2×0.0001$-Nb/Y 图解（a）（修改自 Winchester and Floyd，1977）和 TFeO-Na_2O+K_2O-MgO 图解（b）（修改自 Irvine and Baragar，1971）

约 2.6 Ga 样品包括从泰山地区采集的 MJZ04 和 DJZ01。样品 MJZ04 具有较高的 SiO_2（57.08%）和 MgO（8.25%），然而样品 DJK01 具有较低的 SiO_2（44.14%）和较高的 MgO（8.22%）。它们的 $Mg^{\#}$为 68 和 83。这两个样品在 $Zr/TiO_2×0.0001$-Nb/Y 和 TFeO-Na_2O+K_2O-MgO 图中投到了拉斑玄武岩的区域（图 3.9）。根据球粒陨石标准化 REE 图解，样品具有较为平坦的 REE 模式，其$(La/Yb)_N$ 值为 2.39～4.11，具有微弱的 Eu 正异常（$\delta Eu=1.17\sim1.19$）

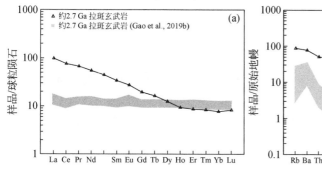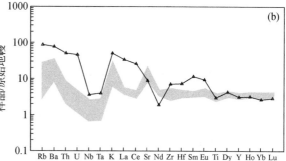

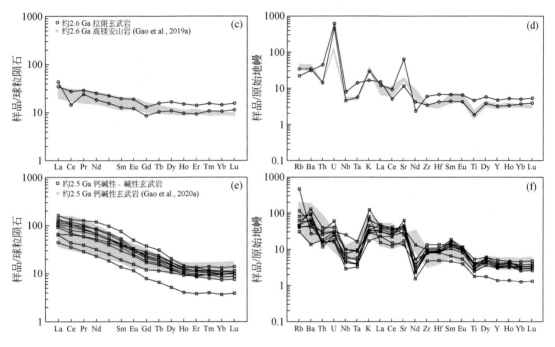

图 3.10 球粒陨石标准化稀土元素模式图及原始地幔标准化微量元素蛛网图

球粒陨石和原始地幔标准化数值来自 Sun and McDonough，1989

[图 3.10（c）]。在原始地幔标准化蛛网图中，样品具有强烈的 Nb、Ta 和 Ti 亏损以及 U、K 和 Sr 富集的特征 [图 3.10（d）]。它们的 $(Nb/La)_{PM}$ 值、Nb/Ta 值和 Nb/Y 值分别为 $0.38\sim0.53$、$9.91\sim14.01$ 和 $0.15\sim0.39$。

约 2.5 Ga 的斜长角闪岩包含从泰山地区和田黄地区采集的 11 件样品。它们的 SiO_2 组分为 $43.41\%\sim53.68\%$，MgO、Al_2O_3、TFeO 和 $Mg^{\#}$ 分别为 $4.7\%\sim15.01\%$、$11.82\%\sim17.57\%$、$7.40\%\sim11.81\%$ 以及 $48\sim77$。在 $Zr/TiO_2\times0.0001$-Nb/Y 图解中，9 个样品投到了亚碱性玄武岩-安山岩区域，2 个样品投到碱性玄武岩区域 [图 3.9（a）]。在 TFeO-Na_2O+K_2O-MgO 图解中，9 个样品投到钙碱性区域 [图 3.9（b）]。在球粒陨石标准化 REE 图解中，这些样品表现出强烈分异的 REE 模式，具有轻稀土元素（LREE）的富集和较为轻微的 Eu 异常（$\delta Eu=0.81\sim1.11$）[图 3.10（e）]。在原始地幔标准化蛛网图中，这些样品具有较明显的 HFSE（例如 Nb、Ta 和 Ti）亏损以及 K 和 Sr 富集 [图 3.10（f）]。它们的 Nb/Ta 值、Nb/Y 值和 $(Nb/La)_{PM}$ 分别为 $13.56\sim23.92$、$0.21\sim1.67$ 和 $0.14\sim0.9$。

4. 全岩 Sm-Nd 同位素特征

本书选取了 8 个样品进行全岩 Sm-Nd 同位素测试，包括约 2.7 Ga 变质基性岩（MCC03）、约 2.6 Ga 变质基性岩（MJZ04 和 DKJ01）和约 2.5 Ga 变质基性岩（FLC01、FZ01、YH01、YH02 和 HGC01）。$\varepsilon_{Nd}(t)$ 值和 $T_{DM}(Nd)$ 值的计算，根据的是样品结晶年龄和以下参数：$^{143}Nd/^{144}Nd_{CHUR（现今）}=0.512638$、$^{147}Sm/^{144}Nd_{CHUR（现今）}=0.1967$、$^{143}Nd/^{144}Nd_{DM（现今）}=0.513153$ 以及 $^{147}Sm/^{144}Nd_{DM（现今）}=0.2137$（Liu et al.，2004）。

根据测试分析，约 2.7 Ga 变质基性岩的 Sm、Nd 和 ^{143}Nd/^{144}Nd 分别为 5.20 ppm、25.9 ppm 和 0.511412。约 2.6 Ga 变质基性岩的 Sm、Nd 和 ^{143}Nd/^{144}Nd 分别为 1.92～2.95 ppm、8.5～1.7 ppm 和 0.511968～0.512051。约 2.5 Ga 变质基性岩的 Sm、Nd 和 ^{143}Nd/^{144}Nd 较为接近，为 4.5～7.19 ppm、22.8～37.3 ppm 以及 0.511296～0.511448。使用样品的结晶年龄进行计算，除了样品 MJZ04 以外，其他样品得到的 $\varepsilon_{Nd}(t)$ 值在 +0.26～+3.55 之间，T_{DM} 在 2723～2884 Ma 之间。这些样品都投到了亏损地幔和球粒陨石均一储库演化线之间 [图 3.7 （b）]。样品 MJZ04 由于受到后期蚀变作用影响，其 $\varepsilon_{Nd}(t)$ 值为 +7.5，T_{DM} 为 2328 Ma，投到了亏损地幔演化线之上 [图 3.7 （b）]。Sm-Nd 同位素结果表明这些样品的原始岩浆来源于亏损地幔。

3.1.3　表壳岩成因及大地构造意义

1. 岩石成因分析

幔源熔体在上升和侵位过程中可能会与围岩发生相互作用，进而改变其化学组分（Reiners et al.，1996；Guo et al.，2016）。因此，有必要对这些变质基性岩进行地壳混染程度的评估。幔源熔体受到地壳混染之后，通常会导致 MgO 和过渡金属元素含量下降，Zr、Th 和 Hf 含量上升（Rudnick and Gao，2003）。本书研究的变质基性岩具有较高的 MgO（最高达 27.84%，平均 9.43%）和 Mg$^{\#}$（高达 83，平均 61），这些都高于华北克拉通太古宙地壳的平均值（Kern et al.，1996）。它们通常具有较低的 Th（0.74～4.38 ppm）、负 Zr 和 Hf 异常（图 3.10）。此外，所有的变质基性岩都有正的锆石 $\varepsilon_{Hf}(t)$ 值（+0.07～+10.29）和正的 $\varepsilon_{Nd}(t)$ 值（+0.26～+7.5）。这些地球化学特征表明，变质基性岩的原始岩浆在上升侵位过程中都经历了有限的地壳混染。

约 2.7 Ga 样品 MCC03 投到了拉斑玄武岩区域，具有 Nb、Ta 和 Ti 亏损的地球化学特征，与鲁西盘车沟地区约 2.7 Ga 拉斑玄武岩相似（图 3.9、图 3.10；Gao et al.，2019b）。所不同的在于，MCC03 具有轻微分异的 REE 模式，伴有 LREE 富集，与俯冲带岩浆特征十分相似。根据 Nd/Yb-Nb/Yb 图解，MCC03 投到了 MORB-OIB 区域，靠近 E-MORB 区域 [图 3.11（b）]，表明其岩浆源区比传统亏损地幔更为富集。样品 MCC03 的 $\varepsilon_{Hf}(t)$ 值在 +5.36～+8.23 之间，T_{DM} 值为 2672～2781 Ma，$\varepsilon_{Nd}(t)$ 值为 +8.23（T_{DM}=2854 Ma），投到了亏损地幔和球粒陨石演化线之间（图 3.7）。研究表明，上述特征在岛弧玄武岩中十分普遍，可能与俯冲作用相关物质的加入有关（Patchett et al.，1984；Hoffmann et al.，2011）。此外，MCC03 较低的 (Nb/La)$_N$ 和 (Hf/Sm)$_N$ 值进一步表明其起源于俯冲洋壳的流体或熔体交代的亏损地幔 [图 3.11 （c）]。在 Sm/Yb-Sm 图解中，MCC03 起源于尖晶石-石榴子石二辉橄榄岩地幔发生约 10% 的部分熔融，其形成深度与上地幔深度一致。因此，本书认为约 2.7 Ga 样品原岩为拉斑玄武岩，是由被俯冲流体和熔体交代的亏损地幔楔在上地幔深度发生部分熔融形成的。

本书采集的约 2.6 Ga 样品投到了拉斑玄武岩区域，其地球化学特征与鲁西沂水地区约 2.6 Ga 高镁安山岩十分相似（图 3.9、图 3.10；Gao et al.，2019a）。相比于约 2.7 Ga 的拉斑玄武岩，它们表现出轻微的 LREE 富集，更明显的 Eu 正异常以及更为强烈的 HFSE 亏损特征。在 Nd/Yb-Nb/Yb 图解中,这些拉斑玄武岩投到了 N-MORB 到 E-MORB 且靠近 E-MORB 的区域 [图 3.11（b）]。然而，它们 LREE 轻微富集和 HFSE 亏损的特征却不同于典型的 E-MORB。它们的 $\varepsilon_{Hf}(t)$ 值和 T_{DM} 值分别为+4.38～+10.29 和 2537～2757 Ma。它们的 $\varepsilon_{Nd}(t)$ 值为+3.55 和+7.5，投到了球粒陨石和亏损地幔演化线之间，或亏损地幔演化线之上，表明它们原始岩浆起源于亏损地幔。样品具有较低的$(Nb/La)_N$ 和$(Hf/Sm)_N$ 值，结合其微量元素特征，表明样品的地幔源区受到了俯冲流体轻微的交代作用 [图 3.11（c）; Wang et al., 2022b]。根据 Sm/Yb-Sm 图解，样品起源于尖晶石二辉橄榄岩地幔，发生 30%～50%的部

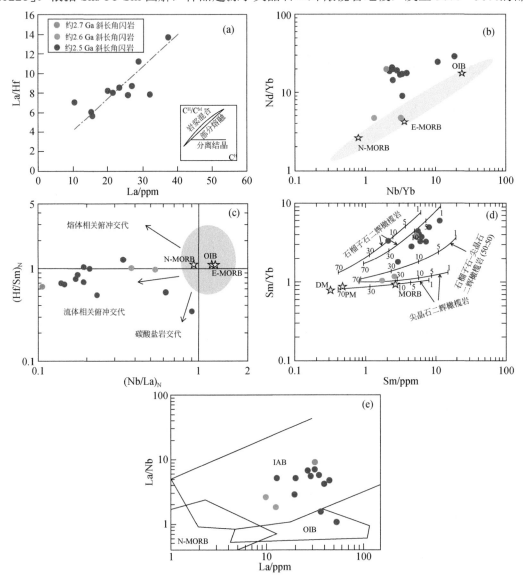

图 3.11　鲁西新太古代表壳岩的地球化学成因图解

（a）La/Hf-La 图解（修改自 Gao et al., 2018a）；（b）Nd/Yb-Nb/Yb 图解（修改自 Pearce, 2008）；（c）$(Hf/Sm)_N$-$(Nb/La)_N$ 图解（修改自 LaFlèche et al., 1998）；（d）Sm/Yb-Sm 图解（修改自 Aldanmaz et al., 2000）；（e）La/Nb-La 图解（修改自李曙光，1993）
N-MORB-正常洋中脊玄武岩；E-MORB-富集洋中脊玄武岩；OIB-洋岛玄武岩；IAB-岛弧玄武岩

分熔融，表明它们的母岩浆形成于上地幔较浅的深度。因此，本书认为约 2.6 Ga 样品原岩为拉斑玄武岩，是由受到俯冲相关流体微弱交代的亏损地幔楔在上地幔较浅深度部分熔融形成的。

约 2.5 Ga 样品投到了钙碱性玄武岩和碱性玄武岩区域，本书将其与鲁西沂水地区约 2.5 Ga 钙碱性玄武岩进行对比（Gao et al.，2020a），它们表现出了十分相似的地球化学特征（图 3.9，图 3.10）。这些玄武岩样品在 La/Hf-La 图表现为线性增长趋势，表明它们的岩石成因和地球化学性质受到部分熔融控制［图 3.11（a）］。在 Nd/Yb-Nb/Yb 图解中，样品投到了 E-MORB 到 OIB 区域且主要在 E-MORB 之上［图 3.11（b）］。相比约 2.7 Ga 和约 2.6 Ga 拉斑玄武岩，约 2.5 Ga 样品表现出更为强烈分异的 REE 模式以及 LREE 更为富集特征，这同样与典型的 E-MORB 不同。样品的 $\varepsilon_{Hf}(t)$ 值和 $\varepsilon_{Nd}(t)$ 值均为正值，分别为 +0.07～+5.41 和 +0.26～+2.32，均投到了亏损地幔和球粒陨石演化线之间（图 3.7），表明样品来源于亏损地幔。大多数样品具有较低的 $(Nb/La)_N$ 和 $(Hf/Sm)_N$ 值，表明样品为幔源，但受到了俯冲相关流体和熔体的交代作用。根据 Sm/Yb-Sm 图解，样品母岩浆来源于尖晶石-石榴子石二辉橄榄岩并发生 1%～30% 的部分熔融，指示了上地幔较深的深度。因此，本书认为约 2.5 Ga 样品为钙碱性和碱性玄武岩，起源于受到俯冲相关流体或熔体交代的亏损地幔。

2. 大地构造意义

新太古代是壳幔相互作用、地壳生长以及构造体制转换的关键时期（Condie et al.，2009；Wang et al.，2015a，2015b，2022b）。鲁西广泛分布的新太古代岩浆作用和构造-热事件为学者研究其构造活动提供了许多重要证据（表 3.2）。在鲁西盘车沟和苏家沟地区发现了约 2.8 Ga 科马提岩和低钾拉斑玄武岩，这些岩石指示了地幔柱相关的火山喷发的大地构造环境（Cheng and Kusky，2007；Wang et al.，2013b；Yang et al.，2020b）。地幔柱上涌导致了鲁西岩石圈伸展。在鲁西雁翎关和盘车沟地区发现了约 2.78～2.71 Ga 拉斑玄武岩-埃达克岩序列，代表了洋内岛弧环境（Gao et al.，2019b）。前人研究认为，该时期鲁西大地构造环境可能逐渐从地幔柱作用导致的伸展环境转变为地幔柱诱发的洋内俯冲挤压环境（Gao et al.，2019b）。本书在鲁西泰山地区发现的约 2.7 Ga 拉斑玄武岩普遍发育较为强烈的片理，这与雁翎关和盘车沟地区的拉斑玄武岩相似。该样品在 La/Nb-La 图解中投到 IAB 区域［图 3.11（e）］，表明样品为洋内俯冲作用的产物。因此，本书认为鲁西泰山地区在约 2.7 Ga 出现了初始俯冲。这种构造体制转换的原因更可能与岩石圈上层逐渐冷却以及密度差异导致的拆沉作用有关（Sun et al.，2021）。该时期鲁西地区同时受到地幔柱和洋内俯冲作用的联合控制。

表 3.2（a）　鲁西约 2.7～2.5 Ga 表壳岩 U-Pb 年龄汇总

样品	位置	岩性	结晶年龄/Ma	参考文献
约 2.7 Ga 表壳岩				
6LB18-5	雁翎关	黑云母斜长角闪片岩	2780±10	Gao 等（2019b）
6LB03-5	盘车沟	斜长角闪岩	2766±9	Gao 等（2019b）

样品	位置	岩性	结晶年龄/Ma	参考文献
S0701	雁翎关	细粒角闪黑云母片麻岩	2747±7	Wan 等（2011）
D242-Y2	孟良崮	含十字石石榴子石黑云母石英片岩	2742±23	Du 等（2010）
17SD34-3	七星台	斜长角闪岩	2730±5	Gao 等（2019b）
S0703	雁翎关南	细粒含石榴子石黑云母片麻岩	2704±17	Wan 等（2012a）
MCC03	泰山	斜长角闪岩	2702±1	本书
约 2.6 Ga 表壳岩				
MJZ04	泰山	斜长角闪岩	2656±19	本书
16SD30-1	杨庄镇	细粒斜长角闪片麻岩	2641±8	Gao 等（2019a）
DJK01	泰山	斜长角闪岩	2635±23	本书
约 2.5 Ga 表壳岩				
17SD11-5	石棚山	斜长角闪岩	2591±9	Gao 等（2020a）
TS1056L7-4	七星台	夕线石石榴子石片麻岩	2581±23	Wan 等（2014）
17SD49-9	老虎岭	斜长角闪岩	2577±32	Gao 等（2020a）
SY0324	柳杭南	细粒黑云母片麻岩	2572±16	Wan 等（2012a）

表 3.2（b）　鲁西约 2.7～2.5 Ga 表壳岩 U-Pb 年龄汇总

样品	位置	岩性	结晶年龄/Ma	参考文献
S0708	赵庄东	细粒含电气石黑云母片麻岩	2572±16	Wan 等（2012a）
FLC01	田黄	斜长角闪岩	2566±2	本书
HGC01	田黄	斜长角闪岩	2566±2	本书
S0737	七星台	细粒黑云母片麻岩	2553±9	Wan 等（2012a）
S0719	孟良崮	细粒黑云母片麻岩	2553±18	Wan 等（2012a）
S0712	龟蒙顶	细粒斜长角闪片麻岩	2548±9	Wan 等（2012a）
FZ01	田黄	斜长角闪岩	2548±9	本书
CLS01	徂徕山	斜长角闪岩	2548±9	本书
10SD12	蔡峪	黑云母角闪石辉长岩	2543±6	Wu 等（2013）
ZST01	田黄	斜长角闪岩	2539±11	本书
YH05	田黄	斜长角闪岩	2538±12	本书
17SD61-3	汉王	斜长角闪岩	2534±9	Gao 等（2020a）
08YS-98	费县	变质玄武岩	2533±9	Peng 等（2013b）
S0720	盘车沟	细粒黑云母角闪石片麻岩	2533±10	Wan 等（2012a）
YH03	田黄	斜长角闪岩	2533±24	本书
YH01	田黄	斜长角闪岩	2530±13	本书
S177-1	龙虎寨	斜长角闪岩	2527±5	本书

续表

样品	位置	岩性	结晶年龄/Ma	参考文献
YH04	田黄	斜长角闪岩	2527±18	本书
FHS04	田黄	斜长角闪岩	2526±21	本书
YH02	田黄	斜长角闪岩	2523±12	本书
16SD69-1	山草峪	斜长角闪岩	2516±12	Gao 等（2020a）
MLG-6	孟良崮	斜长角闪岩	2514±4	本书
16SD46-4	擂鼓山	斜长角闪岩	2501±6	Gao 等（2019a）
YS-10A	沂水	变质火山岩	2501±19	Li 等（2016）
16SD46-8	擂鼓山	斜长角闪岩	2494±12	Gao 等（2019a）

与约 2.7 Ga 和约 2.5 Ga 表壳岩相比，约 2.6 Ga 表壳岩在鲁西分布极少。Gao 等（2019a）报道了鲁西沂水地区 2.64 Ga 高镁安山岩（HMA），表明此时鲁西东部在约 2.68～2.62 Ga 可能存在俯冲作用。然而，在鲁西七星台、雁翎关、盘车沟和孟良崮等地区发现了大量约 2.6 Ga 英云闪长片麻岩、高镁花岗闪长片麻岩、二长花岗片麻岩和 TTG 片麻岩等侵入岩，表明此时鲁西地区逐渐从洋内岛弧环境转变为活动大陆边缘环境（Wan et al.，2014；Ren et al.，2016；Hu et al.，2019a）。此外，鲁西地壳厚度从约 2.7 Ga 的 44～51 km 缩减到约 2.5 Ga 的 34～41 km，减薄了约 10 km（Sun et al.，2019b，2021）。因此，学者提出新太古代中期鲁西地区地壳减薄意味着发生了俯冲诱发的拆沉作用，形成了一系列相关的岩石组合（Hu et al.，2019a；Gao et al.，2020b）。在该模式中，自约 2.7 Ga 以来，长期单向俯冲作用导致了鲁西在约 2.61～2.58 Ga 发生岩石圈加厚、失稳和断裂，形成了多种侵入体（Hu et al.，2019a）。鲁西泰山地区拉斑玄武岩结晶年龄为 2635～2656 Ma，在 La/Nb-La 图解中投到了 IAB 区域，表明它们可能是长期洋陆俯冲的产物。在鲁西地区的东西两侧都发现了俯冲成因的玄武岩-安山岩序列，并且广泛发育了约 2.6 Ga 赞岐状岩和埃达克岩，指示了活动大陆边缘环境下存在强烈的壳幔相互作用。因此，本书认为，在新太古代中期鲁西地区并非长期处于单向俯冲环境，而是可能出现了双向俯冲体系，即鲁西地区西部的泰山区域和东部的沂水区域均处于活动大陆边缘环境，发生极性相反的俯冲作用，且原始俯冲作用逐渐成熟。

约 2.5 Ga 表壳岩是鲁西地区分布最为广泛的岩石单元之一，构成了鲁西新太古代基底的主体。前人对该期岩石进行了大量研究，包括鲁西的泰山、龙虎寨、七星台和孟良崮等地区分布的约 2.5 Ga 拉斑玄武岩、钙碱性玄武岩、硅质高镁玄武岩和高镁安山岩（如 Peng et al.，2013b；Wan et al.，2014；Yang et al.，2020a；Gao et al.，2020a）。学者普遍认为，这些岩石起源于被俯冲流体和熔体不同程度交代的地幔楔。因此，鲁西地区可能在约 2.58～2.52 Ga 期间处于俯冲体系下的活动大陆边缘环境（Gao et al.，2020a）。在该体系中，鲁西 B 带通常被看作俯冲带活动区域，而鲁西 A 带代表了弧后区域。位于鲁西 C 带田黄地区的二长闪长岩和花岗闪长岩具有与太古宙赞岐状岩相似的地球化学特征，表明该地区同样处于活动大陆边缘的弧后环境（Sun et al.，2019a）。然而，在鲁西 C 带却缺乏对俯冲相关火山岩的报道，因此学者推断 C 带在约 2.58～2.52 Ga 期间可能发生单向俯冲体系下俯冲板片的停滞（Sun et al.，2019a，2020a）。在 C 带田黄地区厘定的约 2.56～2.52 Ga 钙碱性玄武岩和碱性玄武岩表现出明显的俯冲相关地球化学特征，并且代表了成熟地幔楔的岩浆活动（Guo et al.，2016）。此外，这些变质基性岩在 La/Nb-La 图解中投到了 IAB 区域 ［图 3.11（e）］。结合前人对鲁西赞岐状花岗岩的研究，本书认为，鲁西新太古代晚期（约 2.58～2.52 Ga）应处于双向俯冲体系，俯冲活动十分强烈，主要分布在 B 带。弧后区域不仅局限于鲁西 A 带，而且同样分布在 C 带。鲁西的双向俯冲构造在约 2.5 Ga 持续发育，分别在鲁西地区的东西两个区域形成了一系列俯冲相关的岩浆岩。在经历了约 2.58～2.52 Ga 的俯冲和侧向增生后，鲁西地区在约 2.50 Ga 逐渐完成微陆块拼合（Zhang et al.，2022a），进而开启了克拉通化进程。

3.2　龙虎寨和孟良崮地区的表壳岩

龙虎寨表壳岩剖面发育在鲁西地区中部的龙虎寨村东。该表壳岩的岩性均为斜长角闪岩，长约 800 m，被约 2.5 Ga 的二长花岗片麻岩所侵入 ［图 3.12（a）］。需要注意的是，在野外可见剖面底部到顶部不同岩层颗粒粗细程度的沉积韵律特征和多处细小的岩脉，这是区分此剖面原岩为火山沉积岩而非侵入岩体的证据。

孟良崮表壳岩剖面发育在鲁西地区中部孟良崮景区半山腰处公路左侧。该表壳岩的岩性同样为斜长角闪岩，长约 600 m，且同样被约 2.5 Ga 的二长花岗片麻岩所侵入 ［图 3.12（b）］。孟良崮剖面具有明显的近似水平状层理发育，不同层位的矿物颗粒具较大差异，表明其原岩同样为火山沉积岩。

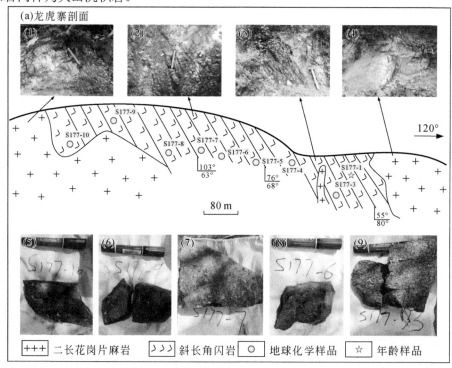

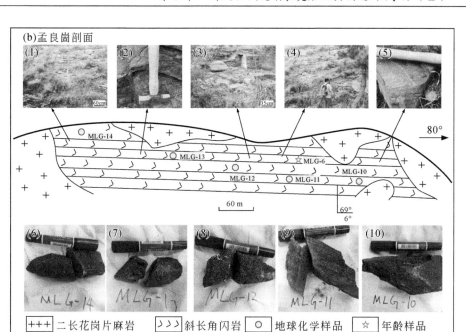

图 3.12　鲁西地区龙虎寨、孟良崮表壳岩剖面简图、野外及采样图片（S177、MLG 分别为龙虎寨和孟良崮两剖面的采样位置及样品号）

3.2.1　岩相学特征及采样

本书共采集了 15 个新鲜表壳岩样品，具体采样坐标和样品矿物组合见表 3.3。其中 9 个样品采自龙虎寨剖面（S177-1 为年龄样品，S177-3 到 S177-10 为地球化学样品）。这些样品呈深灰色，细粒结构，具有强烈的片状-片麻状构造［图 3.12（a）（5）～（9），图 3.13（a）（b）］。样品主要由角闪石（35%～67%）、斜长石（25%～60%）和少量的锆石、绿帘石、磁铁矿等矿物组成。其中角闪石和部分斜长石沿线理方向发育了强烈的定向性［图 3.13（a）（b）］。部分角闪石蚀变为绿泥石，并且斜长石普遍存在黝帘石化和绢云母化现象。

表 3.3　鲁西地区孟良崮、龙虎寨表壳岩采样信息及岩石组合表

样品	采样位置	岩性	纬度	经度	矿物组合
MLG-6	孟良崮	斜长角闪岩	35°46′26.76″N	118°11′34.81″E	斜长石（50%）+角闪石（40%）+绿泥石（5%）+钛铁矿（5%）
MLG-10	孟良崮	斜长角闪岩	35°46′26.52″N	118°11′34.56″E	斜长石（54%）+角闪石（33%）+绿泥石（5%）+钛铁矿（8%）
MLG-11	孟良崮	斜长角闪岩	35°46′25.00″N	118°11′30.78″E	斜长石（56%）+角闪石（40%）+绿泥石（4%）
MLG-12	孟良崮	斜长角闪岩	35°46′21.58″N	118°11′29.93″E	斜长石（40%）+角闪石（60%）
MLG-13	孟良崮	斜长角闪岩	35°46′20.91″N	118°11′24.79″E	斜长石（30%）+角闪石（60%）+绿泥石（10%）
MLG-14	孟良崮	斜长角闪岩	35°46′21.80″N	118°11′23.19″E	斜长石（45%）+角闪石（55%）
S177-1	龙虎寨	斜长角闪岩	35°33′39.88″N	118°11′32.54″E	斜长石（35%）+角闪石（50%）+绿泥石（5%）+钛铁矿（5%）+磁铁矿（5%）

续表

样品	采样位置	岩性	纬度	经度	矿物组合
S177-3	龙虎寨	斜长角闪岩	35°33′43.35″N	118°11′31.30″E	斜长石（25%）+角闪石（67%）+绿泥石（5%）
S177-4	龙虎寨	斜长角闪岩	35°33′41.65″N	118°11′28.93″E	斜长石（40%）+角闪石（55%）+绿泥石（5%）
S177-5	龙虎寨	斜长角闪岩	35°33′41.07″N	118°11′27.71″E	斜长石（40%）+角闪石（45%）+绿泥石（5%）+绿帘石（10%）
S177-6	龙虎寨	斜长角闪岩	35°33′39.97″N	118°11′30.34″E	
S177-7	龙虎寨	斜长角闪岩	35°33′38.59″N	118°11′29.51″E	斜长石（60%）+角闪石（40%）
S177-8	龙虎寨	斜长角闪岩	35°33′36.86″N	118°11′27.69″E	斜长石（57%）+角闪石（35%）+绿帘石（8%）
S177-9	龙虎寨	斜长角闪岩	35°33′36.44″N	118°11′24.62″E	
S177-10	龙虎寨	斜长角闪岩	35°33′32.13″N	118°11′29.47″E	

　　有6个样品采自孟良崮剖面（MLG-6 为年龄样品，MLG-10 到 MLG-14 为地球化学样品）。样品呈深灰色，均为中-细粒结构，片麻状构造 [图 3.12（b）（1）～（10）]。岩石的矿物组合为角闪石（33%～60%）、斜长石（30%～56%）和少量的锆石、绿帘石、磁铁矿，部分样品具有明显的片麻理 [图 3.13（c）（d）]。

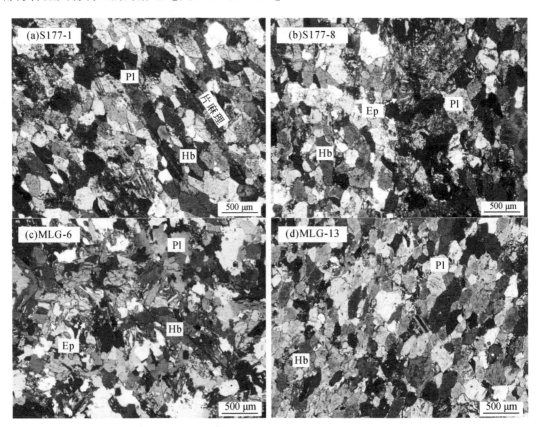

图 3.13　鲁西地区龙虎寨、孟良崮表壳岩样品镜下图片

Pl-斜长石；Hb-角闪石；Ep-绿帘石

3.2.2　全岩主量元素测试

与前述科马提岩主量元素的测试方法相似，首先将采集的样品去除风化的表层，将新鲜的核部粉碎至 200 目以下，获得测试所用全岩粉末。

全岩主量元素的测试同样在北京大学地球与空间科学学院造山带与地壳演化教育部重点实验室使用 XRF 仪测定完成。首先在 105 ℃条件下将全岩粉末烘干，将烘干后的样品粉末和无水四硼酸锂（Li$_2$B$_4$O$_7$）按 1∶2 的比例进行混合处理，在 1100 ℃条件下的 Pt-Au 熔罐中加热 20～40 min 后，将产生的溶液倒入预热好的 34 mm 直径的溶样弹中进行 XRF 仪测试。测试标样为 GSR-2、GSR-3、GSR-14 和 GSR-15 的国际标样，分析相对误差<2%。此外，为了使数据更加精确，对部分样品制作了重复的样品。同样将样品粉末放入 1050 ℃条件下的马弗炉中，加热 1 h，通过计算前后质量差得出样品烧失量。

3.2.3　全岩微量元素测试

全岩微量元素的测试同样在北京大学地球与空间科学学院造山带与地壳演化教育部重点实验室完成，样品粉末制备工作同上。首先，对样品粉末称重 25 mg，和 HNO$_3$ 以 1∶1 的比例混合并放置在 Savillex Teflon 溶样弹中在 80 ℃条件下加热 24 h，随后将样品烘干。对烘干后的样品加入 HNO$_3$（1.5 mL）、HF（1.5 mL）和 HClO$_4$（0.5 mL），并在 180 ℃条件下再次烘干 48 h。最后，用 1%的 HNO$_3$ 稀释残留物至 50 mL。微量元素测试仪器为 ELEMENT-I plasma 等离子体质谱仪（Finnigan MAT Ltd.）。测试标样为 GSR-1、GSR-2、GSR-3、GSR-14 和 GSR-15 的国际标样，分析相对误差<0.5%。

3.2.4　全岩 Sm-Nd 同位素测试

本书选取了 7 个表壳岩样品进行全岩 Sm-Nd 同位素测试，其中 3 个样品来自龙虎寨剖面，4 个样品来自孟良崮剖面。

测试在中国地质调查局天津地质调查中心完成，样品粉末制备工作与微量元素测试类似。此外，为了使样品粉末溶解更彻底，将样品粉末和 HF、HNO$_3$ 混合并放置在 Savillex Teflon 溶样弹中，在 190 ℃条件下加热 48 h，随后将样品烘干。对烘干后的样品加入 HCl（2 mL）和 HClO$_4$（100 mL），并在 180 ℃条件下再次烘干 48 h。最后，用 1%的 HCl 稀释残留物至 1 mL，倒入 AG50W+X8 树脂柱中，分离和纯化稀土元素。将分离出的稀土元素溶液倒入 HDEHP 柱中，并加入 HCl 作为吸水剂来进一步分离 Nd 元素。用标准的 ^{146}Nd/^{144}Nd 值（0.721900）进行校正，对标样 BCR-2 重复分析得出 ^{143}Nd/^{144}Nd 值为 0.512629±0.000007。

3.2.5　锆石 U-Pb 和 Lu-Hf 同位素测试

分别选取采自龙虎寨剖面的 S177-1（约 35%斜长石、约 50%角闪石、约 5%绿泥石、约 5%钛铁矿、约 5%磁铁矿）和孟良崮剖面的 MLG-6（约 50%斜长石、约 40%角闪石、约 5%绿泥石、约 5%钛铁矿）进行锆石的 U-Th-Pb 和 Lu-Hf 同位素测试。通过标准密度法和磁选法分离岩石样品的锆石颗粒，并在双目显微镜下进行人工挑选。然后将颗粒粘在环氧树脂圆盘上，打磨至初始厚度的一半，制成锆石靶。

测试分析前，首先拍取锆石靶的单偏光和正交偏光显微照片，其次在北京大学地球与空间科学学院造山带和地壳演化教育部重点实验室通过 FELPHILIPS XL 30 SEFG 扫描电镜进行全色阴极发光图像拍照以便识别锆石内部结构。在锆石圈点时可对比阴极发光图像与镜下锆石照片，选择平整、光滑的锆石表面，以避免裂隙等带来的实验操作误差。

锆石 U-Pb 同位素和微量元素测试分析是在北京大学地球与空间科学学院造山带和地壳演化重点教育部实验室利用激光剥蚀四级杆电感耦合等离子体质谱（LA-ICP-MS）仪完成，激光束斑 32 μm，精度 193 nm。分析过程中，气体空白时间需要 20～30 s，样品获取时间需要 50 s。脱机数据的选择、信号分析、时间漂移校正和 U-Pb 年龄定量校正利用 ICPMS Data Cal 完成。应用锆石 91500 作为外标，NIST610 作为内标，校正所分析锆石颗粒的 U、Th、Pb 和其他微量元素含量。$^{207}Pb/^{206}Pb$、$^{207}Pb/^{235}U$、$^{206}Pb/^{238}U$ 值应用 Glitter 软件校正，普通 Pb 含量应用 Andersen（2002）提出的方法校正。

原位锆石 Lu-Hf 同位素测试分析是在北京大学地球与空间科学学院造山带和地壳演化教育部重点实验室利用 NU Plasma Ⅱ MC-ICP-MS 完成，剥蚀位置为先前进行过 U-Pb 年龄测试过的点位，激光束斑 40 μm，精度 193 nm。数据还原应用 Iolite 软件。锆石 91500 作为内标，其 $^{176}Hf/^{177}Hf$ 参考值为 0.282307±0.000031，锆石 Plesovice 作为未知样品，其测定的 $^{176}Hf/^{177}Hf$ 值为 0.282483±0.000012，与推荐值 0.282482±0.000013 在误差范围内一致。

3.2.6 元素活动性评估

如第 2 章所述，鲁西地区太古宙结晶基底经历了强烈的蚀变作用和绿片岩–低角闪岩相变质作用，导致了其在地球化学特征上的扰动（曹国权，1996）。因此，在讨论岩石成因前，开展元素活动性评估是很有必要的。

首先，在样品采集过程中避开了所有的交代或深熔脉体。其次，本书所采集样品具有较低的样品烧失量（0.09%～1.07%）和不明显的 Ce 异常（δCe=0.96～1.03），表明样品的地球化学特征并未被后期的蚀变和变质作用强烈改变。

Polat 和 Hofmann（2003）通过对 Isua 绿岩带内的 3.8～3.7 Ga 枕状玄武岩研究发现，其边部和同心核部具有相似的 Al_2O_3 和 TiO_2 含量。因此，Al_2O_3/TiO_2 可作为岩石蚀变程度的测试指标，并可以与未受蚀变影响的主量元素形成较好的线性对应关系。本书样品的 Al_2O_3/TiO_2 和其他主量元素的相关图表明，大部分样品的 SiO_2、MgO、TFe_2O_3、TiO_2 与 Al_2O_3/TiO_2 具有较好的线性关系，说明上述元素的活动性较弱，而 Na_2O 和 K_2O 与 Al_2O_3/TiO_2 并不具备线性关系，说明元素活动性较强（图 3.14）。

Zr 被认为是在蚀变的开放系统中最不活动的元素，因而通常作为岩石蚀变程度指标（Winchester and Floyd，1977；Pearce and Peate，1995；Polat et al.，2002）。本书通过 Zr 与其他微量元素的相关图表明，大部分样品的高场强元素、稀土元素和过渡金属族元素均未明显活动（图 3.14）。球粒陨石标准化的稀土图谱和原始地幔标准化的蛛网图也证明了这个结论（图 3.15）。此外，部分大离子亲石元素，如 Rb 和 Ba 在与 Zr 的相关图解中未显示线性关系，稀土图谱中显示了较宽的含量变化范围，表明这些元素受到蚀变作用影响，发生了较强烈的活动。

综上所述，本书所采样品中 Si、Fe、Mg、Ti、REE、Y、HFSE 和过渡金属族元素未被后期蚀变及变质作用强烈影响，可用来开展进一步的岩石成因等分析。

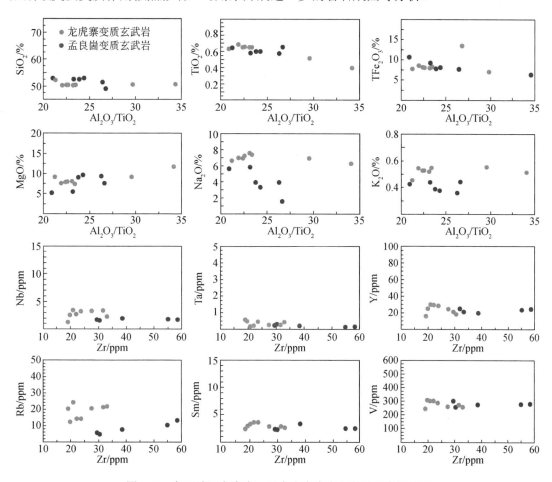

图 3.14　鲁西地区龙虎寨、孟良崮表壳岩主微量元素相关图

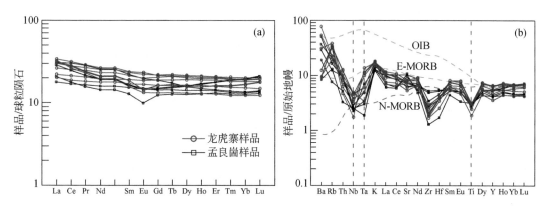

图 3.15　鲁西地区龙虎寨、孟良崮表壳岩微量元素图

（a）球粒陨石标准化稀土配分曲线；（b）原始地幔标准化微量元素蛛网图（球粒陨石标准化数据及原始地幔标准化数据均来源于 Sun and McDonough, 1989）

3.2.7 全岩地球化学特征

由于本书所分析的龙虎寨剖面和孟良崮剖面的表壳岩样品具有相似的野外产状、岩相学特征、矿物组合和地球化学特征，因此，本书将这两个剖面的表壳岩统一作为同一类表壳岩进行分析。

这两个剖面的表壳岩样品包括 SiO_2（49.30%～53.34%）、Al_2O_3（1.38%～17.49%）、TiO_2（0.41%～0.75%）、MgO（5.24%～11.82%）、Fe_2O_3（7.96%～13.51%）和过渡金属族 V（247.6～310.3 ppm）、Co（41.0～59.5 ppm）、Ni（34.5～178.3 ppm），$Mg^\#$ 为 51.6～79.7。这些样品在 Nb/Y-$Zr/TiO_2 \times 0.0001$ 判别图中均投入玄武岩区域，证明这些样品的原岩均为拉斑玄武岩（图 3.16）。

这些样品的球粒陨石标准化稀土图谱较为平坦，未有明显 Eu 异常（δEu=0.78～1.03），ΣREE 含量为 100.87～135.65 ppm，$(La/Yb)_N$ 值为 1.21～2.60，$(Gd/Yb)_N$ 值为 0.76～1.39。在原始地幔标准化的蛛网图中，样品显示明显的 Nb、Ta、Ti 亏损（图 3.15），$(Nb/La)_{PM}$ 值为 0.16～0.54，Nb/Ta 值为 2.21～25.21，Nb/Y 值为 0.08～0.13（表 3.4，表 3.5）。

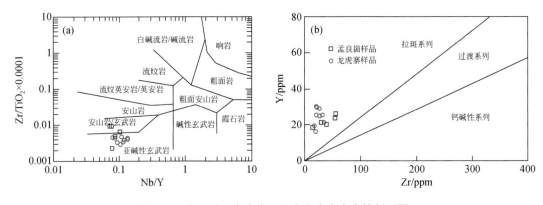

图 3.16 鲁西地区龙虎寨、孟良崮表壳岩岩性判别图

（a）修改自 Winchester and Floyd，1977；（b）修改自 Barrett and MacLean，1997

表 3.4 鲁西地区龙虎寨剖面表壳岩主微量元素表

样品	龙虎寨剖面								
	S177-1	S177-3	S177-4	S177-5	S177-6	S177-7	S177-8	S177-9	S177-10
SiO_2/%	49.84	50.83	50.57	50.75	50.50	52.48	50.73	50.67	50.95
Al_2O_3/%	17.49	15.58	15.23	14.86	15.23	13.93	15.07	15.50	13.94
TFe_2O_3/%	12.08	7.29	8.79	8.39	8.16	8.01	8.32	8.50	6.63
CaO/%	9.26	7.60	8.10	8.63	7.98	7.62	8.19	7.85	8.02
MgO/%	6.87	9.19	7.60	7.89	8.17	9.19	8.00	7.39	11.82
K_2O/%	0.83	0.55	0.55	0.53	0.52	0.46	0.53	0.55	0.51
Na_2O/%	2.42	6.95	7.02	6.95	7.60	6.64	7.26	7.42	6.30
MnO/%	0.21	0.10	0.13	0.13	0.12	0.11	0.12	0.12	0.12
TiO_2/%	0.75	0.53	0.69	0.66	0.66	0.66	0.67	0.66	0.41

样品	龙虎寨剖面								
	S177-1	S177-3	S177-4	S177-5	S177-6	S177-7	S177-8	S177-9	S177-10
P_2O_5/%	0.10	0.10	0.13	0.14	0.14	0.12	0.15	0.13	0.07
LOI/%	0.10	1.07	1.00	0.82	0.70	0.64	0.69	1.02	0.99
总计/%	99.95	99.79	99.81	99.75	99.78	99.86	99.73	99.81	99.76
Mg#	55.59	73.52	65.56	67.44	68.80	71.66	67.94	65.69	79.70
Al_2O_3/TiO_2	23.47	29.51	21.92	22.38	23.10	21.22	22.56	23.36	34.09
Sc/ppm		34.84	38.10	37.85	45.78	42.19	40.51	50.15	47.89
V/ppm		305.0	272.6	261.4	259.3	303.0	289.0	310.3	247.6
Cr/ppm		113.8	120.6	101.4	499.3	128.5	128.0	164.8	829.0
Co/ppm		45.5	54.9	53.3	41.1	59.5	43.4	41.0	57.7
Ni/ppm		72.77	78.17	76.97	84.02	77.97	69.08	55.66	178.30
Rb/ppm		24.17	21.10	20.49	21.60	14.00	14.19	12.25	20.12
Sr/ppm		170.0	156.5	152.5	152.8	163.6	174.3	112.4	128.2
Zr/ppm		20.78	31.58	27.43	33.00	22.00	23.60	19.73	19.00
Hf/ppm		1.2	1.3	1.2	1.2	1.2	1.2	1.1	0.8
Ba/ppm		217.5	65.4	62.8	86.8	372.7	543.0	66.1	85.8
Th/ppm		0.72	1.07	1.04	0.52	0.76	0.89	0.63	0.40
U/ppm		0.33	0.68	0.68	0.25	0.32	0.27	0.30	0.15
Nb/ppm		3.47	3.36	3.30	2.27	2.71	3.23	2.60	1.24
Ta/ppm		0.14	0.25	0.25	0.41	0.20	0.45	0.46	0.56
La/ppm		6.25	7.32	7.25	4.8	7.12	8.03	5.22	7.61
Ce/ppm		15.36	17.16	16.91	11.52	17.11	19.11	13.02	16.01
Pr/ppm		2.33	2.28	2.25	1.73	2.54	2.74	1.94	2.21
Nd/ppm		10.88	9.82	9.70	8.34	11.83	12.32	9.00	9.03
Sm/ppm		3.29	2.87	2.87	2.61	3.59	3.60	2.92	2.39
Eu/ppm		1.15	0.84	0.83	0.97	1.29	1.34	1.08	0.77
Gd/ppm		4.20	3.35	3.33	3.32	4.48	4.37	3.86	2.72
Tb/ppm		0.78	0.62	0.61	0.61	0.82	0.79	0.71	0.50
Dy/ppm		5.12	4.04	4.00	4.16	5.46	5.32	4.85	3.32
Ho/ppm		1.11	0.89	0.88	0.91	1.19	1.16	1.07	0.73
Er/ppm		3.29	2.67	2.65	2.61	3.41	3.38	3.13	2.12
Tm/ppm		0.49	0.40	0.40	0.39	0.52	0.50	0.46	0.32
Yb/ppm		3.2	2.9	2.8	2.6	3.4	3.3	3.1	2.1
Lu/ppm		0.49	0.45	0.45	0.38	0.50	0.50	0.46	0.30
Y/ppm		30.18	25.19	24.89	21.17	29.37	28.73	25.35	16.12
ΣREE/ppm		122.98	118.86	117.70	111.90	134.83	135.65	126.33	114.15

样品	龙虎寨剖面								
	S177-1	S177-3	S177-4	S177-5	S177-6	S177-7	S177-8	S177-9	S177-10
Nb/Ta		25.21	13.38	13.22	5.57	13.50	7.13	5.60	2.21
Nb/Y		0.11	0.13	0.13	0.11	0.09	0.11	0.10	0.08
$(La/Yb)_N$		1.40	1.84	1.84	1.33	1.50	1.76	1.21	2.60
$(Gd/Yb)_N$		1.08	0.97	0.97	1.06	1.09	1.11	1.03	1.07
δEu		0.95	0.83	0.82	1.01	0.98	1.03	0.99	0.93
δCe		0.99	1.03	1.03	0.98	0.99	1.00	1.00	0.96
$(La/Sm)_N$		1.23	1.65	1.63	1.19	1.28	1.44	1.15	2.05
$(Nb/La)_{PM}$		0.54	0.44	0.44	0.45	0.37	0.39	0.48	0.16

注：①$Mg^{\#}=100Mg/(Mg+Fe)$；②$\delta Eu=Eu_N/\sqrt{Sm_N \times Gd_N}$；③$\delta Ce=Ce_N/\sqrt{La_N \times Pr_N}$；④$\Sigma REE$ 为稀土元素总量；⑤下角标 N 为球粒陨石标准化值；⑥下角标 PM 为原始地幔标准化值；⑦球粒陨石标准化数据及原始地幔标准化数据均来源于 Sun 和 McDonough（1989）。

表 3.5　鲁西地区孟良崮剖面表壳岩主微量元素表

样品	孟良崮剖面					
	MLG-6	MLG-10	MLG-11	MLG-12	MLG-13	MLG-14
SiO_2/%	49.30	53.34	52.64	51.70	52.75	53.28
Al_2O_3/%	17.73	13.38	14.77	15.38	14.5	14.83
TFe_2O_3/%	13.50	10.83	9.49	7.96	8.06	8.39
CaO/%	8.75	8.80	8.07	9.38	9.40	8.14
MgO/%	7.58	5.24	5.52	9.37	9.08	9.73
K_2O/%	0.44	0.43	0.44	0.36	0.39	0.38
Na_2O/%	1.60	6.16	6.37	3.97	3.96	3.36
MnO/%	0.22	0.19	0.17	0.13	0.12	0.14
TiO_2/%	0.67	0.64	0.59	0.59	0.61	0.60
P_2O_5/%	0.05	0.12	0.12	0.08	0.08	0.10
LOI/%	0.09	0.65	0.67	0.92	0.86	0.87
总计/%	99.93	99.78	99.85	99.84	99.81	99.82
$Mg^{\#}$	55.27	51.60	56.17	72.15	71.27	71.87
Al_2O_3/TiO_2	26.60	20.90	23.17	26.24	23.75	24.25
Sc/ppm		45.26	42.98	54.86	55.36	42.61
V/ppm		293.0	276.5	278.5	281.5	258.2
Cr/ppm		129.00	196.00	0.87	6.85	145.50
Co/ppm		48.00	44.36	45.87	46.90	44.66
Ni/ppm		66.40	76.29	37.87	34.49	90.96
Rb/ppm		8.30	7.87	10.42	13.28	4.85

续表

样品	孟良崮剖面					
	MLG-6	MLG-10	MLG-11	MLG-12	MLG-13	MLG-14
Sr/ppm		221.6	216.3	152.4	132.7	202.5
Zr/ppm		14.45	38.43	54.88	58.31	30.28
Hf/ppm		0.53	1.41	1.62	1.69	1.16
Ba/ppm		58.8	204.0	348.0	256.8	132.5
Th/ppm		0.28	0.83	0.78	0.76	0.44
U/ppm		0.18	0.49	0.20	0.23	0.28
Nb/ppm		1.79	2.00	1.80	1.75	1.59
Ta/ppm		0.08	0.20	0.12	0.14	0.29
La/ppm		4.86	7.16	6.77	6.66	4.20
Ce/ppm		10.72	18.18	14.96	15.11	10.30
Pr/ppm		1.47	2.65	2.03	2.06	1.55
Nd/ppm		6.60	11.80	8.94	9.12	7.36
Sm/ppm		2.0	3.4	2.5	2.5	2.3
Eu/ppm		0.56	1.14	0.84	0.84	0.85
Gd/ppm		2.52	3.82	3.02	3.09	2.94
Tb/ppm		0.47	0.64	0.57	0.59	0.53
Dy/ppm		3.22	3.98	4.00	4.09	3.60
Ho/ppm		0.72	0.84	0.95	0.98	0.79
Er/ppm		2.15	2.35	2.90	2.95	2.32
Tm/ppm		0.32	0.35	0.48	0.49	0.34
Yb/ppm		2.15	2.28	3.29	3.34	2.25
Lu/ppm		0.33	0.34	0.53	0.53	0.35
Y/ppm		18.98	19.74	23.73	24.59	18.55
ΣREE/ppm		102.29	121.60	130.36	132.30	100.87
Nb/Ta		23.4	9.8	14.6	12.5	5.5
Nb/Y		0.09	0.10	0.08	0.07	0.09
$(La/Yb)_N$		1.62	2.25	1.48	1.43	1.34
$(Gd/Yb)_N$		0.97	1.39	0.76	0.77	1.08
δEu		0.78	0.97	0.93	0.93	1.00
δCe		0.98	1.02	0.99	1.00	0.99
$(La/Sm)_N$		1.60	1.38	1.75	1.72	1.17
$(Nb/La)_{PM}$		0.35	0.27	0.26	0.25	0.36

注：①$Mg^{\#}=100Mg/(Mg+Fe)$；②$\delta Eu=Eu_N/\sqrt{Sm_N \times Gd_N}$；③$\delta Ce=Ce_N/\sqrt{La_N \times Pr_N}$；④ΣREE 为稀土元素总量；⑤下角标 N 为球粒陨石标准化值；⑥下角标 PM 为原始地幔标准化值；⑦球粒陨石标准化数据及原始地幔标准化数据均来源于 Sun 和 McDonough（1989）。

3.2.8 锆石年代学和 Lu-Hf 同位素特征

对分别采自龙虎寨剖面的 S177-1 和采自孟良崮剖面的 MLG-6 两件样品进行锆石 U-Pb 和 Lu-Hf 同位素分析，测试数据分别见表 3.6 和表 3.7。锆石颗粒在岩石后期变质过程中会出现结构和化学成分的变化，进而会影响其 $^{207}Pb/^{206}Pb$ 年龄。然而，锆石的 Lu-Hf 系统不会在后期的变质过程中产生任何变化（Hoskin and Schaltegger，2003）。因此，可以用每个锆石测试点所得的表观年龄计算 $^{176}Hf/^{177}Hf$（t_1）值，来识别岩浆结晶锆石的形成期次；用样品的成岩年龄（t_2）计算 $\varepsilon_{Hf}(t_2)$ 值，来识别样品与原始地幔的差异。

表 3.6 S177-1、MLG-6 样品锆石 U-Pb 同位素表

分析点号	Th/ppm	U/ppm	$^{232}Th/^{238}U$	$^{206}Pb^*$/ppm	同位素比值						表观年龄/Ma					
					$^{207}Pb^*/^{206}Pb^*$	$\pm1\sigma$	$^{207}Pb^*/^{235}Pb^*$	$\pm1\sigma$	$^{206}Pb^*/^{238}Pb^*$	$\pm1\sigma$	$^{206}Pb/^{238}Pb$	$\pm1\sigma$	$^{207}Pb/^{206}Pb$	$\pm1\sigma$
样品 S177-1														
S177-1-01	27	114	0.23	221.1	0.1664	1.57	10.9857	1.53	0.4790	1.13	2523	23	2522	12
S177-1-02	968	1518	0.64	777.9	0.1662	1.41	10.9512	1.35	0.4781	1.01	2519	21	2520	11
S177-1-03	138	386	0.36	470.1	0.1689	1.64	11.2567	1.61	0.4837	1.18	2543	25	2546	13
S177-1-04	107	514	0.21	412.8	0.1675	1.56	11.1001	1.52	0.4809	1.11	2531	23	2533	12
S177-1-05	583	1397	0.42	1075.3	0.1680	1.61	11.1593	1.57	0.4821	1.14	2536	24	2537	13
S177-1-06	423	940	0.45	692.2	0.1664	1.39	10.9687	1.32	0.4782	0.98	2519	20	2522	10
S177-1-07	13	55	0.23	105.3	0.1675	1.50	11.0925	1.45	0.4807	1.05	2530	22	2532	12
S177-1-08	22	81	0.27	154.5	0.1652	1.46	10.8104	1.39	0.4749	1.01	2505	21	2509	11
S177-1-09	24	118	0.21	226.5	0.1671	1.41	11.0506	1.34	0.4800	0.97	2527	20	2528	11
S177-1-10	26	103	0.25	201.6	0.1677	1.66	11.1265	1.62	0.4815	1.15	2534	24	2535	13
S177-1-11	100	1355	0.07	795.3	0.1685	1.55	11.2281	1.49	0.4836	1.05	2543	22	2543	12
S177-1-12	9	52	0.18	107.7	0.1662	1.62	10.9337	1.57	0.4775	1.10	2517	23	2519	13
S177-1-13	10	43	0.22	83.9	0.1656	1.65	10.8735	1.60	0.4766	1.10	2513	23	2513	13
S177-1-14	19	80	0.23	150.3	0.1687	1.51	11.2324	1.43	0.4834	0.99	2542	21	2544	12
S177-1-15	71	259	0.27	461.7	0.1667	1.54	11.0106	1.46	0.4793	1.01	2524	21	2525	12
S177-1-16	10	47	0.22	89.8	0.1685	1.51	11.2260	1.43	0.4836	0.97	2543	20	2542	12
S177-1-17	49	392	0.12	751.0	0.1668	1.56	11.0287	1.48	0.4799	0.99	2527	21	2526	13
S177-1-18	9	42	0.22	80.2	0.1661	1.60	10.9401	1.52	0.4781	1.00	2519	21	2519	13
S177-1-19	381	668	0.57	534.5	0.1651	1.58	8.4832	1.50	0.3730	0.98	2043	17	2509	13
S177-1-20	91	297	0.31	586.1	0.1633	1.46	10.6097	1.42	0.4713	1.11	2489	23	2490	11
S177-1-21	157	428	0.37	457.3	0.1326	2.99	2.1893	2.79	0.1197	1.09	729	7	2133	54
S177-1-22	6	50	0.13	98.4	0.1197	12.42	2.2043	12.27	0.1335	1.96	808	15	1952	232
S177-1-23	24	73	0.33	144.6	0.1602	1.82	10.2657	1.83	0.4648	1.36	2461	28	2458	15
S177-1-24	1	44	0.01	87.3	0.1607	1.36	10.3105	1.30	0.4654	1.04	2464	21	2463	10

续表

分析点号	Th/ppm	U/ppm	$^{232}Th/$ ^{238}U	$^{206}Pb^*/$ ppm	同位素比值							表观年龄/Ma				
					$^{207}Pb^*/$ $^{206}Pb^*$	$\pm1\sigma$	$^{207}Pb^*/$ $^{235}Pb^*$	$\pm1\sigma$	$^{206}Pb^*/$ $^{238}Pb^*$	$\pm1\sigma$		$^{206}Pb/$ ^{238}Pb	$\pm1\sigma$	$^{207}Pb/$ ^{206}Pb	$\pm1\sigma$
S177-1-25	32	190	0.17	373.9	0.1616	1.29	10.4181	1.22	0.4675	0.99		2473	20	2473	9
S177-1-26	29	77	0.37	151.24	0.1654	1.32	10.8640	1.26	0.4765	1.02		2512	21	2512	10
S177-1-27	51	317	0.16	618.24	0.1162	7.27	1.8224	7.14	0.1137	1.36		694	9	1899	135
S177-1-28	58	259	0.22	509.69	0.1763	1.44	12.1792	1.39	0.5011	1.10		2619	24	2618	11
S177-1-29	21	65	0.32	127.82	0.1627	1.56	10.5538	1.53	0.4705	1.16		2486	24	2484	12
S177-1-30	31	105	0.30	207.82	0.1587	1.86	10.0817	1.87	0.4607	1.38		2443	28	2442	15
S177-1-31	12	65	0.18	127.85	0.1652	1.88	9.8142	1.57	0.4309	1.04		2310	20	2509	32
S177-1-32	4	52	0.07	101.24	0.1664	1.35	10.9940	1.29	0.4792	1.02		2524	21	2522	10
S177-1-33	36	188	0.19	373.75	0.1618	1.84	10.4394	1.84	0.4681	1.35		2475	28	2475	15
S177-1-34	32	130	0.24	256.43	0.1613	1.41	10.3739	1.35	0.4665	1.05		2468	22	2470	11
S177-1-35	47	634	0.07	418.69	0.1620	1.56	10.4538	1.52	0.4682	1.13		2476	23	2477	12
S177-1-36	45	202	0.22	398.95	0.1669	1.35	11.0783	1.29	0.4815	1.01		2534	21	2527	10
S177-1-37	65	436	0.15	668.2	0.1753	1.36	12.0470	1.29	0.4987	0.99		2608	21	2609	10
样品 MLG-6															
MLG-6-01	37	226	0.16	454.5	0.1644	1.40	10.7546	1.26	0.4744	0.92		2503	19	2502	10
MLG-6-02	43	139	0.31	279.8	0.1646	1.51	10.7701	1.39	0.4747	1.01		2504	21	2503	11
MLG-6-03	54	236	0.23	480.0	0.1666	1.42	11.0171	1.28	0.4795	0.93		2525	19	2524	10
MLG-6-04	47	189	0.25	363.3	0.1655	1.42	10.3771	1.27	0.4548	0.92		2416	19	2513	10
MLG-6-05	49	298	0.17	600.0	0.1647	1.48	10.7736	1.35	0.4744	0.97		2503	20	2505	11
MLG-6-06	164	372	0.44	166.0	0.0641	2.42	0.9346	2.28	0.1057	1.17		648	7	746	29
MLG-6-07	56	195	0.29	396.8	0.1665	1.45	10.9969	1.32	0.4790	0.95		2523	20	2523	11
MLG-6-08	22	131	0.17	267.3	0.1675	1.47	11.1162	1.34	0.4813	0.97		2533	20	2533	11
MLG-6-09	77	170	0.45	345.9	0.1665	1.48	10.9991	1.36	0.4791	0.98		2523	20	2523	11
MLG-6-10	198	686	0.29	386.7	0.0691	2.30	1.2705	2.17	0.1333	1.15		807	9	902	26
MLG-6-11	49	209	0.23	423.1	0.1659	1.46	10.9218	1.33	0.4774	0.96		2516	20	2517	11
MLG-6-12	270	653	0.41	391.0	0.0812	7.70	1.4455	7.57	0.1291	1.43		783	11	1226	156
MLG-6-13	150	418	0.36	843.9	0.1655	1.51	10.8704	1.39	0.4765	0.99		2512	21	2512	11
MLG-6-14	67	164	0.41	331.9	0.1660	1.47	10.9312	1.34	0.4777	0.96		2517	20	2518	11
MLG-6-15	29	94	0.31	189.4	0.1655	1.52	10.8702	1.39	0.4763	1.00		2511	21	2513	11
MLG-6-16	62	89	0.69	197.3	0.1885	2.25	13.6935	2.09	0.5270	1.91		2729	43	2729	15
MLG-6-17	340	1309	0.26	781.8	0.0661	3.80	1.2768	3.32	0.1401	1.83		845	14	810	81
MLG-6-18	33	88	0.38	196.8	0.1904	2.29	13.9258	2.13	0.5308	1.94		2745	43	2745	16
MLG-6-19	36	93	0.38	199.5	0.1797	2.62	12.6271	2.54	0.5099	2.18		2656	47	2650	19

分析点号	Th/ppm	U/ppm	$^{232}Th/$ ^{238}U	$^{206}Pb^*$ /ppm	同位素比值						表观年龄/Ma				
					$^{207}Pb^*/$ $^{206}Pb^*$	$\pm 1\sigma$	$^{207}Pb^*/$ $^{235}Pb^*$	$\pm 1\sigma$	$^{206}Pb^*/$ $^{238}Pb^*$	$\pm 1\sigma$	$^{206}Pb/$ ^{238}Pb	$\pm 1\sigma$	$^{207}Pb/$ ^{206}Pb	$\pm 1\sigma$
MLG-6-20	58	140	0.41	281.2	0.1647	1.55	10.7751	1.42	0.4745	0.99	2503	21	2505	12
MLG-6-21	58	206	0.28	422.2	0.1683	1.58	11.2066	1.46	0.4830	1.03	2540	22	2541	12
MLG-6-22	32	102	0.31	206.7	0.1660	1.62	10.9335	1.51	0.4777	1.06	2517	22	2518	12
MLG-6-23	38	117	0.33	234.6	0.1637	1.58	10.6574	1.47	0.4723	1.02	2494	21	2494	12
MLG-6-24	51	135	0.38	266.9	0.1652	1.74	10.6415	1.65	0.4671	1.16	2471	24	2510	14
MLG-6-25	59	194	0.30	392.9	0.1654	1.54	10.8681	1.40	0.4767	0.97	2513	20	2511	12
MLG-6-26	52	196	0.27	368.1	0.1657	1.67	10.1253	1.56	0.4432	1.08	2365	21	2515	13
MLG-6-27	50	138	0.36	279.06	0.1650	1.55	10.8121	1.42	0.4754	0.98	2507	20	2507	12
MLG-6-28	35	151	0.23	306.4	0.1659	1.57	10.9260	1.44	0.4778	0.99	2518	21	2516	12
MLG-6-29	44	131	0.33	262.78	0.1645	1.59	10.7481	1.46	0.4741	1.00	2501	21	2502	12
MLG-6-30	64	190	0.34	385.73	0.1660	1.57	10.9302	1.43	0.4776	0.98	2517	20	2518	12
MLG-6-31	74	204	0.36	413.22	0.1653	1.57	10.8504	1.44	0.4763	0.99	2511	21	2510	12
MLG-6-32	55	167	0.33	317.37	0.1656	1.63	10.2466	1.51	0.4488	1.03	2390	21	2514	13
MLG-6-33	53	197	0.27	396.24	0.1643	1.60	10.7365	1.47	0.4741	1.00	2501	21	2500	12
MLG-6-34	46	144	0.32	292.74	0.1672	1.62	11.0660	1.49	0.4802	1.01	2528	21	2529	12
MLG-6-35	19	50	0.38	101.48	0.1680	1.77	11.1801	1.68	0.4827	1.15	2539	24	2538	14
MLG-6-36	50	198	0.25	401.29	0.1659	1.63	10.9236	1.50	0.4776	1.00	2517	21	2517	13
MLG-6-37	48	145	0.33	289.6	0.1636	1.68	10.6458	1.56	0.4720	1.04	2493	22	2493	13
MLG-6-38	44	127	0.35	257.28	0.1667	1.81	11.0082	1.72	0.4790	1.16	2523	24	2525	14
MLG-6-39	45	122	0.37	247.8	0.1668	1.77	11.0327	1.67	0.4798	1.12	2526	23	2526	14
MLG-6-40	44	193	0.23	387.74	0.1636	1.75	10.6602	1.64	0.4727	1.09	2495	23	2493	14

注：Pb^* 代表放射性 Pb，应用实测 ^{204}Pb 校正。

表 3.7 S177-1、MLG-6 样品锆石 Lu-Hf 同位素表

分析点号	表观年龄 t_1/Ma	结晶年龄 t_2/Ma	$^{176}Yb/^{177}Hf$	$^{176}Lu/^{177}Hf$	$^{176}Hf/^{177}Hf$	2σ	$\varepsilon_{Hf}(t_2)$	2σ	T_{DM}/Ma	$f_{Lu/Hf}$
				样品 S177-1						
S177-1-01	2528	2527	0.026590	0.000924	0.281298	0.000066	4.6	2.7	2658	-0.97
S177-1-02	2535	2527	0.028680	0.001406	0.281261	0.000058	3.3	2.5	2711	-0.96
S177-1-03	2544	2527	0.030270	0.001584	0.281279	0.000036	3.9	1.9	2686	-0.95
S177-1-04	2546	2527	0.022710	0.001227	0.281268	0.000020	3.5	1.5	2700	-0.96
S177-1-05	2520	2527	0.023037	0.000877	0.281292	0.000056	4.3	2.4	2667	-0.97
S177-1-06	2513	2527	0.049200	0.002104	0.281311	0.000028	5.1	1.8	2644	-0.94
S177-1-07	2525	2527	0.023610	0.000868	0.281350	0.000038	6.4	1.9	2588	-0.97

续表

分析点号	表观年龄 t_1/Ma	结晶年龄 t_2/Ma	$^{176}Yb/^{177}Hf$	$^{176}Lu/^{177}Hf$	$^{176}Hf/^{177}Hf$	2σ	$\varepsilon_{Hf}(t_2)$	2σ	T_{DM}/Ma	$f_{Lu/Hf}$
S177-1-08	2544	2527	0.025410	0.000928	0.281295	0.000022	4.5	1.6	2663	-0.97
S177-1-09	2543	2527	0.022150	0.000876	0.281274	0.000018	3.7	1.5	2690	-0.97
S177-1-10	2509	2527	0.017530	0.000893	0.281280	0.000038	3.9	1.9	2683	-0.97
S177-1-11	2512	2527	0.026380	0.001466	0.281255	0.000026	3.1	1.7	2720	-0.96
S177-1-12	2458	2527	0.028340	0.001503	0.281282	0.000030	3.9	1.8	2685	-0.95
S177-1-13	2463	2527	0.020135	0.001104	0.281241	0.000016	2.5	1.5	2739	-0.97
S177-1-14	2519	2527	0.022280	0.001139	0.281313	0.000036	5.1	1.9	2639	-0.97
S177-1-15	2609	2527	0.130200	0.005710	0.281338	0.000034	6.4	2.1	2600	-0.83
S177-1-16	2618	2527	0.019990	0.000943	0.281323	0.000054	5.5	2.4	2623	-0.97
S177-1-17	2477	2527	0.024140	0.001431	0.281252	0.000022	2.9	1.6	2725	-0.96
S177-1-18	2490	2527	0.018269	0.000869	0.281253	0.000018	2.9	1.5	2721	-0.97
S177-1-19	2442	2527	0.019962	0.000757	0.281325	0.000040	5.5	1.9	2624	-0.98
S177-1-20	2526	2527	0.030100	0.001643	0.281306	0.000032	4.9	1.6	2649	-0.95
S177-1-21	2473	2527	0.023440	0.001088	0.281318	0.000024	5.3	1.6	2633	-0.97
S177-1-22	2522	2527	0.053600	0.002248	0.281312	0.000046	5.1	2.3	2643	-0.93
样品 MLG-6										
MLG-6-01	2493	2514	0.023710	0.0012110	0.281392	0.000062	7.6	2.7	2531	-0.96
MLG-6-02	2494	2514	0.027250	0.0013800	0.281366	0.000046	6.7	2.1	2569	-0.96
MLG-6-03	2502	2514	0.028270	0.0011380	0.281378	0.000016	7.2	1.5	2550	-0.97
MLG-6-04	2512	2514	0.016890	0.0007854	0.281392	0.000070	7.7	2.9	2531	-0.98
MLG-6-05	2513	2514	0.025700	0.0009260	0.281421	0.000034	8.7	1.9	2491	-0.97
MLG-6-06	2526	2514	0.018820	0.0007420	0.281426	0.000046	8.9	2.2	2484	-0.98
MLG-6-07	2745	2514	0.039910	0.0019984	0.281417	0.000054	8.9	2.4	2483	-0.94
MLG-6-08	2729	2514	0.036240	0.0017020	0.281382	0.000074	7.5	3	2537	-0.95
MLG-6-09	2650	2514	0.039910	0.0019984	0.281419	0.000028	8.8	1.7	2485	-0.94

注：t_1 为锆石表观年龄，由锆石 $^{207}Pb/^{206}Pb$ 计算所得；t_2 为样品结晶年龄。

1）S177-1 样品

从龙虎寨剖面 S177-1 样品中挑选出的锆石普遍呈长条状、椭圆状或碎片状，长度 60～120 μm，长宽比为 1.2∶1～2∶1。通过阴极发光图像可知，大部分锆石颗粒无明显环带结构，部分锆石颗粒具核-边结构，即内部板状、条带状的区域和外围较明亮的变质边［图 3.17（a）］。

针对此样品的 37 个锆石进行了 37 个点位分析，其中 3 个点位（点 21、22 和 27）具有异常信号值，推测可能是击穿锆石并打到了环氧树脂靶的原因。因此，这 3 个点位被忽略。32 个点位（如点 01、05、06 等）投在或接近年龄谐和线的位置，剩余 2 个点位（点 19 和 31）投在了远低于谐和线的位置。除点 13 和 20 具有较低 Th/U 值（约 0.07）外，上述所分析的锆石颗粒均具有较高的 Th/U 值（0.12～0.57），锆石的球粒陨石标准化稀土图谱具 Ce 正异常、Eu 负异常和重稀土富集特征，进一步证明了上述所分析锆石为岩浆结晶锆石（Hoskin and Schaltegger，2003）。

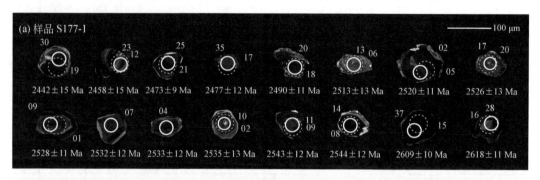

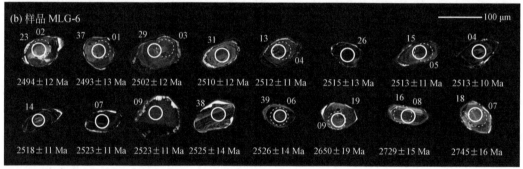

图 3.17　S177-1（来自龙虎寨剖面）、MLG-6（来自孟良崮剖面）样品锆石阴极发光图

点 28 和 37 所分析锆石内部无明显结构，所测数据投在谐和线上，表观年龄为 2618±11 Ma 和 2609±10 Ma，这两个年龄所代表锆石可能为岩浆上升过程中捕获的围岩锆石。年龄直方图显示 32 个剩余分析点位可分为两组。年龄较大的一组由 23 个分析点位组成，所分析锆石均为无明显结构的核部区域，其中 21 个点位投在了谐和线上，2 个点位投在了谐和线下方位置，说明锆石在后期经历了 Pb 丢失行为。这些点位的 $^{207}Pb/^{206}Pb$ 年龄在 2509±11 Ma 和 2546±13 Ma 之间分布。上交点年龄为 2526±5 Ma（MSWD=0.83），加权平均年龄为 2527±5 Ma（MSWD=0.84）[图 3.18（a）]。依据锆石的稀土图谱和 Th/U 值，我们认为此加权平均年龄为该样品的表壳岩成岩年龄。

年龄较小组由 9 个点位组成（如点 25、30、35 等），均投在谐和线上，其 $^{207}Pb/^{206}Pb$ 年龄在 2442±15 Ma 和 2490±11 Ma 之间分布。上交点年龄为 2471±5 Ma（MSWD=0.0014），加权平均年龄为 2472±9 Ma（MSWD=1.20）[图 3.18（a）]。此年龄与在约 2.49～2.45 Ga 发育的区域变质事件一致（Zhao et al.，2009；Li et al.，2016；Gao et al.，2018a，2019a），因此认为其可以代表该表壳岩的变质年龄。

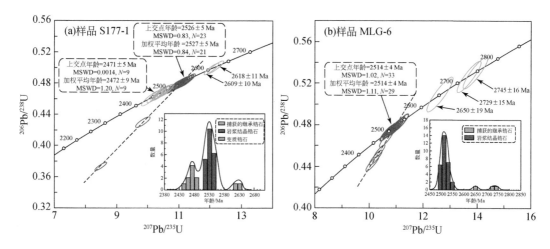

图 3.18　S177-1（来自龙虎寨剖面）、MLG-6（来自孟良崮剖面）样品锆石 U-Pb 年龄谐和图

对 22 个定年点位进一步开展了原位 Lu-Hf 同位素分析。其中，点 15 和 16 具有最老的表观年龄，并由此认为是继承锆石。用其表观年龄（t_1=2609±10 Ma 和 2618±11 Ma）计算所得 ^{176}Hf/^{177}Hf(t_1) 值为 0.281338 和 0.281323，$\varepsilon_{Hf}(t)$ 值为+6.37 和+5.52，T_{DM} 为 2600 Ma 和 2623 Ma［图 3.19（a），图 3.20（a）］。

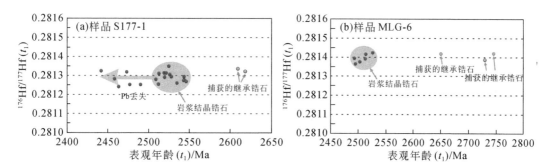

图 3.19　S177-1（来自龙虎寨剖面）、MLG-6（来自孟良崮剖面）样品锆石 ^{176}Hf/^{177}Hf(t_1)-
表观年龄（t_1）图

剩余 20 个点位具有相似的 ^{176}Hf/^{177}Hf(t_1) 值（0.281252～0.281350），并具有水平分布特征，证明了这些锆石均为约 2527 Ma 的锆石 ^{176}Hf/^{177}Hf 体系下重结晶变质锆石，其为一期岩浆结晶事件形成，进一步表明年轻组的锆石在岩石形成后的构造热事件中经历了不同程度的 Pb 丢失。应用样品成岩年龄（t_2=2527±5 Ma）计算得出所有的点位具有正的 $\varepsilon_{Hf}(t_2)$ 值（+2.51～+6.44），T_{DM} 为 2588～2725 Ma，位于球粒陨石均一储库（CHUR）演化线和亏损地幔（DM）线之间区域，证明了原始岩浆应直接源于亏损地幔［图 3.19（a）、图 3.20（a）］。

2）MLG-6 样品

从龙虎寨剖面 MLG-6 样品中挑选出的锆石与 S177-1 样品锆石形状相似，普遍呈棱镜状和椭圆状。通过阴极发光图像可知，大部分锆石颗粒发育更加清晰的岩浆振荡环带结构

（如点 14、16、29 等），小部分锆石颗粒具核-边结构，即内部板状、条带状的区域和外围较明亮的变质边 ［图 3.17 (b)］。

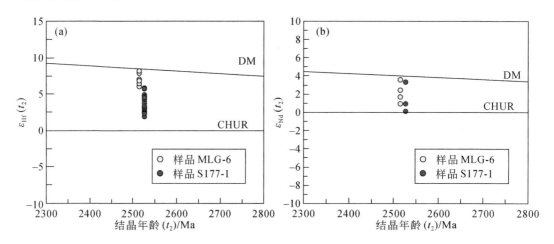

图 3.20 S177-1（来自龙虎寨剖面）、MLG-6（来自孟良崮剖面）样品锆石 $\varepsilon_{Hf}(t_2)$-结晶年龄（t_2）图和 $\varepsilon_{Nd}(t_2)$-结晶年龄（t_2）图

针对此样品的 40 个锆石进行了 40 个点位分析，其中 4 个点位（点 06、10、12、和 17）具有异常信号值，推测可能是击穿锆石并打到了环氧树脂靶的原因。因此，这 4 个点位被忽略。32 个点位（如点 13、16、37 等）投在年龄谐和线上，剩余 4 个点位（点 4、24、26 和 32）投在了远低于谐和线的位置。所分析的锆石颗粒均具有较高的 Th/U 值（0.16～0.69），锆石的球粒陨石标准化稀土图谱具有 Ce 正异常、Eu 负异常和重稀土富集特征，同样证明了所测的锆石为岩浆结晶锆石 ［图 3.18 (b)］。

其中 3 个点位（点 16、18 和 19）所测数据投在谐和线上，表观年龄为 2729±15 Ma、2745±16 Ma 和 2650±19 Ma。与 S177-1 样品类似，这 3 个年龄所代表的锆石可能为岩浆上升过程中捕获的围岩锆石。年龄直方图显示 33 个剩余分析点位可分为一组。这些点位的 $^{207}Pb/^{206}Pb$ 年龄在 2493±13 Ma 和 2541±12 Ma 之间分布。上交点年龄为 2514±4 Ma（MSWD=1.02），加权平均年龄为 2514±4 Ma（MSWD=1.11）［图 3.18 (b)］。依据锆石的稀土图谱和 Th/U 值，我们认为此加权平均年龄为该样品的表壳岩成岩年龄。

对 9 个定年点位进一步开展了原位 Lu-Hf 同位素分析。其中，点 07、08 和 09 具有最老的表观年龄，并因此被认为是捕获的继承锆石。用其表观年龄（t_1）计算所得 $^{176}Hf/^{177}Hf(t_1)$ 值为 0.281417、0.281382 和 0.281419，$\varepsilon_{Hf}(t)$ 值为 +8.9、+7.5 和 +8.8，T_{DM} 为 2483 Ma、2537 Ma 和 2486 Ma ［图 3.19 (b)，图 3.20 (a)］。

剩余 6 个点位具有连续的 $^{176}Hf/^{177}Hf(t_1)$ 值（0.281366～0.281462）。应用样品成岩年龄（t_2=2514±4 Ma）计算得出所有的点位具有正的 $\varepsilon_{Hf}(t_2)$ 值（+7.18～+8.89），T_{DM} 为 2485～2569 Ma，证明了原始岩浆应直接源于亏损地幔 ［图 3.19 (b)，图 3.20 (a)］。

3.2.9 全岩 Sm-Nd 同位素特征

本书挑选 7 个典型样品，包括 3 个采自龙虎寨剖面的样品（S177-3、S177-5 和 S177-6）、

4 个采自孟良崮剖面的样品（MLG-10、MLG-11、MLG-12 和 MLG-14），进行了全岩 Sm-Nd 同位素测试（表 3.8）。两个剖面的样品具有相似的 Nd 含量（分别是 8.34～10.90 ppm、6.60～6.98 ppm），$^{147}Sm/^{144}Nd$ 值（0.1767～0.1892、0.1736～0.2029）和 $^{143}Nd/^{144}Nd$ 值（0.512314～0.512578、0.512383～0.512926）。$\varepsilon_{Nd}(t_2)$ 值和 $T_{DM}(Nd)$ 值均由样品成岩年龄（2527 Ma 和 2514 Ma）计算得出。$\varepsilon_{Nd}(t_2)$ 值为 +0.2～+3.4 和 +1.0～+3.7，$T_{DM}(Nd)$ 值为 2800～3630 Ma 和 2900～3280 Ma，均投在球粒陨石均一储库（CHUR）演化线与亏损地幔（DM）线之间区域，代表着样品原始岩浆具亏损地幔特征 [图 3.20（b）]。

表 3.8　鲁西地区龙虎寨、孟良崮表壳岩部分样品全岩 Sm-Nd 同位素数据表

样品	Sm/ppm	Nd/ppm	$^{147}Sm/^{144}Nd$	$^{143}Nd/^{144}Nd$	t_2/Ma	$\pm 2\sigma$	$\varepsilon_{Nd}(t_2)$	T_{DM}/Ma
S177-3	3.29	10.90	0.1828	0.512578	2526	4	3.4	2800
S177-5	2.87	9.82	0.1767	0.512314	2526	5	0.2	3410
S177-6	2.61	8.34	0.1892	0.512561	2526	2	0.9	3630
MLG-10	1.91	6.65	0.1736	0.512383	2514	4	2.5	2900
MLG-11	1.95	6.60	0.1783	0.512384	2514	3	1.0	3280
MLG-12	1.97	6.70	0.1767	0.512393	2514	6	1.7	3100
MLG-13	2.34	6.98	0.2029	0.512926	2514	5	3.7	3130

注：t_2 为样品结晶年龄。

3.2.10　表壳岩成因及构造指示意义讨论

1. 地壳混染程度

众所周知，地幔源的岩浆熔体在上升过程中必然会混染其岩浆通道中的围岩，进而改变其原始地球化学成分（Reiners et al.，1996；Farmer，2014；Guo et al.，2016）。因此，评估基性岩的地壳混染情况是研究其岩石成因的必要前提工作。

地幔源熔体被地壳物质混染会富集某些地壳富集元素，如 Zr 和 Hf 含量的异常上升，会导致 MgO 和过渡金属族元素含量的下降（Rudnick and Gao，2003）。基于岩石地球化学和年代学分析，本书所研究的约 2.5 Ga 的表壳岩为变质玄武岩，其具较高的 MgO 含量（最高达 11.82%，平均值为 8.21%）、V 含量（最高达 310 ppm，平均值为 283 ppm）和 $Mg^{\#}$（最高达 79.7，平均值为 66），这些数值均远高于华北克拉通太古宙地壳的平均值（Kern et al.，1996）。此外，本书所研究的样品普遍具有 Zr、Hf 的负异常特征，正的 $\varepsilon_{Hf}(t_2)$ 值（+2.51～+8.90）和 $\varepsilon_{Nd}(t_2)$ 值（+0.19～+3.65），同样证明了样品未经历强烈的地壳混染。$(Nb/La)_{PM}$-$(La/Sm)_N$ 图解也进一步证明了样品并未有明显的地壳混染趋势（Wang et al.，2015a，2015b，2017）[图 3.21（a）]。综上，本书所研究的样品地壳混染程度较低，不会对样品地球化学成分造成明显影响，可以进一步分析这些表壳岩的岩石成因及大地构造背景。

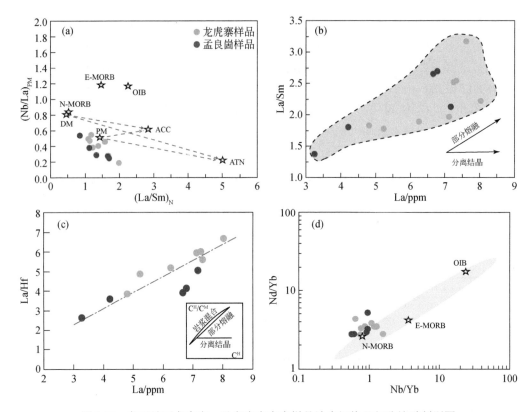

图 3.21　鲁西地区龙虎寨、孟良崮表壳岩样品地壳混染及部分熔融判别图

（a）修改自 Sun and McDonough，1989；（b）修改自 Allegre and Minster，1978；（c）修改自 Gao et al.，2018b；（d）修改自 Pearce，2008

2. 表壳岩岩浆成因

本书所研究的表壳岩为约 2500 Ma 拉斑玄武岩，具有轻稀土微弱富集、低$(La/Yb)_N$ 值（1.21～2.60）、中等$(Nb/La)_{PM}$ 值（0.16～0.54）和 Nb、Ta、Ti 亏损特征（图 3.15）。这些表壳岩样品在 La/Sm-La 和 La/Hf-La 图中均具有正相关的趋势，代表这些表壳岩样品的岩石成因主要由部分熔融所控制［图 3.21（b）（c）］。在 Nd/Yb-Nb/Yb 图中，大部分样品集中在 N-MORB 区域上方，表明样品受到了轻稀土元素的交代作用（Pearce，2008）［图 3.21（d）］。需要注意的是，样品所具有的轻稀土轻度富集、高场强元素亏损和大离子亲石元素富集特征和典型的 N-MORB 岩石是完全不同的。较低的$(Hf/Sm)_N$-$(Nb/La)_N$ 值进一步证明了这些表壳岩样品形成于俯冲板块释放的流体交代的亏损地幔源区［图 3.22（a）］。此外，样品具有较宽范围的$\varepsilon_{Hf}(t_2)$ 值（+2.51～+8.90）和中等亏损的$\varepsilon_{Nd}(t_2)$ 值（+0.19～+3.65），进一步证明了亏损地幔源经历了俯冲板片流体不同程度的交代作用。Sm/Yb-Sm 图表明，这些变质玄武岩的原始岩浆是尖晶石二辉橄榄岩区域经历了约 30%部分熔融形成，其源区对应了上地幔的浅部区域［图 3.22（b）］。

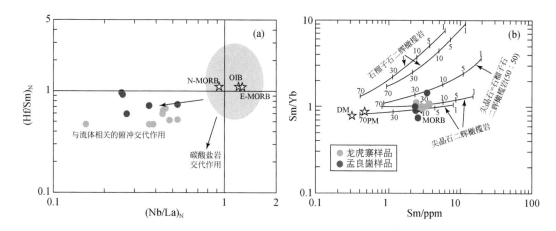

图 3.22 鲁西地区龙虎寨、孟良崮表壳岩样品岩石成因及源区判别图

（a）修改自 LaFlèche et al., 1998；（b）修改自 Aldanmaz et al., 2000；黄色五角星是原引用图的样品

通过 $T_P(℃)=1463+12.74×MgO-2924/MgO$（Herzberg and O'Hara，2002）可得本书表壳岩（S177-10）所代表的地幔潜能温度为约 1350℃，远低于新太古代早期科马提岩所代表的地幔潜能温度，这意味着地幔柱主导的垂向地壳生长体制于新太古代末期在鲁西地区可能已经消失。

综上所述，鲁西地区新太古代末表壳岩的岩石成因是上地幔浅部源区经历了俯冲板片释放流体交代作用后，部分熔融形成的原始岩浆喷发形成的。

3. 大地构造环境

鲁西地区新太古代末表壳岩样品具有明显的高场强元素亏损特征，其来源为交代地幔楔的部分熔融。尽管弧后盆地玄武岩和岛弧玄武岩均可能具备此特征，但在 La/Nb-La 图和 Ti-Zr 图中，绝大部分研究样品投在了岛弧玄武岩区域内（图 3.23）。此外，结合鲁西地区已发现的约 2.6～2.5 Ga 的表壳岩研究成果（表 3.9），本书认为鲁西表壳岩同样为新太古代末期发育的岛弧玄武岩。

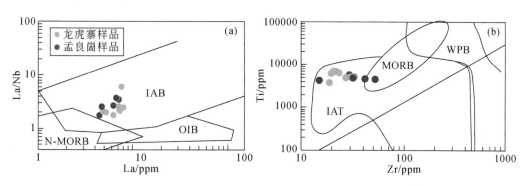

图 3.23 鲁西地区龙虎寨、孟良崮表壳岩样品构造环境判别图

（a）修改自李曙光，1993；（b）修改自 Pearce，1980。OIB-洋岛玄武岩；IAB-岛弧玄武岩；IAT-岛弧拉斑玄武岩；
WPB-板内玄武岩

表 3.9 鲁西地区约 2.6~2.5 Ga 表壳岩年龄汇总表

样品号	岩性	采样位置	结晶年龄/Ma	继承年龄/Ma	变质年龄/Ma	引用文献
YS0902-2	变质麻粒岩	沂水	2561±7			Zhao 和 Zhai（2013）
10SD12	黑云-角闪-斜长片麻岩	沂水	2543±6		2507±9	Wu 等（2013）
YS-14E	辉石岩	沂水	2537±38		2466±23	Li 等（2016）
YS-17B1	角闪岩	沂水	2538±30			Santosh 等（2016）
S177-1	斜长角闪岩	龙虎寨	2527±5	2618±11	2471±5	本书
MLG-6	斜长角闪岩	孟良崮	2514±4	2745±16		本书
YS-6B	火山灰	骆家庄	2504±19		2476±17	Li 等（2016）
YS-10A	变质火山岩	沂水	2501±19		2457±13	Li 等（2016）
16SD-46-4	斜长角闪岩	擂鼓山	2501±6	2551~2540	2468±7	Gao 等（2019a）
16SD-46-8	斜长角闪岩	擂鼓山	2494±12	2588±18	2459±9	Gao 等（2019a）
YS-06-19	含紫苏辉石斜长角闪岩	沂水			2522±5	Zhao 等（2009）
YS-06-41	含紫苏辉石斜长角闪岩	沂水			2497±4	Zhao 等（2009）
YS-06-40	含石榴子石角闪麻粒岩	沂水			2514±5	Zhao 等（2009）
YS-06-45	含石榴子石角闪麻粒岩	沂水			2485±10	Zhao 等（2009）
YS-06-49	含石榴子石角闪麻粒岩	沂水			2509±5	Zhao 等（2009）
YS0901-1	基性麻粒岩	沂水			2498±8	Zhao 和 Zhai（2013）
08YS-98-101	斜长角闪岩	费县	2533±14			Peng 等（2013b）

综上，本书认为鲁西地区在 2.7~2.6 Ga 时期，>2.7 Ga 时期上涌的地幔柱逐渐冷却下沉，变成了局部残留的残余地幔柱。此过程中，这些残余地幔柱上方的以超基性-基性岩为主的洋壳或上覆绿岩带密度高于周围地幔物质，在鲁西地区西南缘（七星台-雁翎关地区），由于密度差的重力作用发生了初始俯冲，并发育了同期的具有明显俯冲特征的火山岩（Gao et al.，2019b）[图 3.24（a）]。此时期由于初始俯冲的诱导，在中下地壳广泛发育了重熔事件，形成了大面积的 TTG 侵入，在"消融"了原大陆地壳的同时，也破坏了地表的绿岩带，形成了现今鲁西地区中部带所看到的约 2.7 Ga 的花岗-绿岩带。这表明在 2.7~2.6 Ga 时期，随着鲁西地区的地壳生长，以地幔柱为主的垂向生长体制开始向以俯冲为主的侧向生长体制过渡。

在约 2.6~2.5 Ga，经过近 0.2 Ga 的时间，残余地幔柱继续下沉直至消失，地热梯度也有所降低。因此，俯冲得以继续发育成双向俯冲带，俯冲洋壳普遍发生脱水和部分熔融作用，和周围地幔物质发生了充分的交代作用。在此时期，鲁西地区的 A、C 两带均发育了不止一处的具有俯冲特征的火山岩，如 A 带沂水地区发育的安山岩、流纹岩，孟良崮地区发育的玄武岩，C 带田黄地区发育的玄武岩、赞岐岩等 [图 3.24（b）]。同时，在俯冲体制下，发育了多期次的幔源、地壳重熔及岩浆混合等成因的新生花岗质岩石，如二长花岗岩、花岗闪长岩、钾质花岗岩等。这些新生花岗质侵入岩与同期火山岩一起组成了约 2.5 Ga 的花岗–绿岩带。这表明在新太古代末期，鲁西地区的地壳生长是在以俯冲为主的侧向生长体制为主导的环境下完成的。

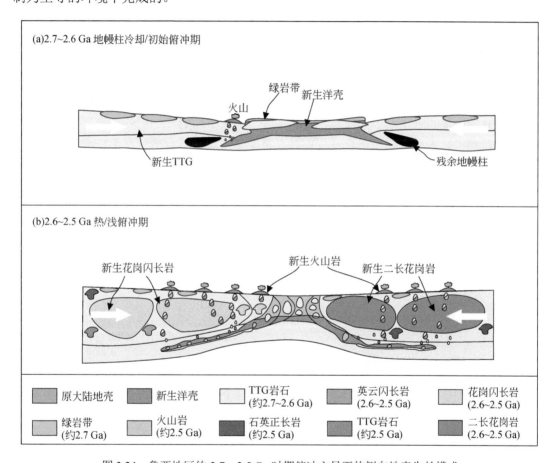

图 3.24　鲁西地区约 2.7～2.5 Ga 时期俯冲主导下的侧向地壳生长模式

此外，需要说明的是，这期约 2.5 Ga 的花岗–绿岩带对俯冲带两侧（A、C 带）弧后区的约 2.7 Ga 的花岗–绿岩带进行了广泛的破坏，仅残留部分约 2.7 Ga 的花岗–绿岩带残留体。这部分残留体随后在古元古代的克拉通化过程中被挤压到中部，形成了现今鲁西地区所观察到的中部带（B 带），而 A、B 带中仅 A 带的沂水地区残余了部分变质级别较高的约 2.7 Ga 花岗–绿岩带，被称为沂水杂岩（赵子然等，2013；Gao et al.，2019a）。需要注意的是，沂水杂岩内的表壳岩部分可达麻粒岩相变质级别，而鲁西地区中部带发现的同期表壳岩变质级别为绿片岩相–角闪岩相。本书推测，高变质程度的沂水杂岩可能是被后期挤压隆升，从较大深度向上出露剥蚀的结果。

第4章 新太古代末期韧性剪切带构造事件（Ⅲ）

华北克拉通在新太古代晚期完成了从垂向到水平的构造体制转换之后，在新太古代末期发生了水平构造机制下的微陆块的增生拼贴（Zhai and Santosh, 2011, 2013）。在这种构造背景下，形成了大量的新太古代走滑型韧性剪切带（宋明春, 2008）。近年来，许多学者对鲁西太古宙基底的岩石学、年代学和地球化学进行了大量研究（Wan et al., 2010；Peng et al., 2012；Gao et al., 2018a）。然而，前人对鲁西基底变形和构造作用的研究较少。王新社（1999）在鲁西田黄地区新太古代基底上发现了数条北西向延伸的韧性剪切带，它们具有近于直立的面理和近于水平的线理，是水平构造机制下压剪性作用的产物。尽管该剪切带在鲁西新太古代末期微陆块拼合过程中具有重要意义，但其自从被发现以来，尚未得到过系统的研究。特别是，前人对该剪切带的温度条件和活动年代研究较少，这极大地限制了对鲁西新太古代末期微陆块拼贴演化过程的认识。因此，本章对鲁西田黄地区青邑韧性剪切带进行了详细的野外观测和运动学涡度分析，以确定剪切带的几何学和运动学特征；通过对糜棱岩显微构造和石英组构的研究，揭示该剪切带变形温度条件特征；结合从剪切带糜棱岩中获得的锆石 U-Pb 和云母 Ar/Ar 年代学数据，从而约束剪切活动时间，为鲁西新太古代末期微陆块拼贴提供了构造地质方面的证据。

4.1 构造及运动学特征

4.1.1 野外宏观构造特征

田黄地区位于鲁西地区的西南部，其基底主要由新太古代晚期的花岗闪长岩、二长花岗岩、正长花岗岩以及石英闪长岩等侵入体组成，这套岩石已经发生强烈的片麻理化（图 4.1）。其中，花岗闪长岩和二长花岗岩的形成年龄为约 2.54~2.52 Ga，而正长花岗岩侵位时间为约 2.5 Ga，它们呈侵入接触关系（Wan et al., 2012b；Sun et al., 2019a）。田黄地区发育有两条韧性剪切带：青邑韧性剪切带和任岭韧性剪切带（图 4.1）。这两条剪切带主要发育在新太古代花岗闪长片麻岩和二长花岗片麻岩之上，呈 NNW—SSE 方向延伸。青邑韧性剪切带的出露规模长约 20 km，宽约 4 km；任岭韧性剪切带的出露规模长约 10 km，宽约 1 km。青邑韧性剪切带规模较大，变形强烈，发育了一系列初糜棱岩、糜棱岩和超糜棱岩，是本章的重点研究对象。由于田黄地区基底大部分被第四纪沉积物覆盖，因此本书选取了 10 个出露较好的露头对剪切带的野外宏观构造特征进行观测。

本书设计了两条垂直剪切带的剖面，沿剖面进行了系统性观察和测量（图 4.1，图 4.2）。由剖面 A 可知，这些岩体发育较为强烈的 NNW 向片麻理，表明岩体侵入后发生了区域变质变形事件。剪切糜棱面理近于直立，叠加在区域片麻理之上，表明剪切作用发生在区域变质变形事件之后。根据剖面 B，青邑韧性剪切带为复式剪切带，发育多条强弱应变带，

一些前剪切、同剪切和后剪切脉体侵入其中（图 4.2，图 4.3）。青邑韧性剪切带发育的糜棱

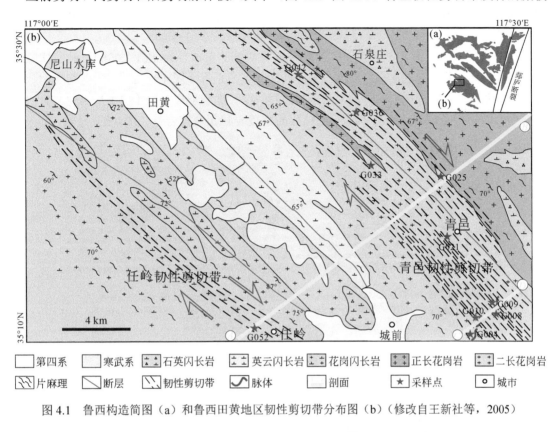

图 4.1　鲁西构造简图（a）和鲁西田黄地区韧性剪切带分布图（b）（修改自王新社等，2005）

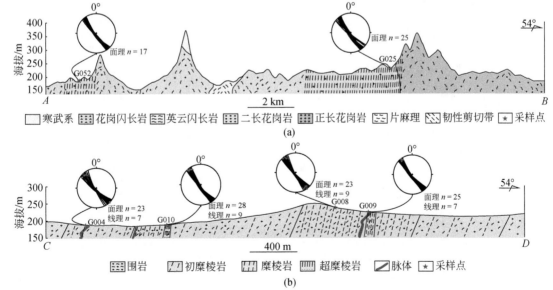

图 4.2　鲁西田黄地区剪切带构造剖面图

（a）剖面 A 横跨整个田黄地区；（b）剖面 B 横跨青邑韧性剪切带。采用下半球等角度投影显示了剪切带的糜棱面理和拉伸线理产状

面理走向 NNW—SSE，倾向 SSW，其倾角为 75°~85°。拉伸线理近于水平，倾向 NNW 方向，倾角为 5°~10°。近于直立的面理和水平的线理表明，该剪切带具有水平走滑和垂向挤压加厚的特征。

根据野外变形特征，本书识别了多期侵入剪切带的脉体（Searle，2006）。同剪切脉体截切糜棱面理，其发育的面理延伸方向与糜棱面理近于平行 [图 4.3（a）]。同剪切晚期脉体截切糜棱面理，具有弱变形的特征，与围岩强烈的糜棱面理形成对比 [图 4.3（b）]。剪切带主要构造岩为初糜棱岩，夹有多条应变较强的糜棱岩和超糜棱岩带 [图 4.3（c）]。

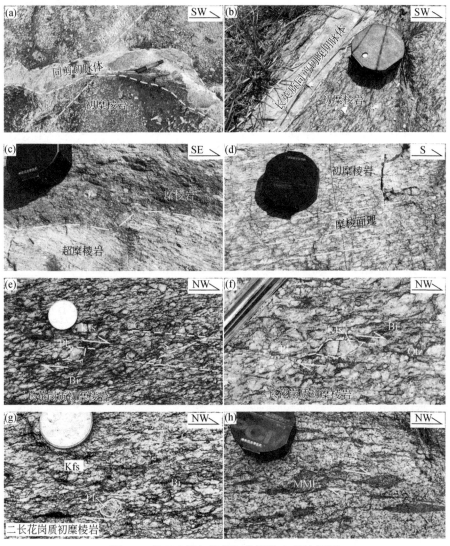

图 4.3　鲁西青邑韧性剪切带野外宏观特征图

所有图片展现的是水平面（剪切带 XZ 面）。（a）长英质同剪切脉体侵入初糜棱岩中；（b）长英质同剪切晚期脉体侵入初糜棱岩中；（c）剪切带发育糜棱岩带和超糜棱岩带；（d）剪切带发育强烈定向的糜棱面理；（e）~（g）二长花岗质初糜棱岩中发育的σ型旋转碎斑系和 S-C 组构指示右行剪切；（h）基性包体（MME）受到右行剪切作用的改造。Qtz-石英；Pl-斜长石；Kfs-钾长石；Bi-黑云母剪切带发育强烈定向的糜棱面理，旋转的长石斑晶形成 S 面理，拉长的云母颗粒形成 C 面理，形成 S-C 组构 ［图 4.3（d）（e）］。此外，在剪切带发生韧性变形的过程中，长石斑晶多表现为弹性，而石英长石构成的基质具有黏弹性的特征（Zhang et al.，2021）。长石斑晶会在基质中发生变形和旋转，形成 σ 型旋转碎斑系 ［图 4.3（f）（g）］。S-C 组构和不对称的旋转碎斑系表明青邑韧性剪切带发生了右行剪切运动。受剪切作用影响，基性包体同样发生了拉长和变形 ［图 4.3（h）］。

4.1.2　微观构造特征

本书对不同类型的糜棱岩进行了详细的镜下研究，其微观构造特征如表 4.1 所示。这些二长花岗质糜棱岩主要由石英、斜长石、钾长石、微斜长石、白云母和黑云母组成（图 4.4）。尽管大约有 5%～10% 的长石颗粒发生蚀变形成绢云母，它们仍能显示出较为清晰的构造变形特征。在弱变形的同剪切晚期脉体中，石英和长石颗粒发育显微脆性破裂 ［图 4.4（a）］。在初糜棱岩和糜棱岩中，长石表现为机械双晶，发育膨凸重结晶（BLG），指示了较低的变形温度 ［图 4.4（b）（c）］。在薄片中同样可以发现 σ 型钾长石旋转碎斑系，指示了右行剪切 ［图 4.4（d）］。石英颗粒普遍发育拉长石英条带和波状消光 ［图 4.4（d）］。在糜棱岩中，重结晶石英和长石颗粒显示出明显的边界和均匀消光特征，表明其发生亚颗粒旋转重结晶（SGR）。其中，一些粗大颗粒可能受到了静态重结晶的改造，导致韧性变形不明显（Evans et al.，2001）［图 4.4（g）（h）］。在一些糜棱岩和超糜棱岩中，一些石英颗粒发育叶状和港湾状边界，表明其重结晶机制转变为颗粒边界迁移重结晶（GBM）［图 4.4（g）］，这指示了较高的变形温度（Stipp et al.，2002a，2002b）。一些糜棱岩的石英颗粒同时发育了亚颗粒旋转重结晶和颗粒边界迁移重结晶 ［图 4.4（e）］。此外，许多糜棱岩中，石英还发育条带状构造，表现为多晶石英条带和矩形石英条带，表明其在较高温度下发生静态重结晶作用 ［图 4.4（g）（h）］（Passchier and Trouw，2005）。以上微观构造表明，青邑韧性剪切带糜棱岩主要受晶格位错蠕变变形机制控制，指示了高绿片岩相的变质环境，表明该剪切带在中地壳的深度形成（Kohlstedt et al.，1995；Wintsch and Yeh，2013）。

表 4.1　鲁西青邑韧性剪切带样品微观构造特征和运动学涡度值

样品号	岩性	矿物组合	微观构造特征	石英 c 轴组构	变形温度/℃	R_s	α/(°)	W_n
G004C1	二长花岗质初糜棱岩	斑晶（80%）：Qtz+Pl+Kfs 基质（20%）：Qtz+Pl+Kfs+Bi+Amp+Epi	Qtz：波状消光，BLG+SGR Fsp：微破裂，BLG	底面<a>滑移	350～450	1.37	37.5	0.99
G025A4	二长花岗质初糜棱岩	斑晶（60%）：Qtz+Kfs+Pl 基质（40%）：Qtz+Pl+Kfs+Bi+ Amp	Qtz：波状消光，BLG+SGR Fsp：微破裂，BLG		400～500	1.70	31.5	0.98
G004A2	同剪切初糜棱质岩脉	斑晶（60%）：Qtz+Pl+Kfs 基质（40%）：Qtz+Pl+Kfs+Bi+Ms+Epi	Qtz：拉长，波状消光，BLG+SGR Fsp：微破裂，机械双晶，BLG	棱面<a>滑移	400～500	1.72	31.4	0.98

续表

样品号	岩性	矿物组合	微观构造特征	石英c轴组构	变形温度/℃	R_s	$\alpha/(°)$	W_n
G010A3	二长花岗质初糜棱岩	斑晶（70%）：Qtz+Kfs+Pl 基质（30%）：Qtz+Pl+Kfs+Bi	Qtz：波状消光，BLG+SGR Fsp：微破裂，BLG	棱面<a>滑移	400～500	2.10	27.6	0.97
G036A1	二长花岗质初糜棱岩	斑晶（70%）：Qtz+Kfs+Pl 基质（30%）：Qtz+Pl+Kfs+Bi	Qtz：波状消光，BLG+SGR Fsp：微破裂，BLG+SGR		400～500	2.12	27.1	0.96
G042A1	二长花岗质初糜棱岩	斑晶（75%）：Qtz+Kfs+Pl 基质（25%）：Qtz+Pl+Kfs+Bi	Qtz：波状消光，单晶石英条带，BLG+SGR Fsp：微破裂，BLG		400～500	2.18	27.6	0.97
G004A3	同剪切糜棱质岩脉	斑晶（20%）：Pl+Kfs 基质（80%）：Qtz+Pl+Kfs+Bi+Ms+Epi	Qtz：拉长，波状消光，矩形石英条带，SGR Fsp：微破裂，BLG+SGR	棱面<a>滑移	400～500	2.53	23.7	0.95
G009A2	二长花岗质糜棱岩	斑晶（40%）：Qtz+Pl+Kfs 基质（60%）：Qtz+Pl+Kfs+Ms+Bi	Qtz：波状消光，SGR+GBM Fsp：微破裂，BLG	棱面<a>滑移	400～500	2.93	20.9	0.94
G021A1	二长花岗质糜棱岩	斑晶（15%）：Kfs 基质（85%）：Qtz+Pl+Kfs+Ms	Qtz：波状消光，矩形石英条带，SGR Fsp：微破裂，BLG+SGR	柱面<a>滑移	400～500	3.29	15.4	0.85
G008A1	二长花岗质糜棱岩	斑晶（25%）：Qtz+Pl+Kfs 基质（75%）：Qtz+Pl+Kfs+Bi+Ms+Ru+Epi	Qtz：波状消光，多晶石英条带，SGR+GBM Fsp：微破裂，BLG	棱面<a>滑移	400～500	3.36	18.3	0.92
G010A2	二长花岗质超糜棱岩	斑晶（10%）：Kfs 基质（90%）：Qtz+Pl+Kfs+Ms	Qtz：波状消光，单晶石英条带，SGR Fsp：微破裂，BLG+SGR	棱面<a>滑移	400～500	4.13	12.2	0.82
G033A1	二长花岗质超糜棱岩	斑晶（10%）：Kfs 基质（85%）：Qtz+Pl+Kfs+Ms+Ru	Qtz：SGR+GBM Fsp：微破裂，SGR		400～500	4.98	10.1	0.79
G010B4	同剪切晚期岩脉	Qtz+Pl+Kfs	Qtz：波状消光，微破裂 Fsp：微破裂	—	—	—	—	—

注：Qtz-石英；Pl-斜长石；Kfs-钾长石；Fsp-长石；Bi-黑云母；Ms-白云母；Epi-绿帘石；Ru-金红石；Amp-角闪石；BLG-膨凸重结晶；SGR-亚颗粒旋转重结晶；GBM-颗粒边界迁移重结晶；R_s-有限应变轴率；α-有限应变椭球体长轴和剪切带边界的夹角；W_n-截面运动学涡度。

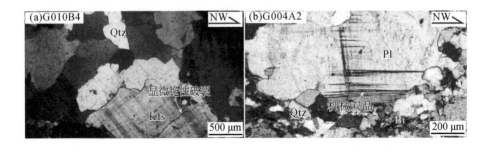

图 4.4 鲁西青邑韧性剪切带代表性糜棱岩和超糜棱岩样品正交偏光镜下照片

(a) 弱变形的同剪切晚期脉体中，长石发育显微脆性破裂；(b) 初糜棱岩中，长石颗粒发育机械双晶；(c) 糜棱岩中，长石颗粒发育膨凸重结晶；(d) σ 型钾长石旋转碎斑，其拖尾指示了右行剪切方向；(e) 石英颗粒发育亚颗粒旋转重结晶和颗粒边界迁移重结晶；(f) 超糜棱岩中，长石颗粒发育亚颗粒旋转重结晶；(g) 多晶石英条带和拉长的石英颗粒；(h) 矩形石英条带。Qtz-石英；Pl-斜长石；Kfs-钾长石；Mc-微斜长石；Bi-黑云母；Ms-白云母；BLG-膨凸重结晶；SGR-亚颗粒旋转重结晶；GBM-颗粒边界迁移重结晶

4.2 分析测试方法

本研究从青邑韧性剪切带共采集了 13 块具有代表性的样品，对其进行运动学涡度、EBSD 和年代学分析（表 4.1）。各个样品的位置（样品号前 4 位）也在图 4.1 中进行了标注。这些样品包括 5 件初糜棱岩（G004C1，G025A4，G010A3，G036A1，G042A1），3 件糜棱岩（G009A2，G021A1，G008A1）和 2 件超糜棱岩（G010A2，G033A1）。此外，采集的样品中还包括 1 件同剪切初糜棱质岩脉（G004A2）和 1 件同剪切糜棱质岩脉（G004A3）以及 1 件同剪切晚期岩脉（G010B4）。

4.2.1 运动学涡度计算

自然变形剪切带，可能受到纯剪切作用，或者受到简单剪切作用，但大多数韧性剪切带的剪切作用类型比较复杂，为纯剪切和简单剪切共同作用的结果。对于复杂的变形过程，很难去分析其变形机制。运动学涡度（kinematic vorticity number，W_k）这一概念便引入地球科学中，其来源于流体力学，表示角速度和线速度的比值（Means et al.，1980）。在一般剪切作用中，常用截面运动学涡度（sectional kinematic vorticity，W_n）来表示涡度侧平面上纯剪切和简单剪切组分的比值（Xypolias，2010；Fossen，2016）。一般来说，在单斜流动条件下，当仅发生平面应变和无体积损失时，W_k 与 W_n 相等（图 4.5；Graziani et al.，2021）。

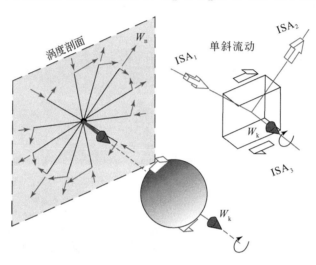

图 4.5　涡度矢量方位以及单斜流动中瞬时拉伸轴方位示意图（修改自 Xypolias，2010）

红色箭头代表角速度；蓝色箭头代表线速度。W_k-运动学涡度；W_n-截面运动学涡度；ISA-瞬时拉伸轴

在剪切变形过程中，存在两个非旋转方向，称为特征方向（egigenvector）或流脊（flow apophyses）（张进江和郑亚东，1995，1997；Zhang and Zheng，1997；侯泉林，2018）。Bobyarchick（1986）指出，可以通过两个流脊的角度来计算 W_n，其公式为

$$W_n = \cos v \qquad (4.1)$$

式中，v 为两个流脊的夹角。当两个流脊垂直时，$v=90°$，$W_n=0$，此时只有纯剪切。当两个流脊平行时，$v=0°$，$W_n=1$，此时只有简单剪切（Passchier，1987，1988）。而当纯剪切与简单剪切各占一半时，W_n 在 0.71～0.75 之间，即为"纯剪倾向性"（Tikoff and Fossen，1993）。此外，刘江等（2012）指出，W_n 也可以由以下公式计算：

$$W_n = \cos\{\arctan\,(1-R_s \times \tan 2\alpha)\,/\,[(1+R_s)\times\tan\alpha]\} \qquad (4.2)$$

式中，R_s 为有限应变轴率；α 为有限应变椭球体长轴和剪切带边界的夹角。

目前，学者已经提出了大量的计算方法来获取剪切带的运动学涡度，包括有限应变法、临界形态因子法、拖尾形态法以及石英光轴组构结合有限应变测量法等（Xypolias，2009；张进江和郑亚东，1995，1997；Zhang and Zheng，1997；郑亚东等，2008；侯泉林，2018）。本书主要采用了有限应变法和极莫尔圆法获取青邑韧性剪切带的运动学涡度。如式（4.2）所示，有限应变法需要获取两个参数，即有限应变轴率（R_s）以及有限应变椭球体长轴和剪切带边界的夹角（α）。其中，R_s 可以通过 Fry 法获得（Fry，1979）。

Fry 法要求选择的薄片中标志体变形前具有各向同性的特点，颗粒分布非泊松型分布，其应变方式无明显颗粒边界滑动。在 Fry 法中，将 XZ 面薄片显微照片中的应变标志体（石英颗粒）中心标出，然后将原点与每一个标志体重合，标出所有标志体的中心（图 4.6）。韩阳光等（2015）将 Fry 法有限应变测量应用到 CorelDRAW 平台上，从而简化了操作流程，同时也提高了计算精度。使用 Fry 法获得了糜棱岩的应变椭球，其轴比代表了该糜棱岩的有限应变轴率 R_s（图 4.6）。需要说明的是，由于石英颗粒普遍经历了重结晶作用，测量的 R_s 仅能代表剪切变形晚期有限应变的最后增量（Passchier and Trouw，2005）。在青邑韧性剪切带中，XZ 面上的 S 面理可以大致代表有限应变椭球体的长轴方向（Lister and Snoke，1984；Fossen，2016）。C 面理走向与剪切带延伸方向大致平行，可知 C 面理与剪切带边界大致平行。因此，α 角可通过 S-C 组构夹角获得，再运用式（4.2）即可获得运动学涡度值。

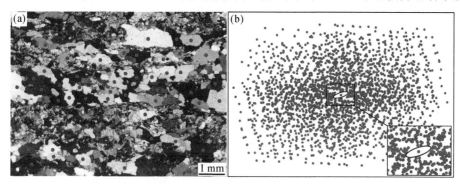

图 4.6　鲁西青邑韧性剪切带糜棱岩微观照片及变形石英颗粒中心点（a）和石英颗粒有限应变 Fry 法图解（b）

本书采用的另一个方法是极莫尔圆法，根据 α 角和 R_s 构建极莫尔圆，从而获得剪切带的运动学涡度和其他信息（张进江和郑亚东，1995，1997；Zhang and Zheng，1997）。本书采用了张进江和郑亚东（1995）提出的第一种方法：任取一点为原点 O，以 R_s 长度取 R 点连接 OR，取 OR 上一点 Q，以 Q 为圆心，以 $(R_s-1)/2$ 为半径作圆，点 R 位于圆上。以 R 为定点，顺时针作角 α，与圆交于点 B，连接 OB，线 OB 与圆交于另一点 A，点 A 与点 B 分别是 $(\xi_1, 0)$ 和 $(\xi_2, 0)$，这两个点分别代表剪切中方向保持不变的两个特征向量。过点 B 作与线段 AB 垂直的直线，与圆交于点 S_0，S_0（S_0，ψ_0）即为锚点。以 S_0 为顶点，作角 AS_0B，该角即为 ν，运用式（4.1）即可求出运动学涡度值。通过有限应变测量法和极莫尔圆法，本书可以获取研究区剪切变形晚期运动学的涡度值。

4.2.2　电子背散射衍射测量

电子背散射衍射（EBSD）技术广泛应用于材料科学领域，自其被引入变形矿物研究以来，已经成为构造地质学岩石组构分析的常规方法（徐海军等，2007；张青和李馨，2021）。EBSD 通过结合扫描电子显微镜（SEM）和电子背散射衍射（EBSD）仪来获取矿物 CPO 数据。当电子束轰击倾斜放置（通常为 70°）的样品时，部分电子入射方向会与晶面满足布拉格衍射方程，其衍射产生的电子被电子背散射衍射（EBSD）仪接收，在荧光屏上产生两条近于平行的直线，它们被称为菊池条带（图 4.7）。每组晶面会形成其对应的菊池条带，从而组成了该晶体的电子背散射衍射花样（EBSP）。通过对比样品 EBSP 信号并与数据库进行匹配，从而获得矿物种类和三维空间取向等信息。

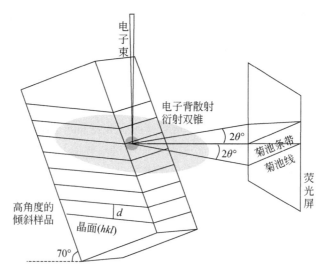

图 4.7　入射电子束轰击晶体表明产生菊池条带示意图（修改自徐海军等，2007）

在野外采集糜棱岩定向样品，将样品沿着 *XZ* 磨制定向薄片，在这些薄片上采集石英颗粒的 CPO 数据（图 4.8）。本书对 8 块初糜棱岩和糜棱岩样品（G004C1，G004A2，G010A3，G004A3，G009A2，G021A1，G008A1 和 G010A2）进行 EBSD 分析。CPO 数据的测量在北京大学地球与空间科学学院造山带与地壳演化教育部重点实验室进行，使用 FEI FEG-650 SEM 完成。将薄片进行缓慢抛光，然后使用粒径为 500 nm 的胶态二氧化硅悬浮液研磨约 2 h。接下来，将薄片以 70°的倾角使其岩石线理方向平行于 SEM 的 *X* 轴方向放入 SEM 仓

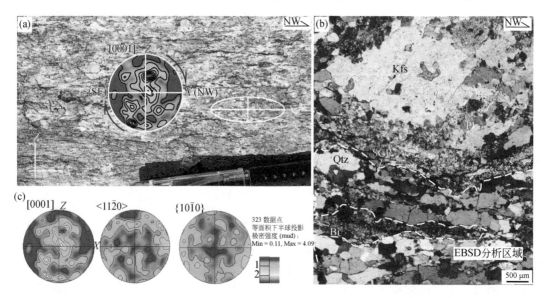

图 4.8　野外采集糜棱岩定向样品（a）、沿 *XZ* 磨制定向薄片，采集薄片上石英颗粒 CPO 数据（b）和获取样品石英组构模式图（c）

BLG-膨凸重结晶；SGR-亚颗粒旋转重结晶；Qtz-石英；Kfs-钾长石；Bi-黑云母；Pl-斜长石；Min 为最小值；Max 为最大值

中。在 20 kV 的低加速电压和 18～20 mm 的光束工作距离下获得电子背散射模式图。将衍射图案投射到荧光屏上并使用数字 CCD（charge-coupled device）相机记录。使用 HKL Channel 5 软件包进行 EBSP 分析。运用手动逐粒测量的方法对每个样品中 250～300 个石英晶体进行测量，并目视检查每个取向的衍射图案与数据库相匹配。运用等面积、下半球投影的方法将石英的 CPO 数据进行投图。

4.2.3　锆石 LA-ICP-MS U-Pb 测试

本书选取了 4 个样品，包括 2 个初糜棱岩样品（G025A4，G042A1），1 个糜棱岩样品（G008A1）和 1 个同剪切晚期脉体样品（G010B4）。将采集的样品进行预处理，使用标准密度和磁性技术分离用于 U-Pb 定年的锆石颗粒，然后在双目显微镜下手工挑选。将挑选出的锆石颗粒安装在环氧树脂盘上，抛光至颗粒厚度的一半。测年之前，在北京大学地球与空间科学学院造山带与地壳演化教育部重点实验室使用 SEM 获得阴极发光（CL）图像，然后使用 Agilent 7500 激光剥蚀电感耦合等离子体质谱仪（LA-ICP-MS）和 GeoLas 193 nm 激光对 4 个代表性样品进行锆石 U-Pb 同位素测年和原位微量元素分析。使用氦气流通可以传输烧蚀颗粒，并减少烧蚀部位沉积。激光束的直径为 44 μm，频率为 10Hz。使用年龄为 1065.4±0.3 Ma 的 $^{207}Pb/^{206}Pb$ 的 Harvard 锆石 91500 作为主要外标，使用年龄为 337.13±0.37 Ma 的锆石 Plešovice 作为次要外标（Wiedenbeck et al.，1995；Slama et al.，2008）。使用 NIST610 作为外标计算分析锆石晶粒中 U、Th、Pb 和其他微量元素的含量。使用 GLITTER 程序计算 $^{207}Pb/^{206}Pb$、$^{207}Pb/^{235}Pb$ 和 $^{206}Pb/^{238}U$ 值，并使用 Anderson（2002）中报道的方法校正普通 Pb。使用 Isoplot（ver. 3.0）软件进行年龄计算及谐和图绘制（Ludwig，2003）。单个 LA-ICP-MS 分析点的表观年龄不确定性在 1σ 以内，而计算年龄的误差在 2σ 以内，置信度为 95%。

4.2.4　云母 $^{40}Ar/^{39}Ar$ 测试

本书对糜棱岩样品 G009A2 的白云母和同剪切晚期岩脉样品 G010B4 的黑云母进行了 Ar/Ar 定年。对样品进行预处理，手工挑取云母颗粒，且对它们用去离子水和丙酮进行清洗，将样品称重，并装入铝包中进行辐照。首先在美国俄勒冈州立大学铀氢锆（TRIGA）反应堆的 CLICIT 设备中，对云母颗粒进行了 60MW·h 的照射。照射后，将云母颗粒从铝包中取出，并放入锡箔包中。然后在澳大利亚墨尔本大学稀有气体实验室使用传统双真空钽电阻炉进行 $^{40}Ar/^{39}Ar$ 逐级加热分析，该电阻炉连接到带有 Daly 和 Faraday 探测器的 VG3600 质谱仪。详细分析过程可以参照 Lu 等（2015）的描述。依照 Lee 等（2006）对大气氩成分进行假设，报告的数据已针对系统本底、质量误差、通量梯度和大气污染进行了校正。除非另有说明，与年龄测定相关的误差是一个标准偏差。年龄计算根据的是 Steiger 和 Jäger（1977）的衰减常数。$^{40}Ar/^{39}Ar$ 测年技术的描述可以参照 McDougall 和 Harrison（1999）。

4.3 运动学涡度及石英组构特征

4.3.1 运动学涡度特征

本书对 12 件糜棱岩样品进行了有限应变测量和运动学涡度分析,并绘制了其极莫尔圆图解(图4.9,图4.10)。有限应变测量结果表明,初糜棱岩有限应变 R_s 为 1.37~2.18,S-C组构夹角 α 为 27.1°~37.5°;糜棱岩 R_s 为 2.93~3.36,α 为 15.4°~20.9°;超糜棱岩 R_s 为 4.13~4.98,α 为 10.1°~12.2°(表4.1,图4.9)。需要指出的是,糜棱岩的重结晶作用会对剪切末期应变增量产生不同程度的影响(Passchier and Truow,2005)。由于本书的应变测量都是在重结晶颗粒上进行的,获得的应变值代表了同一剪切末期应变增量下的最小应变估算值。可见,随着糜棱岩化程度增加,R_s 不断升高,α 不断降低。可以将 R_s 和 α 代入式(4.2),进而获得样品的运动学涡度。随着糜棱岩化程度增强,运动学涡度(W_n)呈现显著下降的趋势。初糜棱岩 W_n 为 0.96~0.99,糜棱岩 W_n 为 0.85~0.94,超糜棱岩 W_n 为 0.79~0.82(表4.1)。运用 R_s 和 α 可以进一步构建极莫尔圆图解,通过测量两条流脊的夹角(ν),运用式(4.1)同样可以获得样品运动学涡度(图4.10)。通过有限应变法和极莫尔圆法获得的涡度基本一致。此外,两条流脊 ξ_1 大于 ξ_2,表明剪切带在变形过程中厚度减薄(图4.10)(Zhang and Zheng,1997)。ε/γ 代表了正应变速率和剪切速率的比值,该比值在 0.05~0.4,并且随着涡度值的下降不断增加。ξ_2/L 代表了剪切变形前后的厚度变化,其值在于 0.44~0.97,表明随着 W_n 的下降,剪切带厚度不断减薄(图4.10)。以上特征表明,鲁西地区的青邑韧性剪切带主要受简单剪切控制,具有水平走滑特征,剪切过程中不断有纯剪切分量参与,压扭作用导致剪切带发生水平缩短和垂向增厚。

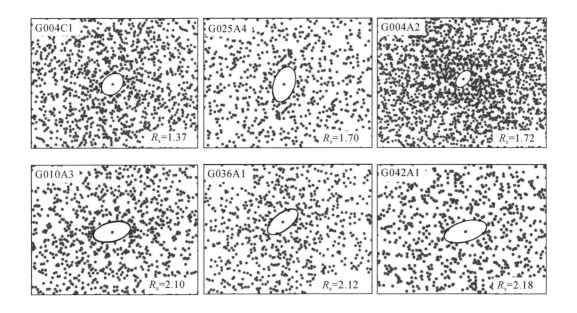

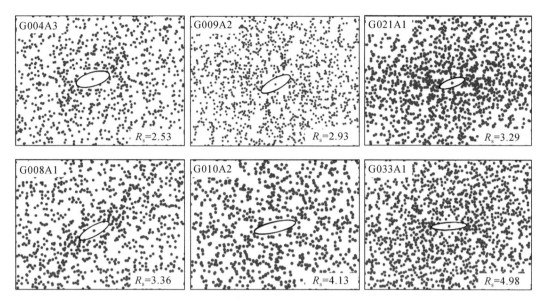

图 4.9　鲁西青邑韧性剪切带糜棱岩样品薄片 Fry 图

其中应变椭球体用黑线标出

　　水平轴代表剪切面；竖直轴代表非旋转面；点（ξ_1，0）和（ξ_2，0）为两个流脊方向的变形；点（S_0，Ψ_0）为锚点，代表与剪切面平行的标志体的变形情况；ε 和 γ 分别代表正应变速率和剪应变速率；L 代表极莫尔圆圆心向极坐标轴的投影。

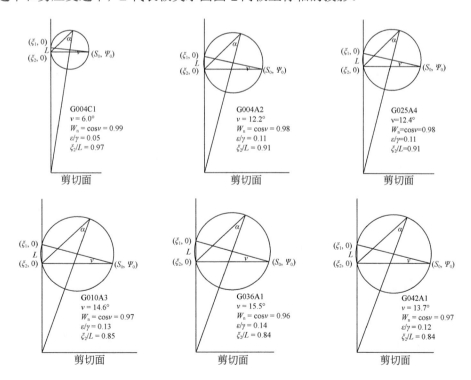

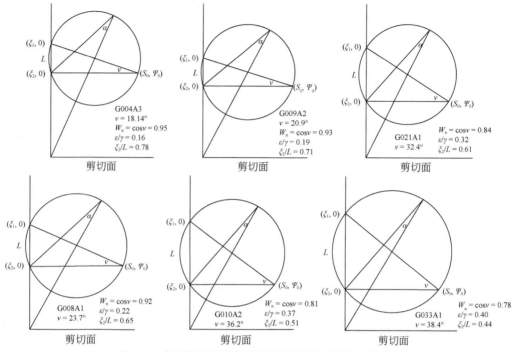

图 4.10　鲁西青邑韧性剪切带糜棱岩样品极莫尔圆图解

4.3.2　石英组构特征

本书获得了 8 件样品的石英组构数据。结果表明，尽管大多数样品发生轻微的旋转，但是其 CPO 组构仍然较为清晰。样品的石英 c 轴 [0001] 组构模式以单一环带或者Ⅰ型交叉环带为主（Behrmann and Platt，1982；图 4.11）。样品的 a 轴和 m 面具有大圆环带特征

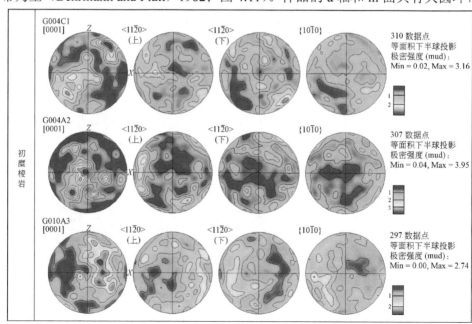

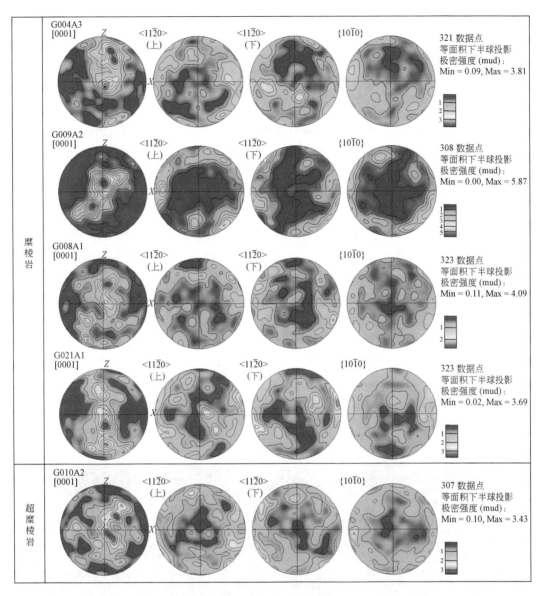

图 4.11　鲁西青邑韧性剪切带糜棱岩样品石英组构模式图

Min 为最小值；Max 为最大值。组构模式图为等面积下半球投影

（图 4.11）。在初糜棱岩 G004C1 中，石英 c 轴表现为对称的交叉环带以及靠近 Z 轴和 X 轴的极密特征，指示了底面<a>滑移占主导（Takeshita and Wenk，1988；Morales et al.，2011）。大多数初糜棱岩、糜棱岩和超糜棱岩的 c 轴包含两个偏离中心的靠近 YZ 面的极密，指示了棱面<a>滑移占主导（Toy et al.，2008）。超糜棱岩样品 G010A2 发生了轻微的旋转并表现为不对称性，表明其可能受到右行剪切的改造。在糜棱岩样品 G021A1 中，c 轴极密靠近 Y 轴，a 轴和 m 面发育大圆环带，表明其主要发育柱面<a>滑移控制。这些石英 c 轴组构特征指示了中温变质环境。

4.4　年代学特征

4.4.1　锆石 U-Pb 年代学特征

本书对 4 件样品进行了锆石 U-Pb 年代学测试。本书采用的主要外标和次要外标的上交点年龄分别为 1064±10 Ma（MSWD=0.3）和 338.2±8.2 Ma（MSWD=0.087），这与 Wiedenbeck 等（1995）和 Slama 等（2008）所获得的年龄基本一致。

3 件糜棱岩样品的锆石表现为长轴、棱柱或椭圆状，其长度为 120～500 μm，长宽比为 1.2∶1～3.2∶1（图 4.12）。根据 CL 图像可知，多数锆石发育岩浆振荡环带，并带有较窄的亮边［图 4.12（a）：点 22 和 24］。一些锆石发育核幔结构［图 4.12（a）：点 08］，可能受到了后期变质作用的影响。几乎所有锆石的 Th/U 值都高于 0.5，表明其为岩浆作用产生（Hoskin and Schaltegger，2003）。样品 G025A4、G042A1 和 G008A1 的上交点年龄分别为 2528±9 Ma（MSWD=0.98）、2523±12 Ma（MSWD=0.16）以及 2557±13 Ma（MSWD=1.3）；其加权平均年龄分别为 2525±9 Ma（MSWD=0.57）、2524±12 Ma（MSWD=0.27）以及 2557±22 Ma（MSWD=0.44）（图 4.13）。这些样品的加权平均年龄代表了其原岩的结晶年龄。根据 CL 图像，样品 G010B4 的锆石表现为短柱状或棱柱状，其长度为 150～300 μm，长宽比为 1.5∶1～3∶1（图 4.12）。其锆石颗粒都发育振荡环带［图 4.12（d）：点 06 和 12］，Th/U 为 0.38～3.53，表明岩浆成因。24 个点构成不谐和线，其与谐和线上交点年龄为 2501±19 Ma（MSWD=0.22）。9 个位于谐和线上的点产生加权平均年龄为 2501±15 Ma（MSWD=0.27），此即为该样品的结晶年龄（图 4.13）。

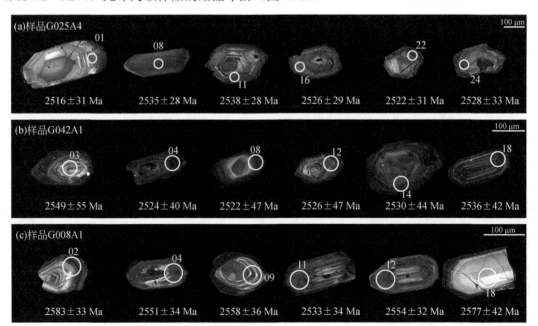

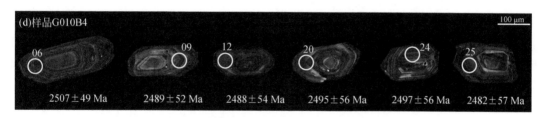

图 4.12　鲁西青邑韧性剪切带糜棱岩和脉体代表性锆石阴极发光图像

这些带有数字的圆圈代表分析点。(a) 样品 G025A4（二长花岗质初糜棱岩）；(b) 样品 G042A1（二长花岗质初糜棱岩）；(c) 样品 G008A1（二长花岗质糜棱岩）；(d) 样品 G010B4（同剪切晚期岩脉）

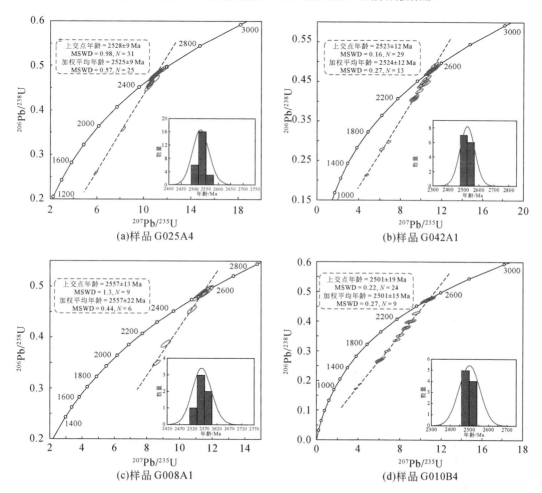

图 4.13　鲁西青邑韧性剪切带糜棱岩和脉体锆石 U-Pb 年龄图

图件中插入的每个样品 $^{207}Pb/^{206}Pb$ 年龄直方图：(a) 样品 G025A4（二长花岗质初糜棱岩）；(b) 样品 G042A1（二长花岗质初糜棱岩）；(c) 样品 G008A1（二长花岗质糜棱岩）；(d) 样品 G010B4（同剪切晚期岩脉）

4.4.2　云母 Ar/Ar 年代学特征

本书对一个糜棱岩样品（G009A2）和一个同剪切晚期脉体（G010B4）运用云母 Ar/Ar 逐级加热技术进行分析。根据岩石薄片微观照片可知，G009A2 中的白云母颗粒与面理基本平行，G010B4 中黑云母定向性较弱（图 4.14）。$^{40}Ar/^{39}Ar$ 年龄谱如图 4.15 所示。样品 G009A2 白云母年龄谱表现为台阶状特征，没有产出坪年龄（图 4.15）。随着温度升高，年龄谱一开始表现为较低的表观年龄（约 1800 Ma），之后上升到约 2300 Ma。该样品总气体年龄为 2135±14 Ma（2σ），与高温坪（10～13）表观年龄相似。样品 G010B4 黑云母年龄谱较平缓，产生了坪年龄为 1878±3 Ma（2σ，MSWD=0.92），包含 40.1%的 ^{39}Ar 释放和 4 个年龄坪（图 4.15）。其总气体年龄为 1871±11 Ma（2σ），与坪年龄基本一致。

图 4.14　鲁西青邑韧性剪切带样品云母微观特征图

Ms-白云母；Bi-黑云母

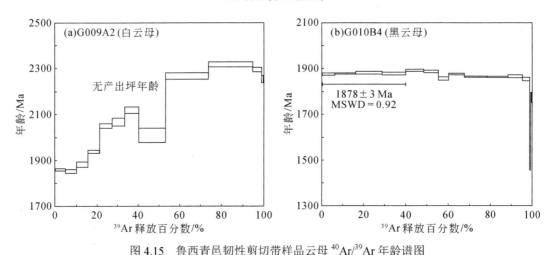

图 4.15　鲁西青邑韧性剪切带样品云母 $^{40}Ar/^{39}Ar$ 年龄谱图

4.5　鲁西韧性剪切带的大地构造意义

4.5.1　剪切变形温度

估算剪切变形温度对研究剪切带动力学十分重要（Wintsch and Yeh，2013；Fossen and Cavalcante，2017）。尽管研究表明，有多种因素可以影响显微构造和石英组构，但是将岩石矿物组合、显微构造和石英组构模式结合起来仍有助于推断鲁西地区青邑韧性剪切带的变形温度（表 4.1，图 4.11）。

在初糜棱岩中，石英颗粒主要表现为波状消光、拉长石英条带以及 BLG 和 SGR（图 4.4）。长石颗粒表现为机械双晶和 BLG。石英 CPO 模式为底面<a>滑移或者棱面<a>滑移（图 4.11）。在糜棱岩和超糜棱岩中，石英颗粒发育多晶石英条带和矩形石英条带（图 4.4），其重结晶机制为 SGR 和 GBM，而长石重结晶机制为 SGR。石英 CPO 组构为棱面<a>滑移和柱面<a>滑移（图 4.11）。显微构造表明青邑韧性剪切带变形机制为位错蠕变（Passchier and Trouw，2005），该剪切带应力和应变速率可假定为一般剪切带的范围（Stipp et al.，2002a）。上述显微构造和 CPO 模式表明，青邑韧性剪切带变形温度为 400～500 ℃。此外，岩相学观察表明，糜棱岩主要由石英、斜长石、钾长石、微斜长石、白云母和黑云母构成（图 4.4），这与 400～500 ℃的变质矿物组合相符合。因此，本书认为该剪切带处于高绿片岩相的变质环境中。

4.5.2　剪切变形时间

前人主要根据鲁西地区青邑韧性剪切带周围未变形的侵入体，推断该剪切带变形时代为新太古代晚期（王新社等，2005）。然而，由于缺乏精确的年代学数据，这一剪切变形时间的假设仍需进一步探讨。

封闭温度对于解释变形事件的年代学数据至关重要（Dodson，1973）。由于青邑韧性剪切带变形温度为 400～500 ℃，而锆石的封闭温度为 700～900 ℃（Suzuki et al.，1994），这表明花岗质糜棱岩中，锆石 U-Pb 年龄可视为原岩结晶年龄，并且几乎不会受到剪切事件的影响。3 个糜棱岩样品 G025A4、G042A1 和 G008A1 的年龄将剪切年龄的下限控制在了 2524 ± 12 Ma（图 4.13）。对于样品 G010B4，其在宏观上发育与糜棱面理一致的弱面理 [图 4.3（b）]，微观上没有发育面理构造 [图 4.4（a）]。因此，推断该脉体是在剪切变形晚期侵入，其结晶年龄可以代表剪切带活动的时间。G010B4 的锆石发育良好的岩浆振荡环带，其结晶年龄为 2501 ± 15 Ma（图 4.13）。因此，结合糜棱岩和脉体年龄，本书认为，鲁西地区青邑韧性剪切带的精确活动时间为新太古代末期约 2.501 Ga。

青邑韧性剪切带的变形温度比白云母（405～425 ℃）和黑云母（345～280 ℃）封闭温度都要高（Harrison et al.，1985，2009）。此外，该剪切带经历了后期复杂的构造-热事件，$^{40}Ar/^{39}Ar$ 体系可能受到影响。因此，剪切带中云母的 $^{40}Ar/^{39}Ar$ 年龄很容易被重置（Dunlap，1997；Mulch and Cosca，2004）。G009A2 中的白云母颗粒与面理基本平行，表明它们受到了韧性剪切作用的改造（图 4.14）。但是这些白云母并没有产出坪年龄，其总气体年龄为 2135 ± 14 Ma。其年龄谱呈台阶状，反映了变形期间多时代云母的混合（图 4.15）。G010B4 同样受到了构造-热事件的影响，黑云母产出坪年龄为 1878 ± 3 Ma（图 4.15）。然而，本书认为黑云母坪年龄很难用来限制剪切活动时间，主要基于以下证据：①黑云母来自同剪切晚期岩脉，为剪切晚期形成，并没有受到剪切作用改造（图 4.14）；②黑云母的封闭温度很低，很容易受到后期构造-热事件影响；③糜棱岩中白云母受到韧性剪切活动改造，其产出的总气体年龄显示剪切活动应该早于 2.135 Ga；④对鲁西其他地区韧性剪切带年代学研究得出的剪切活动时间普遍为约 2.5 Ga（王东明，2021）。Zhao 等（2004，2005，2012）指出华北克拉通在约 1.85 Ga 完成拼合和克拉通化。Hou 等（2006a，2006b，2008a）根据鲁西约 1.85 Ga 未变形未变质的岩墙证明了古元古代晚期华北克拉通的克拉通化过程。因此，本书认为，黑云母年龄表明鲁西在约 1.88 Ga 之后的中新元古代没有再发生强烈的构造−热事件，为华北克拉通的克拉通化创造了条件。

4.5.3　对鲁西新太古代大地构造演化的指示意义

新太古代末期剪切带对研究早前寒武纪微陆块的构造体制和演化过程有十分重要的意义。如前文所述，垂向的穹脊构造和水平碰撞拼贴构造体制都可以形成早前寒武纪的韧性剪切带，但是其发育的面理和线理具有不同特征（Gagnon et al.，2016；Li et al.，2017）。

尽管鲁西太古宙基底在中新生代被分割成北西向展布的盆岭构造格局，但该构造活动对剪切带初始产状影响较小（王东明，2021）。鲁西地区的青邑韧性剪切带呈北西走向，发育近于直立的面理和水平的线理。剪切带包含了多条强弱应变带，并且从剪切带中心到边缘呈不对称分布。因此，R_s 和 W_n 沿剪切带也呈现出不规则变化。运动学涡度（0.79～0.99）表明，青邑韧性剪切带主要受简单剪切作用控制，具有走滑特征（Simpson and De Paor，1993；Tikoff and Fossen，1993）。根据极莫尔圆图，剪切带厚度变化为 0.44～0.97，表明在剪切过程中有纯剪切分量参与，剪切带宽度受压扭作用影响不断变窄。青邑韧性剪切带与 Superior 克拉通的太古宙韧性剪切带的走滑部分具有十分相似的运动学特征（如 Lin，2005；Gagnon et al.，2016）。然而，青邑剪切带周围并没有大规模出露的绿岩带，以及缺失发育良好的绿岩带接触面，表明其受垂向构造体制控制的可能性较小，而更可能受水平构造作用控制。此外，近年来在中国山西恒山和冀东地区陆续发现了约 2.5 Ga 榴辉岩相的辉石岩和超高压橄榄岩，表明华北克拉通在新太古代末期就存在洋壳的俯冲和微陆块碰撞拼贴过程（Ning et al.，2022；Wu et al.，2022）。鲁西地区在新太古代末期发育壳源花岗岩和高角闪岩相变质作用，指示了微陆块碰撞拼贴（Wang et al.，2014b；Sun et al.，2020b）。因此，本书认为青邑韧性剪切带是新太古代末期水平机制下微陆块拼贴的产物。

如前文所述，鲁西在新太古代经历了十分复杂的演化历史。大量研究表明，鲁西在新太古代早期（约 2.85～2.69 Ga）受到垂向构造体制的控制（Polat et al.，2006a；Cheng and Kusky，2007；Yang et al.，2020b），处于地幔柱诱导下产生的洋内岛弧环境。在新太古代中期（约 2.68～2.58 Ga），鲁西发生了区域性的构造−热事件，这些事件导致了地壳变薄和高热流（Wan et al.，2014；Ren et al.，2016；Hu et al.，2019a）。在新太古代晚期（约 2.56～2.50 Ga），鲁西处于长期侧向增生拼贴的活动大陆边缘环境（Sun et al.，2019a，2020b；Gao et al.，2020b），地温梯度为 13～19 km/℃，比现今莫霍面地温梯度高（Sun et al.，2019b，2021）。因此，以侧向拼贴为特征的热俯冲在新太古代末期鲁西地壳的生长和演化过程中具有重要作用，鲁西地区进入水平机制为主的大陆演化阶段（Cawood，2020；Sun et al.，2021）。Zhai 和 Santosh（2011）根据华北克拉通岩浆和变质作用指出华北克拉通在约 2.5 Ga 完成了微陆块的拼合和克拉通化。鲁西地区的青邑韧性剪切带恰好就是在整个华北克拉通微陆块拼合和克拉通化大背景下鲁西微陆块拼贴的产物。鲁西地区微陆块拼合过程中形成了数条发育垂直面理和水平线理的右行走滑型韧性剪切带，并且开启了鲁西地区陆壳的生长和克拉通化进程（Zhang et al.，2022a，2023）。

第5章 古元古代变质基性岩墙
及其构造-热事件（Ⅳ）

　　前述华北克拉通的结晶基底在新太古代末期（约 2.5 Ga）基本已经完成，而对华北克拉通在古元古代（约 2.5～1.8 Ga）的地质演化过程目前还有很多争议，这关系到华北克拉通构造演化的另一个重要问题，即华北克拉通何时完成了整体的克拉通化？华北克拉通在约 2.5～2.3 Ga 发育很少的岩浆活动，因而被称为"岩浆静默期"。20 世纪 90 年代，一些地质学家在华北克拉通中部和东部分别识别出一期广泛发育的约 1.800～1.700 Ga 未变形未变质的基性岩墙群（侯贵廷等，1998b，2002；彭澎，2016），认为这是中元古代华北克拉通化后伸展的产物，并提出可与同时期其他克拉通发育的岩墙群相比较，代表了全球哥伦比亚超大陆的裂解事件（Hou et al.，2006a，2006b，2008a，2008b）。根据鲁西地区发育的约 1.85 Ga 泰山基性岩墙群（目前为止在华北克拉通测得的最老的未变形未变质的岩墙），Hou 等（2006b）提出在约 1.85 Ga 华北克拉通已基本完成克拉通化，进而对 Zhao 等（2001）提出的约 1.80 Ga 华北克拉通化的模型做了进一步的厘定，时间提前了 500 Ma。从此，赵国春将华北克拉通化的时间从 1.80 Ga 提前到了 1.85 Ga（Zhao et al.，2008；Zhao and Zhai，2013）。近十年来，部分学者在华北克拉通陆续发表了约 2.3～1.9 Ga 的变质基性岩墙成果，如徐武家、丰镇、恒山、淮安、青龙、横岭、义兴寨等地区发育的变质基性岩墙地质记录。这证明了华北克拉通在约 2.3～1.9 Ga 同样发育了一期构造-热事件（Peng et al.，2005，2010，2017；Wang et al.，2010；Han et al.，2015；Duan et al.，2015，2019；杨崇辉等，2017）。Peng 等（2010）通过对古元古代变质基性岩墙群进行的系统研究提出：①在约 2.2～1.9 Ga 时期，华北克拉通东部陆块西缘、南缘和东缘发育一条巨大的 U 形横岭岩浆岩带，其可能形成于陆内裂谷系统；②在约 1.95 Ga 时期，华北克拉通西部陆块北缘发育一条徐武家岩浆带，推测为弧后扩张构造环境。

　　本书在上述研究成果的基础上，以在鲁西地区发现的两条古元古代变质基性岩墙（卧龙峪岩墙和孟良崮岩墙）为研究对象，通过系统的野外探勘采样和室内的测试，重点分析其年代学、岩石成因及意义，并探讨鲁西地区及华北克拉通在古元古代的克拉通化过程。

5.1　卧龙峪变质基性岩墙

　　卧龙峪变质基性岩墙位于鲁西地区泰山的西北部。该区域基底主要由新太古代晚期侵入体组成，包括二长花岗岩、花岗闪长岩、英云闪长岩、石英闪长岩和闪长岩（图 5.1）。另外，两条巨大的北北西和南北向延伸的基性岩墙侵入新太古代花岗绿岩带中，其侵位年龄为约 1840～1600 Ma（Hou et al.，2006b；Li et al.，2015）。这些基性岩墙是未变形未变质的辉绿岩，指示了后期的陆内伸展环境。

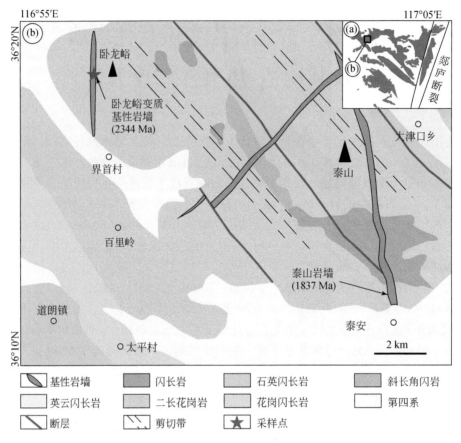

图 5.1 鲁西构造简图（a）和鲁西泰山地区地质简图与基性岩墙的分布（b）

卧龙峪变形变质基性岩墙；泰山未变形未变质基性岩墙（修改自 Hou et al.，2006b）

  卧龙峪变质基性岩墙在野外露头规模较大，与围岩具有截然的界线，在平面上呈线状延伸。该变质岩墙发生了微弱的变形和绿片岩相的变质作用，侵入约 2.5 Ga 的二长花岗岩中（Wan et al.，2010；图 5.2）。该岩墙呈南北向延伸，走向稳定，宽度超过 50 m；整个岩墙向西倾，倾角为 50°～70°，产状较陡。在岩墙和围岩接触带缺乏明显的冷凝边和烘烤边（图 5.2）。本书沿着卧龙峪变质岩墙的出露区域采集了 14 件变质岩墙的样品（WLY01 到 WLY14）和 1 件围岩样品（TTG01）。本书对采集的样品进行了微观构造观察、SHRIMP 和 ICP-MS 年代学分析、全岩地球化学分析和 Sm-Nd 同位素分析。

  岩相学分析表明，该变质基性岩墙主要由斜长石、绿泥石、阳起石、黑云母以及磁铁矿组成，指示了绿片岩相的变质环境（图 5.3）具有辉绿结构，遭受了很强的蚀变作用。其颗粒粗大，呈现出粒状变晶结构、块状构造，推测原岩可能由斜长石（60%）和辉石（40%）组成，为辉绿岩岩墙。斜长石颗粒蚀变为绢云母，辉石颗粒蚀变为阳起石、绿泥石、磁铁矿、黑云母以及绿帘石。二长花岗片麻岩围岩主要由石英（40%～45%）、斜长石（25%～

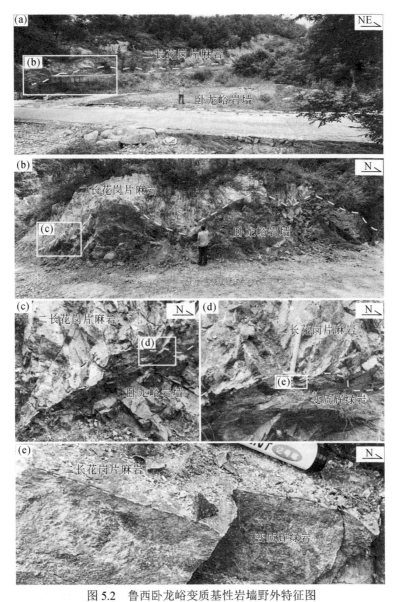

图 5.2　鲁西卧龙峪变质基性岩墙野外特征图

（a）卧龙峪变质基性岩墙野外露头；（b）～（e）卧龙峪变质基性岩墙与二长花岗片麻岩围岩界线

图 5.3　鲁西卧龙峪变质基性岩墙样品正交偏光镜下岩相图

Pl-斜长石；Chl-绿泥石；Act-阳起石；Mt-磁铁矿；Bi-黑云母

30%)、钾长石（20%～25%）和黑云母（5%～10%）组成，伴生有锆石、磷灰石和磁铁矿等副矿物。

5.1.1　卧龙峪变质基性岩墙的 SHRIMP 斜锆石 U-Pb 定年

本书在鲁西地区的卧龙峪变质基性岩墙样品 WLY02 中挑选出了斜锆石，这对于基性岩墙定年是十分可靠的。我们对斜锆石开展了 U-Pb 高精度年代学分析。使用标准密度法和磁性技术法分离出用于 U-Pb 测年的斜锆石颗粒，然后在双目显微镜下进行手工挑选。在分析测试之前，通过 SEM 获得斜锆石颗粒的阴极发光图像。在中国地质科学院地质研究所北京离子探针中心的 SHRIMP II 仪器上进行斜锆石 U-Pb 同位素测年。详细的分析过程和环境可以参照 Williams（1998）。在分析测试之前，对每个安装座进行彻底清洁，并在真空环境下镀上 5 nm 厚的导电金。初次 O^{2-} 光束的强度约为 5 nA，光斑尺寸约为 24 μm。在分析测试之前，将每个测试点进行 3 min 光栅化，目的是去除表面的 Pb 杂质。对每个测试点进行了 5 次扫描，从而确保获得每个斜锆石的年龄。使用年龄为 2059.6 Ma 的 Phalaborwa 标准斜锆石和年龄为 417 Ma 的 Temora 标准锆石的 Pb^+/U^+ 和 UO^+/U^+ 幂律关系来校准 Pb^+/U^+ 值（Black et al.，2003；Heaman，2009）。使用测得的 ^{204}Pb 丰度进行普通 Pb 校正。使用 SQUID 2.5 和 ISOPLOT 4.0 程序进行数据处理（Ludwig，2003）。使用 $^{207}Pb/^{206}Pb$ 年龄从而避免斜锆石的晶体取向效应干扰（Wingate and Compston，2000）。图 5.4 中同位素比值的不确定度以 1σ 形式给出，而加权平均年龄的不确定度为 95% 的置信水平。

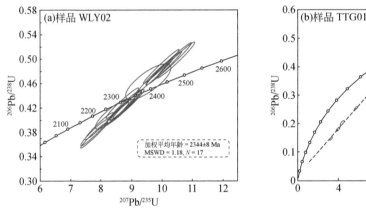
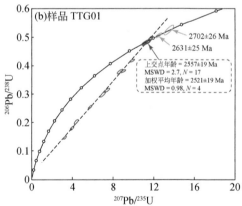

图 5.4　鲁西卧龙峪变质基性岩墙 SHRIMP 斜锆石年龄谐和图（a）和鲁西卧龙峪变质基性岩墙二长花岗质片麻岩围岩 ICP-MS 锆石谐和年龄图（b）

从变质基性岩墙的样品 WLY02（36°17′10.93″N，116°58′29.54″E）中挑选出了约 200 颗斜锆石颗粒，此外一同挑出的还有不到 20 颗捕获锆石颗粒。本书使用 SHRIMP 对斜锆石进行 U-Pb 年龄分析。从 CL 图像中可以看出，斜锆石颗粒呈半自形到自形，具有板条状或棱柱状，其长度为 40～100 μm，长宽比为 1∶1～3∶1［图 5.5（a）］。在 CL 图像中，它们通常具有弱发光或者平行的条纹［如图 5.5（a）：点 11，13，30］。

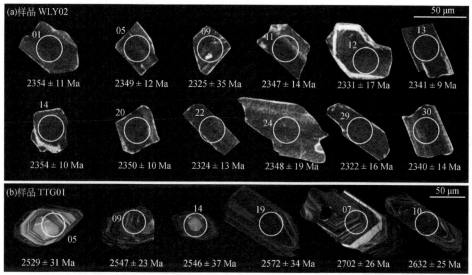

图 5.5　鲁西卧龙峪变质基性岩墙辉绿岩样品 WLY02 的斜锆石（a）和二长花岗质片麻岩围岩样品 TTG01 的锆石（b）阴极发光照片

本书对 30 个较大的斜锆石进行了 30 个点位分析。分析结果表明，这些斜锆石的 U 含量为 68～445 ppm，Th/U 值在 0.02～0.53 之间。其中，13 个分析点由于具有较高的不谐和度或者高 Th/U 值，从加权平均年龄计算中排除。剩下的 17 个分析点产生 $^{207}Pb/^{206}Pb$ 加权平均年龄为 2344±8 Ma（MSWD=1.18）[图 5.4（a）]。前文已述，斜锆石定年过程中晶体取向效应不会对 $^{207}Pb/^{206}Pb$ 年龄产生明显影响（Wingate and Compston，2000）。因此，本书认为 2344±8 Ma 代表了该变质辉绿岩墙的结晶年龄。

5.1.2　围岩锆石的 LA-ICP-MS U-Pb 定年结果

从二长花岗质片麻岩样品 TTG01 中挑选了约 400 颗锆石进行 LA-ICP-MS 年代学测试。在 CL 图像中，锆石颗粒表现为长条或者棱柱状，其长度为 80～200 μm，长宽比为 2∶1～4∶1[图 5.5（b）]。大多数锆石表现出明显的岩浆振荡环带，另外部分锆石具有核幔结构[如图 5.5（b）：点 07]。大多数锆石的 Th/U 值大于 0.5，表明它们主要由岩浆作用形成（Hoskin and Schaltegger，2003）。本书对 25 个锆石颗粒进行了 25 个点位分析。8 个点位偏离了视年龄因而从年龄计算中排除。它们中，点 7 和点 10 投到了谐和线上，其 $^{207}Pb/^{206}Pb$ 视年龄分别为 2702±26 Ma 和 2632±25 Ma。这两个锆石颗粒可能是在岩浆上升或者侵位期间从围岩中捕获的。剩下的 17 个分析点形成了不谐和线，其上交点年龄为 2557±19 Ma（MSWD=2.7）。4 个分析点投到了谐和线上，产生的加权平均年龄为 2521±19 Ma（MSWD=0.98）[图 5.4（b）]，该年龄代表了二长花岗片麻岩的结晶年龄。

5.1.3　卧龙峪变质基性岩墙的地球化学特征

1. 元素活动性分析

岩相学分析表明，卧龙峪变质基性岩墙经历了绿片岩相变质作用和不同程度的蚀变。

因此，有必要评估变质作用和蚀变作用对该岩墙地球化学的影响。变质基性岩墙样品具有较低的烧失量（LOI），为 1.55%～2.66%。在样品主量元素与 MgO 二元关系图中，大多数主量元素含量随 MgO 含量的增长变化不大或呈线性相关（图 5.6），表明变质和蚀变对卧龙峪变质基性岩墙主量元素影响很小。Zr 通常被看作变质和蚀变期间最稳定的元素之一（Gibson et al.，1982），可以用其他微量元素与 Zr 的关系来评估它们的活动性。卧龙峪变质基性岩墙样品中 Zr 与其他微量元素二元关系如图 5.7 所示。高场强元素（HFSE）、稀土元素（REE）、一些碱土金属元素与 Zr 基本呈线性关系（图 5.7），表明这些元素在变质和后期蚀变过程中基本保持稳定。然而，某些大离子亲石元素（如 Rb）在二元关系图中分布杂

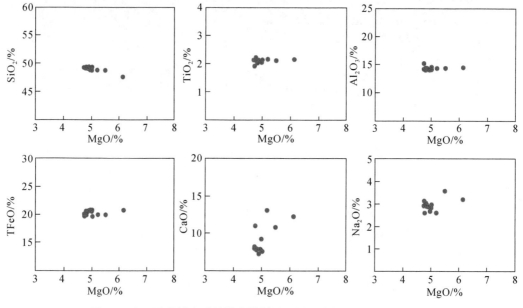

图 5.6　鲁西卧龙峪变质基性岩墙样品主量元素与 MgO 二元关系图

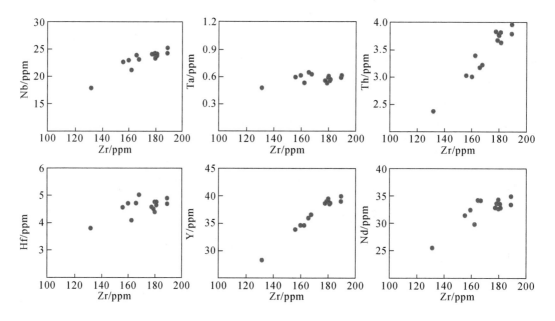

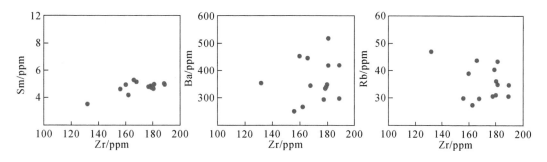

图5.7　鲁西卧龙峪变质基性岩墙样品微量元素与 Zr 二元关系图

乱（图 5.7），表明它们的活动性较强。因此，上述的相对不活动元素可用于变质基性岩墙的岩石成因学和地球化学的研究。

2. 全岩主量和微量元素特征

基于岩相学初步推测鲁西地区卧龙峪变质基性岩墙为变质辉绿岩。其样品的 SiO_2 为 46.10%～48.42%，其 Al_2O_3、CaO 和 TFeO 分别为 13.69%～14.87%，6.81%～8.29%以及 14.12%～15.80%。样品具有较低的 MgO（4.62%～5.94%）和 $Mg^{\#}$（33～38）。根据 CIPW（Cross，Iddings，Pirsson，Washington）标准矿物计算可知，样品主要由斜长石（44.54%～52.12%）、正长石（4.79%～8.16%）、透辉石（9.28%～12.93%）、紫苏辉石（5.59%～25.28%）、橄榄石（1.25%～20.22%）、钛铁矿（3.72%～4.16%）、磁铁矿（2.38%～2.62%）、磷灰石（0.74%～1.09%）、锆石（0.03%～0.04%）和铬铁矿（0.01%）组成。因此，可以断定该变质基性岩墙的原岩为辉绿岩。我们将泰山约 1.85 Ga 未变形未变质的基性岩墙样品（Hou et al.，2008a）与约 2.34 Ga 卧龙峪变质基性岩墙的地球化学特征进行对比，可以看到卧龙峪变质基性岩墙样品在 $Zr/TiO_2×0.0001$-Nb/Y 图中投到了亚碱性玄武岩区域并具有拉斑玄武岩特征（图 5.8），与泰山约 1.85 Ga 辉绿岩十分相似（Hou et al.，2008a）。卧龙峪变质基性岩墙的花岗质围岩相比岩墙具有较高的 SiO_2（74.51%）、较低的 TFeO（1.22%）和 MgO（0.32%）。

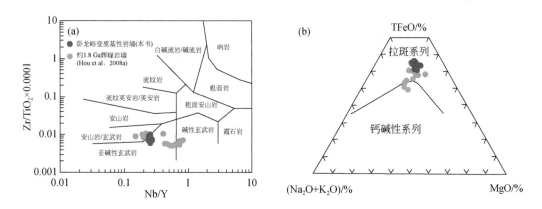

图5.8　鲁西地区两期岩墙的岩性判别图

（a）$Zr/TiO_2×0.0001$-Nb/Y 图解（修改自 Winchester and Floyd，1977）；（b）TFeO（Na_2O+K_2O）-MgO 图解（修改自 Irvine and Baragar，1971）

根据 CIPW 标准矿物计算，围岩主要由石英（31.52%）、斜长石（42.11%）和正长石组成（20.62%），与镜下观察基本一致，表明其围岩的原岩为二长花岗岩。

此外，约 2.34 Ga 卧龙峪变质辉绿岩墙具有与泰山约 1.85 Ga 辉绿岩墙相似的微量元素特征（图 5.9）（Hou et al.，2008a）。在球粒陨石均一化图解中，卧龙峪变质岩墙稀土分布模式较为平坦，具有轻稀土富集特征 [(La/Yb)$_N$=5.08～5.44，(Gd/Yb)$_N$=1.29～1.33] 以及略微 Eu 负异常（δEu=0.90～0.97）[图 5.9（a）]。在原始地幔标准化蛛网图中，变质辉绿岩表现出 HFSE（如 Nb 和 Ta）的亏损特征 [图 5.9（b）]。

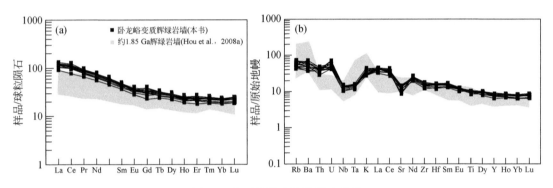

图 5.9　鲁西基性岩墙微量元素图

（a）球粒陨石标准化稀土元素配分曲线；（b）原始地幔标准化微量元素蛛网图。数据来自 Sun and McDonough，1989

3. 全岩 Sm-Nd 同位素特征

本书使用卧龙峪变质基性岩墙 2344 Ma 的结晶年龄来计算其 $\varepsilon_{Nd}(t)$ 和 T_{DM}(Nd)。本书所使用的 Sm-Nd 参考值为 $^{143}Nd/^{144}Nd_{CHUR（现今）}$=0.512638、$^{147}Sm/^{144}Nd_{CHUR（现今）}$=0.1967、$^{143}Nd/^{144}Nd_{DM（现今）}$=0.513153 以及 $^{147}Sm/^{144}Nd_{DM（现今）}$=0.2137（Liu et al.，2004）。岩墙样品有相似的 Nd 值（25.56～34.33ppm）、$^{147}Sm/^{144}Nd$（0.126829～0.131302）和 $^{143}Nd/^{144}Nd$ 值（0.511645～0.511692）。各样品 $\varepsilon_{Nd}(t)$ 为 1.07～1.83，T_{DM} 年龄为 2614～2692 Ma。卧龙峪变质基性岩墙 T_{DM} 年龄高于其结晶年龄，表明其来自古老地幔源。

5.1.4　卧龙峪变质基性岩墙的成因及区域地质意义

1. 岩石成因分析

约 2.34 Ga 卧龙峪变质基性岩墙的微量元素呈现出轻微轻稀土元素富集特征，表明该岩墙可能起源于含石榴子石地幔部分熔融的深度。在 Sm/Yb-La/Sm 图中，卧龙峪变质基性岩墙落在了含约 1%残留石榴子石地幔源区发生约 3%部分熔融端元和发生约 2%部分熔融端元连成的直线上（图 5.10），表明卧龙峪变质基性岩墙起源于上地幔较深的深度约 75 km（Menzies and Chazot，1995）。

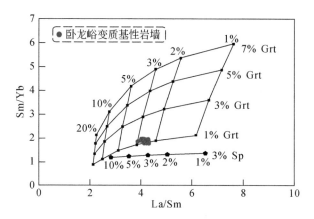

图 5.10　约 2.34 Ga 鲁西卧龙峪变质岩墙 Sm/Yb-La/Sm 地幔源区图（修改自 Shaw，1970；McKenzie and O'Nions，1991；Kinzler，1997）

Grt-石榴子石

卧龙峪变质岩墙在微量元素蛛网图中具有明显的 Nb 和 Ta 亏损，原因可能如下：①地壳混染（Rudnick and Gao，2003）；②富 Ti 矿物的分离结晶（Huang et al.，2010）；③再循环地壳沉积物的加入（Hawkesworth et al.，1993）；④俯冲相关流体的交代（Donnelly et al.，2004）。通常情况下，幔源熔体在通过大陆地壳上升过程中会受到地壳混染的影响。根据图 5.11（a），$\varepsilon_{Nd}(t)$ 和 MgO 之间没有明显的线性关系，表明卧龙峪变质基性岩墙的岩浆上升期间没有经历过明显的地壳混染作用。此外，还有以下证据进一步支持了这一推断：①野外观测表明，基性岩墙样品具有微弱的混染特征，并且其捕获锆石含量不足 20 颗，相较之下样品的斜锆石多达 200～300 颗；②地壳混染通常会导致 $\varepsilon_{Nd}(t)$ 降低（Rogers et al.，2000），然而卧龙峪变质基性岩墙的 $\varepsilon_{Nd}(t)$ 值较高，在 1.07～1.83 之间；③卧龙峪变质基性岩墙具有较低的(Nb/La)$_{PM}$ 值，在 0.30～0.33 之间，而该值在下地壳高达 0.6（Rudnick and Gao，2003）；④作为强不相容元素，Th 在卧龙峪变质基性岩墙中含量较低（2.38～3.23 ppm），而在围岩中含量较高（8.62 ppm）。在 La/Sm-La 图解中，所有卧龙峪变质基性岩墙的样品呈水平排列，变化范围小 [图 5.11（b）]，表明该变质岩墙的形成和地球化学性质主要受分离结晶控制。此外，样品中 Eu 轻微负异常表明斜长石的结晶。TiO$_2$、TFeO 和 MgO 的弱相关性表明较少的 Fe-Ti 氧化物分离结晶。而 CaO 与 MgO 呈正相关性，表明单斜辉石分离

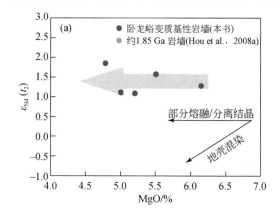
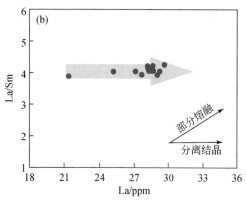

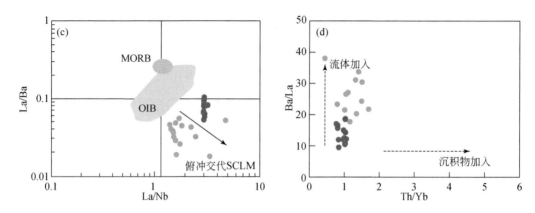

图 5.11　卧龙峪变质基性岩墙地壳混染判别图（a）（修改自 Yuan et al.，2017）、卧龙峪变质基性岩墙分离结晶部分熔融判别图（b）（修改自 Allegre and Minster，1978）和卧龙峪变质基性岩墙岩石成因判别图（c）（d）（修改自 Saunders et al.，1992；Woodhead et al.，2001）

MORB-洋中脊玄武岩；OIB-洋岛玄武岩；SCLM-大陆岩石圈地幔

结晶（图 5.6）。综上所述，卧龙峪变质基性岩墙并没经历强烈的地壳同化混染作用，其成因和地球化学特征主要受分离结晶作用的控制。

上述地球化学特征表明，卧龙峪变质基性岩墙经历了较低地壳混染和较少富 Ti 矿物的分离结晶。在 La/Ba-La/Nb 图中，约 2.34 Ga 卧龙峪变质基性岩墙和泰山约 1.85 Ga 未变质岩墙都表现出被交代的大陆岩石圈地幔（SCLM）来源趋势 [图 5.11（c）]。并且这些岩墙样品随着 Ba/La 值增加，Th/Yb 值变化不大，表明 SCLM 可能受到了古俯冲流体的交代作用 [图 5.11（d）]。此外，这些样品相较于岛弧体系下的岩石（Th/U 约为 2）也表现出具有更高的 Th/U 值（2.93～4.9）（Bali et al.，2011）。本书将卧龙峪变质基性岩墙与华北克拉通约 2.3～1.8 Ga 基性岩墙群进行对比，该岩墙 $\varepsilon_{Nd}(t)$ 值较高，并且投到了华北克拉通东部 SCLM 区域（图 5.12）。其 $T_{DM}(Nd)$ 值也与约 2.3～1.8 Ga 基性岩墙一致，表明卧龙峪变质岩墙的源区可能是华北克拉通古老的 SCLM，而 Nb 和 Ta 等高场强元素的亏损是古俯冲流体交代作用导致（Yuan et al.，2017；Zhou and Zhai，2022）。这种亏损特征在华北克拉通东部约 2.3 Ga 和约 2.1 Ga 的变质基性岩墙中十分普遍（Hou et al.，2008a；Peng et al.，2017）。因此，本书认为华北克拉通东部受到交代的古老的 SCLM 形成于新太古代晚期，并在古元古代发生部分熔融和不同程度的分离结晶作用形成 2.3～1.8 Ga 的基性岩墙。

2. 卧龙峪变质基性岩墙的区域地质意义

古元古代岩浆活动的停滞，导致不同学者对华北克拉通大地构造背景的认识存在争议。前人研究表明，约 2.3 Ga 的岩浆活动主要分布在中条、太华-登封、吕梁、淮安、阿拉善和大青山等地区（例如，Wang et al.，2014a，2014b；Dong et al.，2022）。约 2.3 Ga 岩石组合包括 TTG 片麻岩、斜长角闪岩、变质辉长岩以及变质的基性到中性岩序列（例如，Huang et al.，2010；Yuan et al.，2017；Duan et al.，2021）。其中，约 2.3 Ga 基性侵入体主要出露在华北克拉通中部和西部，如阿拉善基性岩（Dan et al.，2012）、中条变质辉长岩（Yuan et al.，2017；Duan et al.，2021）以及登封-太华斜长角闪岩（Chen et al.，2015）。根据它们的地球化学特征,学者推断华北克拉通可能在约 2.3 Ga 处于陆内裂谷或者弧后伸展环境（Zhao et al.，2005，2012；Zhang et al.，2012b）。

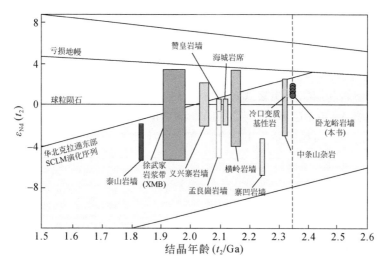

图 5.12　卧龙峪变质基性岩墙 $\varepsilon_{Nd}(t_2)$-结晶年龄(t_2)图解

泰山基性岩墙数据来自 Hou et al.，2008a，徐武家岩浆带（XMB）数据来自 Peng et al.，2010，义兴寨基性岩墙和横岭基性岩墙数据来自 Peng et al.，2012a，赞皇岩墙数据来自 Peng et al.，2017，孟良崮变质基性岩墙数据来自 Yang et al.，2019，海城岩席数据来自 Wang et al.，2016，寨凹基性岩墙数据来自 Han et al.，2015，中条山杂岩数据来自 Yuan et al.，2017，冷口变质基性岩数据来自 Duan et al.，2021。华北克拉通东部大陆岩石圈地幔演化序列修改自 Peng et al.，2015

大量研究表明，新太古代晚期鲁西处于俯冲作用主导的大地构造环境中（Peng et al.，2012；Sun et al.，2019；Gao et al.，2020b）。长期的洋-陆俯冲作用导致古俯冲流体对古老的 SCLM 发生交代作用（Hu et al.，2019b；Gao et al.，2020b；Sun et al.，2020a）。在古元古代早期（约 2.50～2.20 Ga），鲁西地区完成了微陆块拼合和克拉通化过程，随后经历了多期地幔柱相关事件，包括裂谷和之后的俯冲-碰撞-后碰撞事件（Zhai and Santosh，2011，2013；Zhang et al.，2022b；Zhou and Zhai，2022）。此外，前人在中条地区已经发现了 2.37～2.32 Ga 的科马提岩，表明地幔柱上涌可能导致了地壳伸展以及被交代的 SCLM 发生部分熔融（Yuan et al.，2017；Zhou and Zhai，2022）。鲁西地区的卧龙峪变质岩墙侵位年龄为 2344±8 Ma，便是这一时期的产物。结合以下证据，本书认为约 2.34 Ga 卧龙峪变质基性岩墙形成于陆内伸展环境：①该岩墙地球化学特征与大部分华北克拉通陆内岩墙基本一致（Hou et al.，2008a；Peng et al.，2017）；②该岩墙位于华北克拉通的东部陆块内，而不是沿着克拉通的边缘分布；③该岩墙 Ta/Hf 值（0.12～0.14）普遍高于 0.1，反映了陆内裂谷作用特征（汪云亮等，2001）；④目前已经在多个克拉通发现了古元古代早期大火成岩省事件，这些事件可能是全球大陆最早的裂解事件（Ernst et al.，2021）。

综上所述，在新太古代晚期，华北克拉通东部逐渐完成微陆块拼贴和克拉通化，此时被交代的 SCLM 开始形成（Kusky，2011；Peng et al.，2015，2017；Sun et al.，2020b）。在鲁西陆续发现了约 2.35 Ga、约 2.09 Ga 的变质岩墙和约 1.85～1.60 Ga 的未变质岩墙，它们的岩浆可能都来自同一个古老的 SCLM（Hou et al.，2008a；Yang et al.，2019；Zhang et al.，2023）。这些变质基性岩墙表明鲁西地区至少在约 2.35 Ga 前完成了克拉通化过程，并随后经历了多期伸展作用。在约 2.35～2.09 Ga 和约 1.85～1.60 Ga 期间，鲁西地区可能处于陆内伸展环境，与华北克拉通古元古代早期构造演化过程相一致。

5.2 孟良崮变质基性岩墙

孟良崮变质基性岩墙发育在鲁西地区中部孟良崮风景区的半山腰处，其侵位于约 2.5 Ga 的二长花岗质片麻岩和层状变质玄武岩（图 5.13）。沿着公路旁的半山腰共识别出 4 条变质岩墙，分别为岩墙 A、B、C 和 D，为约 100～200m 长、约 20～150 cm 宽（图 5.14）。岩墙与围岩界线较清晰，接触关系为不整合，产状倾斜（65°～80°），走向沿 NNE 向展布。

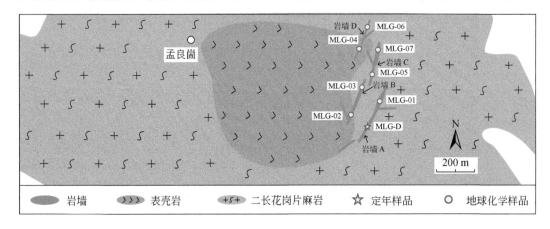

图 5.13 鲁西地区孟良崮变质基性岩墙分布图

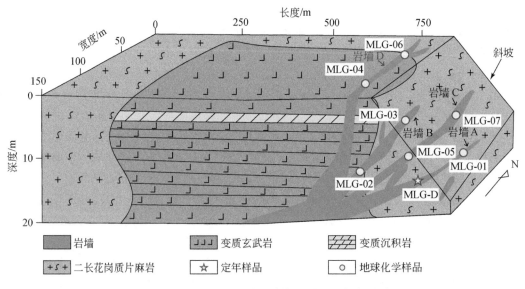

图 5.14 鲁西地区孟良崮变质基性岩墙野外接触关系图

通过野外实测发现，孟良崮变质基性岩墙经受了强烈的后期变质变形作用，岩墙的部分露头局部发生了强烈的揉曲变形，甚至有的部分已经成为透镜体状，故未发现明显的冷凝边，但在岩墙末端仍有岩墙分叉和岩指插入围岩等现象，证明其为浅层侵位的岩墙，并非沉积成因（如岩墙 C）（图 5.15）。如图 5.14 所示，本书共采集孟良崮变质岩墙样品 8 件，样品采集区域均为岩墙中部较为粗粒和均质的新鲜区域。其中 MLG-01、MLG-02、MLG-03、MLG-04、MLG-05、MLG-06、MLG-07 为地球化学样品，MLG-D 为定年样品。同时采集花岗质围岩的年代学样品 1 件（MLG-G）。

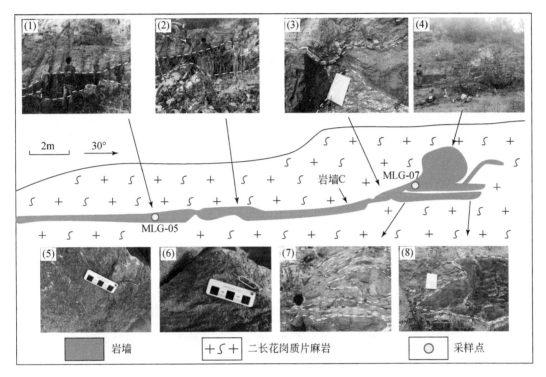

图 5.15　鲁西地区孟良崮变质基性岩墙 C 野外实测图

5.2.1　岩相学特征

孟良崮变质基性岩墙呈不规则脉状分布，块状构造，普遍为墨绿-深黑色，风化较强部分呈褐色（图 5.16）。岩性为斜长角闪岩，辉绿结构虽已被破坏，但在放大镜下仍可见针状斜长石的不规则排列。

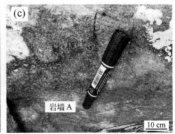

图 5.16　鲁西地区孟良崮变质基性岩墙野外照片

　　镜下薄片观察表明，孟良崮变质基性岩墙经受了绿片岩相变质作用，其矿物组合为阳起石（约 73%～80%）、绿泥石（约 10%～15%）、黑云母（约 5%～8%）、磁铁矿（约 5%）以及少量绿帘石、榍石、锆石等微量矿物（图 5.17）。二长花岗质片麻岩（围岩）发育强烈的片麻状构造，主要由石英（约 25%～30%）、斜长石（约 35%～40%）、钾长石（约 25%～30%）和黑云母（约 5%～8%）等矿物组成。

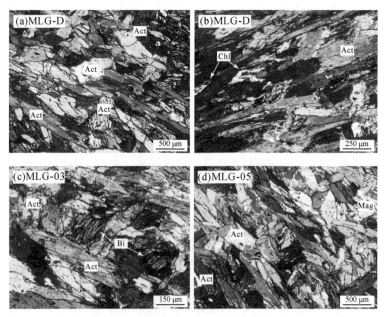

图 5.17　鲁西地区孟良崮变质基性岩墙镜下照片

Act-阳起石；Chl-绿泥石；Bi-黑云母；Mag-磁铁矿

5.2.2　岩性判别

在（Na_2O+K_2O）- SiO_2 图解上，样品均投在玄武岩区域（Middlemost，1994）［图 5.18（a）］。在 $Zr/TiO_2×0.0001$-Nb/Y 图解上，样品均投在安山岩/玄武岩区域（Winchester and Floyd，1977）［图 5.18（b）］。在 Zr-Y 图解和 $TFeO$-（Na_2O+K_2O）-MgO 图解上，样品均投在了拉斑玄武岩区域内（Barrett and MacLean，1997；Irvine and Baragar，1971）［图 5.18（c）（d）］。

因此，孟良崮变质基性岩墙与前人已发表的徐武家变质基性岩墙（Peng et al.，2010）相似，原岩均为拉斑玄武岩系列的岩浆岩。

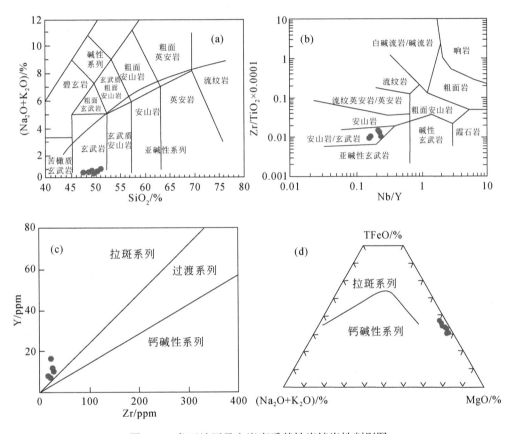

图 5.18　鲁西地区孟良崮变质基性岩墙岩性判别图

（a）修改自 Middlemost，1994；（b）修改自 Winchester and Floyd，1977；（c）修改自 Barrett and MacLean，1997；（d）修改自 Irvine and Baragar，1971

5.2.3　年代学和同位素化学

对孟良崮变质基性岩墙样品 MLG-D 进行的锆石 U-Pb 和 Lu-Hf 同位素分析测试数据见表 5.1 和表 5.2。

表5.1 孟良崮变质基性岩墙MLG-D样品和围岩二长花岗质片麻岩MLG-G样品锆石U-Pb同位素数据表

分析点位	Th/ ppm	U/ ppm	$^{232}Th/$ ^{238}U	同位素比值						表观年龄/ Ma			
				$^{207}Pb^*/$ $^{206}Pb^*$	$\pm 1\sigma$	$^{207}Pb^*/$ $^{235}Pb^*$	$\pm 1\sigma$	$^{206}Pb^*/$ $^{238}Pb^*$	$\pm 1\sigma$	$^{206}Pb/$ ^{238}Pb	$\pm 1\sigma$	$^{207}Pb/$ ^{206}Pb	$\pm 1\sigma$
岩墙样品的捕获的继承锆石													
MLG-D-1.01	25	101	0.25	0.1668	2.35	10.5236	2.0	0.4575	1.2	2429	±24	2526	±40
MLG-D-1.02	10	218	0.05	0.1637	2.08	8.7957	1.8	0.3896	1.1	2121	±20	2495	±36
MLG-D-1.03	107	118	0.91	0.1658	3.74	10.2551	3.5	0.4486	1.4	2389	±28	2516	±64
MLG-D-1.04	21	241	0.09	0.1661	2.10	10.9449	1.9	0.4780	1.8	2519	±38	2519	±14
MLG-D-1.05	25	191	0.13	0.1646	2.13	10.2255	1.8	0.4505	1.1	2398	±22	2504	±37
MLG-D-1.07	30	122	0.24	0.1686	2.06	11.2431	1.9	0.4837	1.2	2543	±25	2543	±18
MLG-D-1.08	12	716	0.02	0.1519	2.57	4.8109	1.9	0.2297	1.8	1333	±21	2367	±45
MLG-D-1.09	34	146	0.23	0.1655	2.16	10.8650	2.0	0.4763	1.8	2511	±38	2513	±15
MLG-D-1.01	10	75	0.13	0.1646	2.21	10.7808	2.0	0.4753	1.9	2507	±39	2503	±15
MLG-D-1.11	10	85	0.11	0.1658	2.22	10.9022	2.0	0.4772	1.9	2515	±39	2515	±15
MLG-D-1.14	24	107	0.22	0.1657	2.17	10.8946	2.0	0.4769	1.9	2514	±39	2515	±15
MLG-D-1.17	6	46	0.14	0.1678	2.24	11.1393	2.1	0.4818	1.9	2535	±40	2535	±15
MLG-D-1.18	6	39	0.15	0.1667	2.30	11.0201	2.1	0.4797	1.9	2526	±40	2525	±16
MLG-D-1.23	16	223	0.07	0.1662	2.13	10.9415	1.9	0.4777	1.8	2517	±38	2520	±15
MLG-D-1.24	9	55	0.16	0.1674	2.44	11.0808	2.3	0.4803	2.0	2528	±43	2532	±17
MLG-D-1.30	96	86	1.12	0.1677	2.16	11.1259	2.0	0.4814	1.8	2533	±39	2535	±15
MLG-D-1.31	7	65	0.11	0.1682	3.41	11.1776	3.4	0.4823	2.7	2537	±57	2539	±26
MLG-D-2.01	10	221	0.05	0.1652	2.66	7.6332	2.3	0.3352	1.4	1863	±22	2509	±46
MLG-D-2.02	13	295	0.04	0.1594	3.15	7.7575	2.9	0.3529	1.3	1948	±22	2450	±55
MLG-D-2.05	37	484	0.08	0.1612	2.59	6.1447	1.9	0.2764	1.8	1573	±25	2468	±45
MLG-D-2.10	4	303	0.01	0.1663	2.10	10.9684	1.9	0.4785	1.8	2521	±38	2521	±14
MLG-D-2.12	9	523	0.02	0.1608	2.54	6.2237	1.8	0.2808	1.8	1595	±25	2464	±44
MLG-D-2.16	33	523	0.06	0.1596	2.59	5.7847	1.9	0.2629	1.8	1505	±24	2451	±45
MLG-D-2.30	41	597	0.07	0.1580	2.61	4.5663	1.9	0.2097	1.8	1227	±20	2434	±45
MLG-D-2.31	13	77	0.16	0.1654	2.17	10.8690	2.0	0.4767	1.9	2513	±39	2512	±15
MLG-D-2.32	11	690	0.02	0.1451	3.28	3.6435	2.7	0.1821	1.9	1078	±19	2289	±58
MLG-D-3.01	65	201	0.33	0.1605	1.72	9.6570	1.4	0.4364	0.9	2334	±18	2461	±30
MLG-D-3.03	14	623	0.02	0.1580	1.48	5.0856	1.2	0.2334	0.9	1352	±11	2434	±26
MLG-D-3.04	8	592	0.01	0.1642	1.44	8.0524	1.1	0.3557	0.9	1962	±15	2499	±25
MLG-D-3.05	12	152	0.08	0.1661	1.43	10.9512	1.3	0.4783	1.0	2520	±20	2518	±10

续表

分析点位	Th/ ppm	U/ ppm	^{232}Th/ ^{238}U	同位素比值						表观年龄/ Ma			
				^{207}Pb*/ ^{206}Pb*	±1σ	^{207}Pb*/ ^{235}Pb*	±1σ	^{206}Pb*/ ^{238}Pb*	±1σ	^{206}Pb/ ^{238}Pb	±1σ	^{207}Pb/ ^{206}Pb	±1σ
岩墙样品的捕获的继承锆石													
MLG-D-3.07	6	423	0.01	0.1675	1.37	11.1152	1.2	0.4812	0.9	2532	±19	2533	±10
MLG-D-3.09	11	57	0.19	0.1613	1.60	9.4703	1.5	0.4259	1.1	2287	±21	2469	±12
MLG-D-3.10	5	346	0.01	0.1669	1.37	11.0423	1.2	0.4799	0.9	2527	±19	2526	±10
MLG-D-3.11	7	487	0.01	0.1652	1.45	9.1975	1.2	0.4037	0.9	2186	±16	2510	±25
MLG-D-3.12	7	445	0.02	0.1650	1.46	9.7064	1.2	0.4268	0.9	2291	±17	2507	±25
岩墙样品的岩浆结晶锆石													
MLG-D-1.26	63	61	1.04	0.1292	1.90	6.8160	1.8	0.3824	1.1	2087	±20	2088	±17
MLG-D-1.27	71	135	0.52	0.1292	2.10	6.3646	2.0	0.3571	1.2	1968	±21	2088	±19
MLG-D-2.03	89	197	0.45	0.1234	3.71	5.7565	3.4	0.3384	1.4	1879	±22	2006	±67
MLG-D-2.07	85	141	0.60	0.1234	2.19	6.2103	1.8	0.3651	1.8	2006	±32	2006	±16
MLG-D-2.08	112	108	1.03	0.1334	1.94	7.0628	1.8	0.3838	1.1	2094	±20	2143	±17
MLG-D-2.09	87	142	0.62	0.1254	3.31	5.6600	3.1	0.3274	1.2	1826	±19	2034	±60
MLG-D-2.11	68	87	0.78	0.1312	2.24	6.9975	2.1	0.3871	1.9	2110	±34	2113	±16
MLG-D-2.18	140	110	1.27	0.1328	2.79	7.2081	2.7	0.3939	2.2	2141	±39	2135	±21
MLG-D-2.20	156	115	1.35	0.1279	1.88	6.6849	1.8	0.3789	1.1	2071	±20	2070	±17
MLG-D-2.21	371	247	1.50	0.1279	1.87	6.6712	1.8	0.3783	1.1	2068	±19	2069	±17
MLG-D-2.22	180	201	0.89	0.1292	2.38	6.7900	2.2	0.3814	1.9	2083	±34	2087	±17
MLG-D-2.23	121	150	0.80	0.1266	2.95	6.5366	2.9	0.3745	1.8	2050	±32	2051	±28
二长花岗质片麻岩样品的锆石													
MLG-G-7.02	154	342	0.45	0.1580	2.28	7.0516	2.0	0.3238	1.0	1808	±16	2434	±40
MLG-G-7.03	331	211	1.57	0.1675	1.79	7.2369	1.6	0.3134	1.1	1758	±16	2533	±14
MLG-G-7.05	200	214	0.93	0.1722	1.72	9.6198	1.6	0.4053	1.0	2193	±19	2579	±14
MLG-G-7.06	358	409	0.88	0.1673	1.70	7.3674	1.6	0.3195	1.0	1787	±16	2531	±14
MLG-G-7.07	189	145	1.30	0.1704	1.77	7.5301	1.6	0.3206	1.0	1793	±16	2561	±14
MLG-G-7.09	759	741	1.02	0.1638	1.76	4.8686	1.6	0.2156	1.0	1259	±12	2495	±14
MLG-G-7.10	438	393	1.12	0.1688	1.78	7.6812	1.6	0.3301	1.1	1839	±17	2546	±14
MLG-G-7.11	307	326	0.94	0.1649	1.78	5.7557	1.6	0.2532	1.0	1455	±13	2507	±14
MLG-G-7.12	223	259	0.86	0.1694	1.79	7.5109	1.7	0.3217	1.0	1798	±16	2552	±14
MLG-G-7.13	64	66	0.98	0.1664	1.91	10.9795	1.8	0.4788	1.2	2522	±25	2522	±16
MLG-G-7.15	438	182	2.41	0.1626	1.96	5.4934	1.8	0.2451	1.1	1413	±14	2483	±16

续表

分析点位	Th/ppm	U/ppm	^{232}Th/^{238}U	同位素比值						表观年龄/ Ma			
				^{207}Pb*/^{206}Pb*	±1σ	^{207}Pb*/^{235}Pb*	±1σ	^{206}Pb*/^{238}Pb*	±1σ	^{206}Pb/^{238}Pb	±1σ	^{207}Pb/^{206}Pb	±1σ
二长花岗质片麻岩样品的锆石													
MLG-G-7.16	190	201	0.94	0.1681	2.20	11.2206	2.2	0.4843	1.5	2546	±31	2539	±18
MLG-G-7.17	505	327	1.54	0.1650	1.82	5.3416	1.7	0.2349	1.0	1360	±13	2507	±15
MLG-G-7.18	296	155	1.90	0.1670	2.07	5.8700	1.9	0.2550	1.2	1464	±16	2528	±17
MLG-G-7.20	180	181	1.00	0.1686	1.80	9.5583	1.7	0.4114	1.0	2221	±20	2544	±15
MLG-G-7.21	1108	580	1.91	0.1690	1.83	4.3470	1.7	0.1867	1.0	1103	±10	2548	±15
MLG-G-7.22	822	492	1.67	0.1549	1.85	3.3915	1.7	0.1589	1.0	950	±9	2401	±15
MLG-G-7.23	172	243	0.71	0.1644	1.87	7.5880	1.7	0.3349	1.1	1862	±17	2501	±15
MLG-G-7.25	131	165	0.80	0.1649	1.87	7.3361	1.7	0.3228	1.1	1803	±17	2507	±15
MLG-G-7.26	437	490	0.89	0.1642	1.83	6.4704	1.7	0.2860	1.1	1621	±15	2499	±15
MLG-G-7.27	201	151	1.33	0.1665	1.89	8.4250	1.8	0.3671	1.1	2016	±19	2523	±16
MLG-G-7.28	293	198	1.48	0.1674	1.92	5.5891	1.8	0.2422	1.1	1398	±14	2532	±16
MLG-G-7.29	176	240	0.73	0.1695	2.86	10.1128	2.6	0.4328	1.1	2318	±22	2552	±49
MLG-G-7.30	1170	632	1.85	0.1619	1.89	2.9143	1.7	0.1306	1.0	791	±8	2476	±16
MLG-G-7.31	202	276	0.73	0.1680	1.86	10.2891	1.7	0.4444	1.0	2370	±21	2538	±15
MLG-G-7.32	200	222	0.90	0.1708	1.87	11.5007	1.7	0.4887	1.7	2565	±23	2565	±16
MLG-G-7.33	73	53	1.36	0.1683	2.27	11.1987	2.2	0.4829	1.5	2540	±31	2541	±19
MLG-G-7.34	259	345	0.75	0.1602	2.92	7.2110	2.7	0.3265	1.1	1821	±18	2458	±51
MLG-G-7.35	156	146	1.07	0.1714	1.98	11.5740	1.9	0.4901	1.2	2571	±25	2571	±16
MLG-G-7.36	440	388	1.13	0.1661	1.91	7.3272	1.8	0.3201	1.1	1790	±17	2518	±16
MLG-G-7.37	307	292	1.05	0.1713	1.91	8.8683	1.8	0.3756	1.1	2056	±19	2570	±16

注：Pb*代表放射性 Pb，应用实测 ^{204}Pb 校正。

1. 年代学特征

根据锆石阴极发光图像和 U-Pb 同位素分析结果，样品 MLG-D 的锆石可分为两类。第一类锆石主要呈短粗状，半自形-他形，无色透明，长轴为 60～150 μm 长，长宽比在 1.2∶1～2∶1 之间 [图 5.19（a）]。在阴极发光图像下进行观察，部分锆石的部分区域发育较窄的环带结构（如点位 1.09、1.17、1.24 等）。其他锆石则发育明显的核-边结构，其具有板状或模糊不清的核部和较明亮的边部，高亮的边部可推测为后期形成的变质增生边（如点位 1.10、1.11 等）。

表 5.2　孟良崮变质基性岩墙 MLG-D 样品锆石 Lu-Hf 同位素数据表

分析点位	表观年龄 t_1/Ma	结晶年龄 t_2/Ma	$^{176}Yb/^{177}Hf$	$^{176}Lu/^{177}Hf$	$^{176}Hf/^{177}Hf$	2σ	$\varepsilon_{Hf}(t_2)$	2σ	T_{DM}/ Ma	$f_{Lu/Hf}$
岩墙样品的捕获的继承锆石										
MLG-D-1	2535	2520	0.020661	0.000872	0.281422	0.000054	7.4	2.5	2547	-0.97
MLG-D-2	2512	2520	0.015775	0.000581	0.281399	0.000059	7.1	2.6	2559	-0.98
MLG-D-3	2520	2520	0.040480	0.001657	0.281440	0.000070	6.7	3.1	2575	-0.95
MLG-D-5	2515	2520	0.041750	0.001729	0.281490	0.000080	8.3	3.3	2511	-0.95
MLG-D-6	2503	2520	0.043610	0.001639	0.281487	0.000073	8.4	3.1	2509	-0.95
MLG-D-7	2520	2520	0.034600	0.001339	0.281420	0.000050	6.5	2.4	2581	-0.96
MLG-D-10	2532	2520	0.064500	0.003490	0.281490	0.000060	5.3	2.7	2634	-0.89
MLG-D-11	2520	2520	0.011780	0.000434	0.281421	0.000027	8.1	1.7	2520	-0.99
岩墙样品的岩浆结晶锆石										
MLG-D-4	2135	2084	0.015560	0.000659	0.281495	0.000065	0.5	2.8	2434	-0.98
MLG-D-8	2087	2084	0.018229	0.000633	0.281566	0.000060	3.1	2.6	2336	-0.98
MLG-D-19	2069	2084	0.016280	0.000773	0.281478	0.000040	-0.3	2.0	2465	-0.98
MLG-D-12	2070	2084	0.019620	0.000588	0.281524	0.000050	1.6	2.3	2391	-0.98
MLG-D-13	2113	2084	0.026700	0.000855	0.281592	0.000059	3.7	2.6	2314	-0.97
MLG-D-14	2069	2084	0.024700	0.001068	0.281519	0.000066	0.8	2.8	2427	-0.97
MLG-D-15	2088	2084	0.019070	0.000661	0.281493	0.000037	0.4	1.9	2437	-0.98
MLG-D-16	2088	2084	0.029550	0.000896	0.281543	0.000037	1.9	1.9	2384	-0.97
MLG-D-18	2051	2084	0.024000	0.000675	0.281591	0.000037	3.9	1.9	2305	-0.98

注：t_1 为锆石表观年龄，由锆石 $^{207}Pb/^{206}Pb$ 计算所得；t_2 为样品结晶年龄。

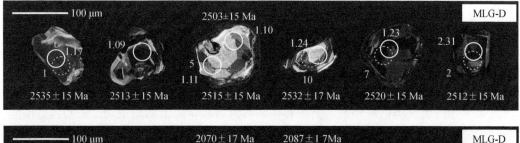
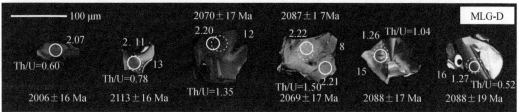

图 5.19　MLG-D（孟良崮变质基性岩墙）样品锆石阴极发光图

　　本书对 16 个第一类锆石进行了 34 个点位分析，其中 10 个点位数据落在或接近落在谐和线上。其余的点位落在谐和线下方位置，表明这部分锆石在后期的变质活动中发生了 Pb 丢失的现象。上述锆石组成了一条上交点为 2520±7 Ma（MSWD=1.9）的不一致线（图 5.20）。其中 17 个落在或接近落在谐和线上的锆石点位加权平均 $^{207}Pb/^{206}Pb$ 年龄为 2523±7 Ma（MSWD=0.5），与上交点的年龄基本一致（图 5.20）。这些年代学数据表明，第一类锆石结晶年龄为约 2.52 Ga，且后期经历了明显导致 Pb 丢失的活动。

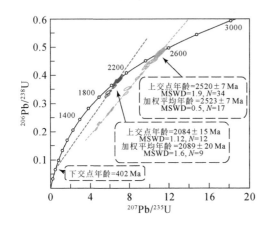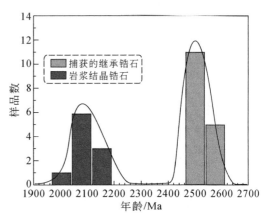

图 5.20　MLG-D（孟良崮变质基性岩墙）样品锆石 U-Pb 年龄谐和图

　　第二类锆石主要呈长板状，半自形，无色透明，长轴为 40～150 μm，长宽比 2∶1，部分锆石已经破碎成碎片状［图 5.19（b）］。在阴极发光图像下进行观察可得此类锆石具较宽的内部环带结构，这意味着锆石的结晶温度较高（如点位 1.26、2.07、2.20 等）。少量锆石具有明显的核-边结构（如锆石点位 1.27）。

　　本书对 11 个第二类锆石进行了 12 个点位分析，其中 10 个点位数据落在或接近落在谐和线上。2 个点位落在了谐和线下方位置。上述锆石组成了一条上交点为 2084±15 Ma（MSWD=1.12）的不一致线（图 5.20）。其中 9 个落在或接近落在谐和线上的锆石点位加权平均 $^{207}Pb/^{206}Pb$ 年龄为 2089±20 Ma（MSWD=1.6），与上交点的年龄基本一致（图 5.20）。不一致线的下交点年龄为约 402 Ma，可能代表了岩墙后期经历的一期变质事件。这些年代学数据表明，第二类锆石结晶年龄为约 2.09 Ga。上述所分析的具谐和年龄的锆石均具较高的 Th-U 值（0.11～1.35）、正的 Ce 异常和负的 Eu 异常，表明这些锆石为岩浆结晶锆石（图 5.21）。

　　综上可知，第一类锆石和第二类锆石在锆石形态和年龄上明显不同，表明其是不同岩浆事件形成的岩浆结晶锆石。其中第一类锆石的结晶年龄，2523±7 Ma（MSWD=0.5），与下一小节所述的二长花岗质片麻岩围岩相似。因此，本书认为第一类锆石为岩墙侵位过程中捕获的围岩锆石，而第二类锆石作为更年轻的锆石，应为岩墙结晶锆石，2089±20 Ma 可代表孟良崮变质基性岩墙的侵位年龄。

2. Lu-Hf 同位素特征

　　孟良崮基性岩墙经历了后期的变质作用，可能会导致锆石颗粒的结构和化学成分发生变化。锆石的 Lu-Hf 同位素系统可以在后期变质作用中保持稳定，维持其最初特征（Hoskin and Schaltegger，2003）。因此，锆石 Lu-Hf 同位素特征可以用来进一步确定锆石的成因和年代学数据是否准确。

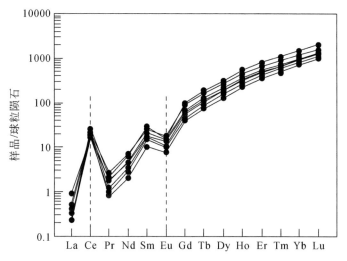

图 5.21　MLG-D（孟良崮变质基性岩墙）样品锆石稀土元素图

本书挑选了 19 个已进行 U-Pb 同位素分析的锆石点位，进一步开展了原位 Lu-Hf 同位素分析。其中有两个点位（点位 9 和 17）具有异常下降信号，推测是击穿锆石颗粒所致，因此将这两个点位去掉。应用相应锆石颗粒的 $^{207}Pb/^{206}Pb$ 表观年龄（t_1）可以得出每个点位的 $^{176}Hf/^{177}Hf(t_1)$ 值。其中第一类锆石（约 2.5 Ga）具有较低的 $^{176}Hf/^{177}Hf(t_1)$ 值（0.281399～0.281490）；第二类锆石（约 2.1 Ga）具有较高的 $^{176}Hf/^{177}Hf(t_1)$ 值（0.281478～0.281592）（图 5.22）。这表明这两类锆石形成于不同的岩浆事件。应用样品的成岩年龄（t_2）可以得出

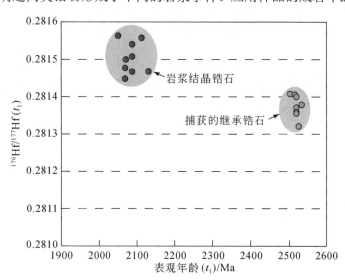

图 5.22　MLG-D（孟良崮变质基性岩墙）样品锆石 $^{176}Hf/^{177}Hf(t_1)$-表观年龄（t_1）图

第一类锆石为捕获的继承锆石；第二类锆石为岩浆结晶锆石

$\varepsilon_{Hf}(t_2)$ 值。其中第一类锆石（约 2.5 Ga）具有较高的 $\varepsilon_{Hf}(t_2)$ 值（+5.31～+8.37）；第二类锆石（约 2.1 Ga）具有较低的 $\varepsilon_{Hf}(t_2)$ 值（-0.27～+3.89），其 T_{DM} 值分别为 2509～2634 Ma 和 2305～2437 Ma（图 5.23）。

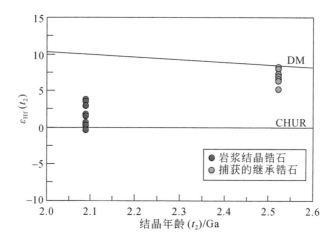

图 5.23　MLG-D（孟良崮变质基性岩墙）样品锆石 $\varepsilon_{Hf}(t_2)$-结晶年龄（t_2）图

第一类锆石为捕获的继承锆石；第二类锆石为岩浆结晶锆石

另外，本书对该变质基性岩墙的围岩二长花岗质片麻岩样品（MLG-G）挑选了 31 颗锆石进行 U-Pb 同位素分析，测试数据见表 5.1。通过在阴极发光图像下观察可知，锆石普遍呈自形发育，棱角明显，长 100～150 μm，长宽比在 3∶1～2∶1，并且发育典型的振荡环带结构（图 5.24）。同时，锆石微量元素测试表明，其普遍具有高 Th-U 值（0.45～2.41），Ce 的正异常和 Eu 的负异常。综上可知，上述锆石应为岩浆结晶锆石。

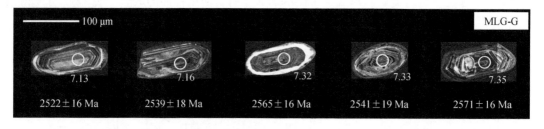

图 5.24　MLG-G（孟良崮变质基性岩墙围岩）二长花岗质片麻岩样品锆石阴极发光图像

上述锆石测试点位中有 7 个点位数据落在或接近落在谐和线上，9 个点位落在了谐和线下方位置，并组成了一条上交点年龄为 2530±14 Ma（MSWD=0.94）的不一致线（图 5.25）。这个年龄与上节所述的"第一类锆石"年龄相似，证明了岩墙中发育的第一类锆石为岩墙侵位过程中从围岩捕获的继承锆石。

5.2.4　元素活动性评估

由于孟良崮变质基性岩墙经历了不同程度的蚀变作用和绿片岩相变质作用，其在上述过程中经历了一定程度的水岩作用，不可避免地产生了部分元素的带入带出。因此，对其元素活动性进行评估是必要的。首先，本书在样品采集过程中均选取了岩墙中部均质的新鲜样品，且避开了后期的岩脉。其次，本书所采集的样品具有较低的样品烧失量（<2.2%），表明样品的地球化学特征并未被后期的蚀变和变质作用强烈改变。对于本书所采的岩墙样品，除了 CaO 和 Al_2O_3，大部分主量元素、稀土元素、大离子亲石元素和 MgO 呈现出明显的相关性（图 5.26），也表明样品并未受到后期蚀变和变质作用的强烈影响。因此，本书可选取具有明显相关性的元素进行后续的地球化学分析。

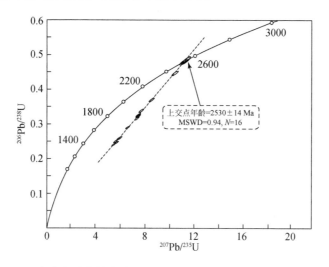

图 5.25 MLG-G（孟良崮变质基性岩墙围岩）二长花岗质片麻岩样品锆石 U-Pb 年龄谐和图

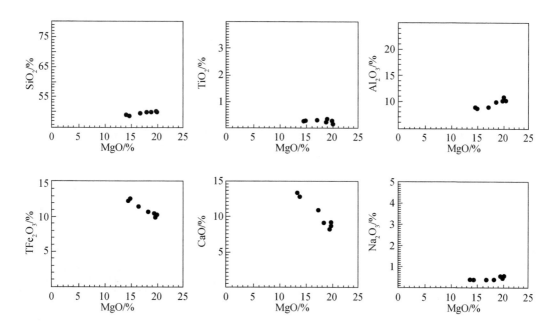

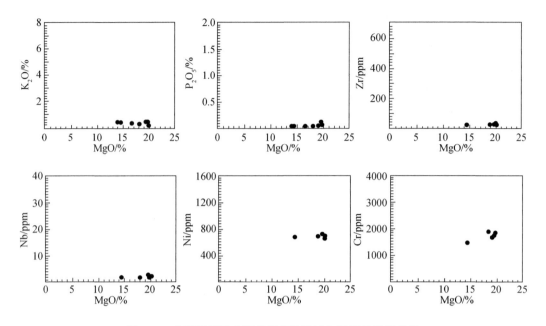

图 5.26 鲁西地区孟良崮变质基性岩墙主微量元素相关图

本书共对 7 件岩墙样品进行了全岩主量元素测试（表 5.3），对 5 件岩墙样品进行了全岩微量元素测试（表 5.4）。样品具有 SiO_2（47.90%～51.78%）、Al_2O_3（6.34%～7.56%）、CaO（9.75%～14.94%）、TFe_2O_3（9.78%～3.43%）和 MgO（14.36%～20.22%）（$Mg^\#$=70～82）。此外，样品普遍具有较低的 TiO_2（0.19%～0.30%）、Na_2O（0.23%～0.41%）、K_2O（0.09%～0.20%）和 P_2O_5（<0.01%）（表 5.4）。根据矿物元素标准化推算，孟良崮基性岩墙的原始矿物组合为：斜方辉石（0.53%～1.24%）、透辉石（24.09%～47.92%）、紫苏辉石（19.01%～46.46%）、斜长石（18.53%～22.09%）、橄榄石（1.22%～9.94%）、钛铁矿（0.36%～0.59%）、磁铁矿（1.44%～1.99%）、磷灰石（0%～0.02%）和铬铁矿（0.47%～0.50%）。因此，孟良崮变质基性岩墙的原岩应为辉长苏长岩（表 5.3）。

表 5.3 鲁西地区孟良崮变质基性岩墙样品主量元素及标准化矿物组合表

样品	MLG-01	MLG-02	MLG-03	MLG-04	MLG-05	MLG-06	MLG-07
SiO_2/%	51.08	51.78	51.03	48.26	50.49	47.90	49.72
TiO_2/%	0.20	0.23	0.24	0.22	0.19	0.30	0.20
Al_2O_3/%	6.69	6.64	6.73	6.75	7.56	6.34	6.47
TFe_2O_3/%	10.13	10.74	9.78	13.43	10.61	12.80	11.65
MnO/%	0.22	0.24	0.29	0.23	0.35	0.17	0.20
MgO/%	20.22	18.75	19.88	14.36	20.13	14.90	16.74
CaO/%	10.57	10.67	10.97	14.94	9.75	14.8	12.61
Na_2O/%	0.31	0.33	0.35	0.32	0.41	0.23	0.25
K_2O/%	0.09	0.17	0.14	0.13	0.12	0.09	0.20
P_2O_5/%	0.01	0.01	n.d.	0.01	n.d.	n.d.	n.d.

续表

样品	MLG-01	MLG-02	MLG-03	MLG-04	MLG-05	MLG-06	MLG-07
LOI/%	0.15	0.12	0.24	1.10	0.18	2.19	1.58
总计/%	99.67	99.68	99.65	99.99	99.79	99.72	99.62
Mg#	81	79	82	70	81	72	76
Q/%	0	0	0	0	0	0	0
Or/%	0.53	1.00	0.83	0.77	0.71	0.53	1.24
Di/%	28.86	29.68	30.65	47.62	24.09	47.92	38.50
Hy/%	42.13	46.46	39.65	19.01	24.09	20.86	34.12
Pl/%	19.42	19.09	19.53	19.75	22.09	18.56	18.53
Ol/%	6.66	1.22	6.94	9.94	9.36	9.13	4.97
Il/%	0.40	0.44	0.46	0.42	0.36	0.59	0.42
Mt/%	1.48	1.57	1.44	1.99	1.55	1.91	1.74
Ap/%	0.02	0.02	0.00	0.02	0.02	0.02	0.00
Chm/%	0.47	0.50	0.50	0.47	0.50	0.47	0.47

注：①n. d. 为未检测到数值；②Mg#=100Mg/（Mg+Fe）。

表 5.4　鲁西地区孟良崮变质基性岩墙样品全岩微量元素表

样品	MLG-01	MLG-02	MLG-03	MLG-04	MLG-05
Rb/ppm	1.38	4.90	0.72	4.78	0.77
Sr/ppm	17.65	18.75	14.68	18.12	14.74
Ba/ppm	6.27	21.49	4.34	19.96	4.66
Th/ppm	0.03	0.06	0.11	0.05	0.11
U/ppm	0.07	0.10	0.11	0.10	0.11
Pb/ppm	4.69	9.88	3.86	9.56	3.97
Zr/ppm	22.67	31.59	24.27	29.18	23.61
Hf/ppm	0.44	0.63	0.48	0.56	0.48
Nb/ppm	1.53	1.77	0.98	1.66	0.99
Ta/ppm	0.09	0.17	0.02	0.16	0.02
Sc/ppm	17.92	18.49	16.56	17.78	17.05
V/ppm	92.07	88.67	87.00	88.65	88.05
Cr/ppm	1592	1768	1597	1723	1569
Co/ppm	67.32	67.00	70.87	64.48	70.33
Ni/ppm	680.00	706.15	724.12	695.42	725.93
Ti/ppm	1346	1522	1403	1473	1380
La/ppm	2.08	3.62	1.54	3.50	1.53
Ce/ppm	4.97	8.50	3.71	7.98	3.61
Pr/ppm	0.71	1.19	0.53	1.07	0.52
Nd/ppm	3.10	4.93	2.41	4.74	2.32

续表

样品	MLG-01	MLG-02	MLG-03	MLG-04	MLG-05
Sm/ppm	0.92	1.36	0.74	1.34	0.70
Eu/ppm	0.18	0.27	0.16	0.26	0.16
Gd/ppm	1.10	1.53	0.95	1.55	0.90
Tb/ppm	0.20	0.27	0.18	0.26	0.18
Dy/ppm	1.31	1.71	1.20	1.68	1.20
Ho/ppm	0.28	0.36	0.27	0.35	0.27
Er/ppm	0.81	1.02	0.78	1.01	0.77
Tm/ppm	0.12	0.15	0.12	0.15	0.12
Yb/ppm	0.80	0.96	0.76	0.96	0.76
Lu/ppm	0.12	0.14	0.11	0.14	0.11
Y/ppm	7.37	8.89	6.85	8.78	6.82
ΣREE/ppm	41.99	53.39	36.85	51.56	37.02
δEu	0.55	0.57	0.58	0.56	0.60
(La/Yb)$_N$	1.87	2.70	1.46	2.62	1.45
(Gd/Yb)$_N$	1.14	1.31	1.04	1.34	0.98

注：①δEu=Eu$_N$/$\sqrt{Sm_N \times Gd_N}$；②ΣREE 为稀土元素总量；③下角标 N 为球粒陨石标准化值；④球粒陨石标准化数据来源于 Sun 和 McDonough（1989）。

5 件孟良崮变质基性岩墙的微量元素分析数据见表 5.4，具有较平坦的稀土元素图谱，伴随着微弱的轻稀土元素富集。样品的 (La/Yb)$_N$ 值为 1.45～2.70，(Gd/Yb)$_N$ 值为 0.98～1.34，并具有明显的 Eu 异常（δEu=0.55～0.60）[图 5.27（a）]。原始地幔标准化的蛛网图表明，样品具有微弱的大离子亲石元素负异常（如 Th、Sr、Eu、Ti 等）[图 5.27（b）]。

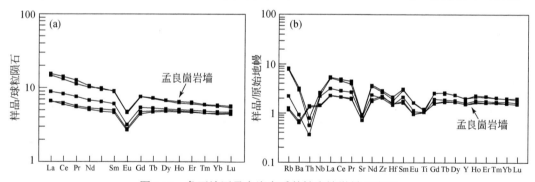

图 5.27　鲁西地区孟良崮变质基性岩墙微量元素图
（a）球粒陨石标准化稀土配分曲线；（b）原始地幔标准化微量元素蛛网图（球粒陨石标准化数据及原始地幔标准化数据均来源于 Sun and McDonough，1989）

5.2.5　孟良崮变质基性岩墙的成因及区域地质意义

1.岩浆成因

如上一节所述，孟良崮变质基性岩墙样品烧失量较低，且除 K、Na 等易活动元素外，大部分主微量元素变化范围不大，具有一定的一致性，表明后期蚀变和变质作用对其影响有限，能基本反映其原岩的地球化学特征。岩性判别图解表明，其原岩为拉斑玄武岩系列的岩浆岩。实验岩石学表明，拉斑玄武岩是地幔橄榄岩经较高程度部分熔融所形成的岩浆冷却后形成。因此，可以确定在拉斑玄武质岩浆的侵位过程中，由于其本身温度较高，必然会同化混染岩浆房和岩浆通道的围岩（Castillo et al.，1999）。

由于本书所采孟良崮变质基性岩墙的围岩为二长花岗质片麻岩，二者在野外为直接接触关系，更重要的是在岩墙内发现了捕获自二长花岗质片麻岩的约 2.5 Ga 的锆石。因此，本书认为，岩墙侵位过程中的混染源为二长花岗质片麻岩。本书以原始地幔作为孟良崮基性岩墙的地球化学成分原始端元，以孟良崮二长花岗质片麻岩作为混染的地壳端元，设计了 La/Nb-Zr/Yb 两端元混合模型 [图 5.28（a）]。此模型展示了在 3%～12% 的地壳混染条件下，原始地幔岩浆可演化为孟良崮基性岩墙的地球化学特征。同理，本书又对岩墙的主要微量元素进行了两端元混合模拟实验进一步衡量样品的地壳混染情况 [图 5.28（b）]。此模拟实验将具有代表性的孟良崮区域二长花岗质片麻岩作为混染地壳端元（曲线 1），将最亏损的岩墙样品（经受了约 3% 的地壳混染）作为岩墙母岩浆端元（曲线 2）。混合模拟实验计算得出约 10% 的地壳混染可以覆盖本书测得的所有岩墙样品的主要微量元素特征。综上两个混合模拟实验可以得出，孟良崮基性岩墙在岩浆侵位过程中确实受到了不同程度的地壳混染作用。

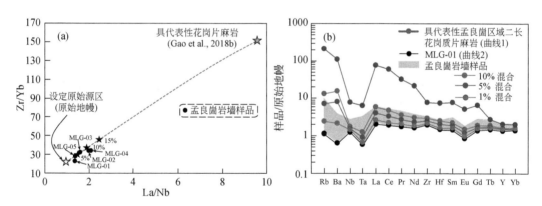

图 5.28　鲁西地区孟良崮变质基性岩墙地壳混染判别图

（a）La/Nb-Zr/Yb 相关图；（b）原始地幔标准化蛛网图（原始地幔标准化数据来源于 Sun and McDonough，1989；花岗片麻岩数据来源于 Gao et al.，2018b）

孟良崮变质基性岩墙的 Mg# 值在 72～82 之间，变化范围较大，表明其岩浆不可能直接来源于未分异的地幔橄榄岩部分熔融的熔体，很可能经历了富镁铁矿物的分离结晶作用。在 MgO-CaO 图解上，岩墙样品呈现负相关性，表明存在橄榄石和低钙辉石的分离结晶作用。在 MgO-Ni、Cr 的图解上，样品呈现的正相关性证明存在橄榄石的分离结晶作用。样品展示的 Eu 负异常也代表着斜长石的分离结晶作用。因此，孟良崮基性岩墙的侵位过程存在一定程度的矿物分离结晶作用。

孟良崮变质基性岩墙的约 2.1 Ga 锆石具有正的 $\varepsilon_{Hf}(t_2)$ 值（分布在陨石储库演化线和亏

损地幔演化线之间），且相较于约 2.5 Ga 的捕获锆石 $\varepsilon_{Hf}(t_2)$ 值更接近于陨石储库演化线。这表明孟良崮变质基性岩墙的岩浆应当起源于亏损地幔，且此亏损地幔比约 2.5 Ga 地幔源的更加富集。同时，相较于横岭、赞皇、海城、义兴寨等基性岩墙，孟良崮变质基性岩墙具有变化范围更大的 Nd 值，且 $\varepsilon_{Nd}(t_2)$ 值均为负值（图 5.29）。这进一步表明了孟良崮变质基性岩墙岩浆遭受了不同程度的地壳混染（Rogers et al.，2000）。

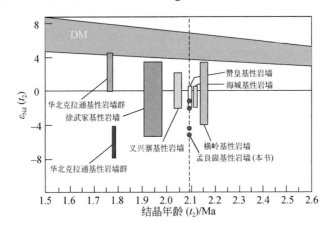

图 5.29　鲁西地区孟良崮变质基性岩墙 $\varepsilon_{Nd}(t_2)$-结晶年龄（t_2）图

孟良崮变质基性岩墙，尤其是 MgO 含量较高的岩墙样品，轻重稀土分异较弱，明显不同于石榴子石相地幔来源的洋岛玄武岩，表明其原始岩浆可能来自浅部尖晶石地幔区。正如图 5.30 所示，孟良崮变质基性岩墙样品落在了含约 1%残留石榴子石地幔源区的约 20%部分熔融端元和含约13%残留石榴子石地幔源区的约 5%部分熔融端元连成的曲线上，进一步说明了孟良崮变质基性岩墙的地幔源区在浅地幔区域。

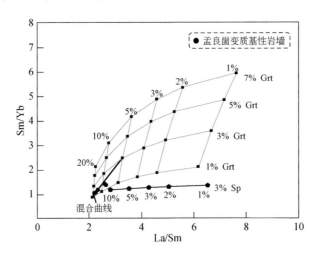

图 5.30　鲁西地区孟良崮变质基性岩墙 Sm/Yb-La/Sm 地幔源区图（修改自 Shaw，1970；McKenzie and O'Nions，1991；Hellebrand et al.，2002）

2. 孟良崮变质基性岩墙的区域地质意义

由于孟良崮变质基性岩墙侵位过程中经历了一定程度的分离结晶和地壳混染，又经历了后期蚀变和变质作用，因此，在对其构造环境判别时要额外增加其他的地球化学指标来论证。因为 Ta、Th、Nb、V 等元素的地球化学特征比较相似和稳定，且在玄武质岩浆的演化结晶过程中会表现出较一致的变化，所以被广泛使用在玄武质岩石的构造环境判别中。此外，Zr 和 Y 元素在玄武质岩浆遭到地壳混染时所受的影响很微弱。在总结前人发表的玄武质岩石构造环境判别图解基础上，本书选取了 Condie（2005）建议的以元素比值作为端元的判别图解。如图 5.31（a）（b）所示，在 Nb/Th-Zr/Nb 和 Zr/Y-Nb/Y 两个图解中，孟良崮基性岩墙都落在了大洋高原玄武岩区域。大洋高原玄武岩和大陆玄武岩一致，均可以反映板内的构造环境（杨崇辉等，2017）。孟良崮基性岩墙并没有明显的 Nb、Ta 负异常，因此可以排除岛弧成因，且岛弧成因玄武岩的 Ta/Hf 值一般＜0.1，而板内裂谷成因玄武岩比值一般＞0.1，本书孟良崮变质基性岩墙的 Ta/Hf 平均值为 0.17。综上所述，古元古代孟良崮变质岩墙应形成于克拉通化完成后的板内伸展裂谷环境，与卧龙峪变质基性岩墙都代表了古元古代早期的大陆裂解事件。

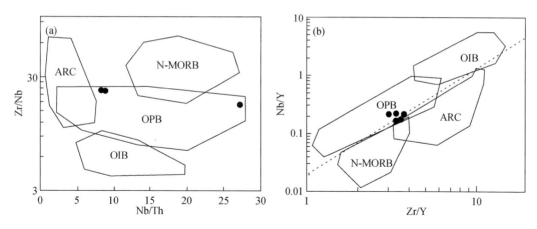

图 5.31　鲁西地区孟良崮变质基性岩墙构造环境判别图（修改自 Condie，2005）

OIB-洋岛玄武岩；ARC-与岛弧有关的玄武岩；OPB-大洋高原玄武岩；N-MORB-正常洋中脊玄武岩

近年来，关于华北克拉通中部带和东部陆块约 2.2～1.9 Ga 的岩浆活动地质记录被多次发现。这些地质记录主要集中在中部带和胶-辽-吉带内，岩石组合包括熔岩流、火山灰、碎屑岩、中酸性侵入岩和基性岩墙、岩床等。关于上述包括广泛发育的基性岩墙在内的岩浆事件的构造环境，存在岛弧成因和板内裂谷成因两种截然不同的认识。针对胶-辽-吉带发育的以中酸性花岗岩和基性岩墙为主的岩浆地质记录，一种观点认为，其伴生同期典型的双峰式火山岩和大量的 A 型花岗岩，由此提出陆内裂谷构造环境（Zhao et al.，2005；Li et al.，2005；Li and Zhao，2007；Luo et al.，2008）。另一种观点则认为，其形成于俯冲带构造环境（Lu et al.，2006；杨明春等，2015；李壮等，2015），主要证据有：①胶-辽-吉带内发育的约 2.2 Ga 的变质玄武岩为钙碱性特征，具有富集大离子亲石元素，亏损高场强元素特征，表明其应形成于与俯冲带流体交代相关的弧岩浆作用；②胶-辽-吉带内发育的花岗岩并非 A 型花岗岩，而是 I 型花岗岩；③胶-辽-吉带内发育有安山岩等中性火山岩，表明该时期的岩浆活动可能代表一个连续的岩浆序列，并非双峰式岩石组合。

同样的争议也存在于华北克拉通中部带，按照 Zhao 等（2005，2008）、Zhao 和 Zhai（2013）的中部造山带演化模式，中部带发育的约 2.2～2.0 Ga 岩浆活动应与俯冲有关。Du 等（2016）同时提出，按上述模型，在古元古代西部陆块向东部陆块的俯冲过程中，岩浆作用年龄应该从东至西逐渐变年轻。但五台、吕梁、中条和太华地区的该期岩浆活动主要集中于约 2.2～2.1 Ga，而赞皇、阜平、恒山和怀安地区主要集中于约 2.1～2.0 Ga，即中部带中岩浆作用的年龄变化具有西老东新的特征，这表明该期岩浆活动并非东西陆块俯冲作用的结果。Peng 等（2010）提出了在约 2.2～1.9 Ga 时期华北克拉通中部带和东部陆块西缘、南缘和东缘发育一条巨大的 U 型横岭岩浆岩带，主要发育双峰式火山岩，岩石成因研究表明，其应起源于古老的大陆岩石圈下地幔部分熔融，为陆内裂谷的构造环境（Liu et al.，2013；Yuan et al.，2004；Wang et al.，2016；Peng et al.，2015，2017）。更为重要的是，近些年来陆续在华北克拉通东部陆块内部的冀东地区发现有约 2.1 Ga 的与陆内裂谷活动有关的变质基性岩墙群，打破了这个 U 形带，呈弥散性分布在华北克拉通的中东部（Duan et al.，2015；杨崇辉等，2017；杜利林等，2018），以及在鄂尔多斯盆地基底中也发现约 2.2～2.0 Ga 的花岗质岩石和碎屑锆石（Zhang et al.，2015）。结合本书所识别出的具陆内裂谷成因的约 2.1 Ga 鲁西孟良崮变质基性岩墙，进一步证明了古元古代中期伸展事件是一次呈面状广泛分布在华北克拉通中东部的伸展事件，而非 U 形带状分布。

另外一部分学者提出，中部带发育的古元古代岩浆事件应为裂谷构造环境，并主要提出以下两点证据：①滹沱群的沉积组合中，含粗粒砂岩和发育叠层石的碳酸盐岩，这反映其沉积于浅水盆地环境，且砂岩的碎屑颗粒组成和碎屑锆石指示，其物源区主要来源于稳定的克拉通和循环的造山带，而非火山弧，因此滹沱群应形成于裂谷环境；②中部带发育有 A 型花岗岩，并与区域内同期的基性岩浆产物组成典型的双峰式火山岩组合（杜利林等，2011；Liu et al.，2011；Du et al.，2017）；③约 2.2～2.0 Ga 的变质基性岩墙群呈弥散性分布在华北克拉通的西部、中部和东部，并未呈带状分布，可能是区域伸展的结果，而不是俯冲带的产物。

因此，本书赞同第二种观点，认为在约 2.2～2.0 Ga 时期，华北克拉通全域（包括西部、中部、东部）存在一期普遍发育的伸展事件，其可能为陆内裂谷伸展环境。这也证明了古元古代早期约 2.2～2.0 Ga 时期，华北克拉通已经完成了克拉通化，具备刚性板块的特征。

第6章 早前寒武纪构造-热事件的动力学机制

早期地球的大陆地壳起源和前板块构造体制是地球科学领域的前沿科学问题。作为华北克拉通的一部分，中国华北东部的鲁西地区保留了完好的太古宙基底和丰富的早前寒武纪构造-热事件活动记录，为我们研究地球早期演化提供了丰富的地质资料。此外，鲁西早前寒武纪大地构造演化史也与华北克拉通的陆核形成、地壳生长、微陆块拼合和克拉通化过程密切相关。因此，本章系统总结了前人对华北克拉通和鲁西的早前寒武纪大地构造演化研究，结合本书的上述研究成果，进一步探讨鲁西地区的构造-热事件演化序列和大陆生长的克拉通化过程。

6.1 华北克拉通早前寒武纪大地构造演化

华北克拉通早前寒武纪基底是由众多微陆块沿造山带发生拼贴形成，目前这一观点已经达成了基本共识。然而，争议的焦点在于，到底有多少微陆块，以及这些微陆块是何时以何种形式拼贴形成了华北克拉通（Zhao et al.，2001；Zhai et al.，2003；Kusky，2011；Zhai and Santosh，2011）。

Li 等（2010）和 Zhao 等（2012）系统讨论了华北克拉通古元古代的陆块拼贴和整体克拉通化过程（图 6.1）。新太古代时期，华北克拉通由四个古陆块组成，分别为西部的阴山陆块、鄂尔多斯陆块，以及东部的龙岗陆块、狼林陆块。东部与西部的古陆块之间很可能存在一个古大洋。古大洋向东部陆块的西缘俯冲并在那里发生剧烈的岩浆活动，形成了岛弧和大陆边缘岩浆弧，构成了中部带基底原岩建造 [图 6.1（a）]。Zhang 等（2007，2009，2012b）通过对中部造山带的阜平-五台-衡山地区野外构造研究和变形期次划分，构建出了华北中部造山带完整的构造变形和演化剖面。该造山带剖面结构与现今显生宙造山带基本吻合，表明此为典型的碰撞造山带。造山带内部最古老的岛弧岩浆记录为约 2.55 Ga，判断华北克拉通初始俯冲的时间可能在 2.6～2.5 Ga。在古元古代早期，鄂尔多斯陆块处于稳定被动大陆边缘环境，阴山陆块南缘处于活动大陆边缘环境，形成 TTG 侵入体和铁镁质至长英质火山岩组合。在约 1.95 Ga，鄂尔多斯地块北缘与阴山陆块南缘发生碰撞拼贴，形成了统一的西部地块以及中间的孔兹岩带 [图 6.1（b）；Xia et al.，2006]。在约 1.90 Ga，东部的龙岗和狼林陆块碰撞形成胶-辽-吉带，进而形成了统一的东部陆块 [图 6.1（c）]。在约 1.85 Ga，古大洋向东俯冲消失，导致东部地块和西部地块的最终碰撞 [图 6.1（d）]。自此，华北克拉通统一结晶基底开始形成并完成了克拉通化过程（赵国春等，2002；Zhao et al.，2005）。

针对以 Zhao 等（2005）为主提出的东西部陆块在约 1.85 Ga 碰撞以及西部陆块向东俯冲的俯冲极性的观点，许多学者提出了不同看法。Polat 等（2005，2006a，2007）和 Kusky 等（2016）提出，古大洋向西部陆块俯冲形成了中央造山带，俯冲产生的岩浆弧和蛇绿岩

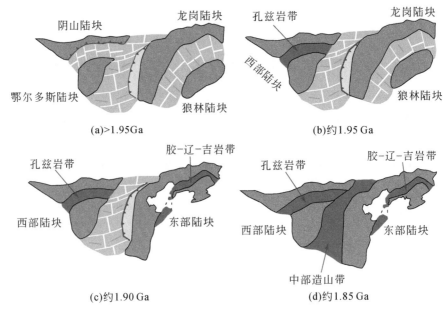

图 6.1　华北克拉通古元古代的陆块拼贴和整体克拉通化过程（修改自 Zhao et al.，2012）

带在约 2.5 Ga 与东部陆块西缘发生碰撞拼合并最终形成华北克拉通。Wei 等（2014）从五台群变质岩云母片岩中得到的约 1.95 Ga 的锆石 U-Pb 年龄，表明碰撞事件可能发生在该时期。而前人得到的约 1.85 Ga 的碰撞年龄都是从高级变质岩中锆石得到的，该年龄更可能代表了这些高级变质地体后期抬升和冷却的退变质年龄。因此，Wei 等（2014）指出，东部和西部陆块的碰撞拼贴可分为以下四个阶段（图 6.2）。①2.35~2.0 Ga：原始华北克拉通发生了弧陆碰撞，发育弧后盆地，弧后盆地伸展，导致了双峰岩浆作用和裂谷盆地沉积；②2.0~1.95 Ga：此时为主碰撞期，地壳增厚并导致了蓝晶石型变质作用；③约 1.95 Ga：完成碰撞造山作用，发育绿片岩相-角闪岩相-麻粒岩相的区域变质作用；④1.93~1.80 Ga：加厚的地壳逐渐抬升与冷却，发生退变质作用和韧性剪切作用。

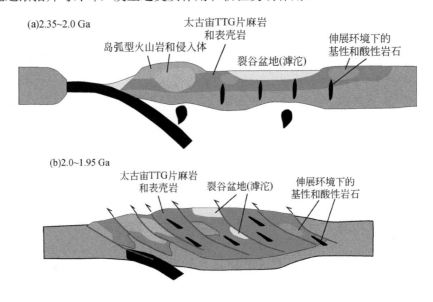

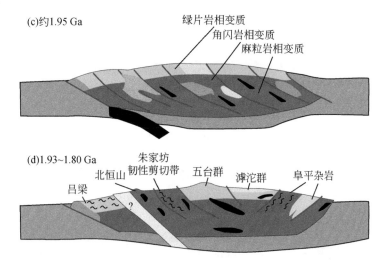

图 6.2　华北克拉通东西陆块碰撞拼贴模型（修改自 Wei et al.，2014）

　　Zhai 和 Peng（2020）认为，华北克拉通在新太古代早期（约 3.0～2.6 Ga）基本完成了大陆地壳生长，太古宙微陆块也逐渐形成，这些微陆块沿着绿岩带拼贴形成了克拉通化的大陆［图 6.3（a）（b）］。随后，在新太古代晚期（2.6～2.5 Ga）这些克拉通发生了地壳活化，伴随强烈的岩浆活动和变质作用［图 6.3（c）］。该模式认为，绿岩带主要由含有 BIF 的火山岩和沉积岩组成，密度较高，因而相对于洋底高原更容易发生俯冲作用。微陆块的形成是洋壳水平俯冲的结果，并且由于微陆块和绿岩带的密度差异使得绿岩带持续俯冲。在新太古代末期（约 2.5 Ga），华北克拉通基本完成了克拉通化过程。微陆块拼合后，在 2.5～2.2 Ga 华北克拉通进入伸展阶段，大陆变得更稳定［图 6.3（d）］。在 2.2～1.8 Ga，华北克拉通开始活化，发育裂谷火山作用和俯冲碰撞事件，并伴有麻粒岩相变质作用［图 6.3（e）～（g）］。1.8～0.7 Ga 发育多期裂谷，岩石圈结构进行重新调整，为现代板块构造的启动奠定了基础［图 6.3（h）］。

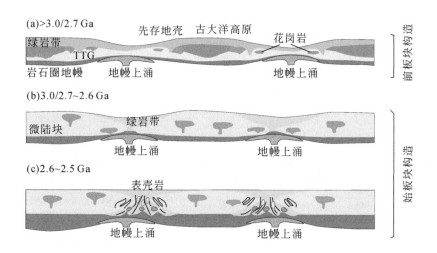

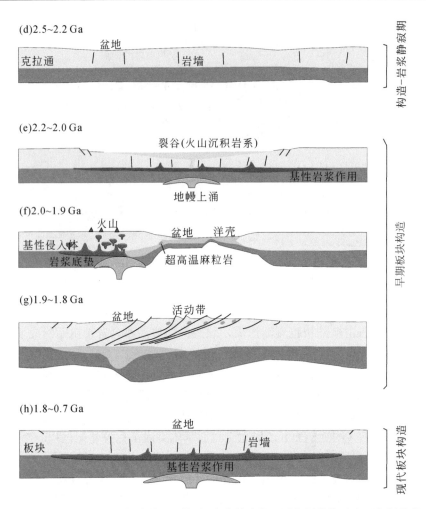

图 6.3 华北克拉通前板块构造、始板块构造、构造-岩浆静寂期、早期板块构造和现代板块构造演化示意
图（修改自 Zhai and Peng，2020）

除了上述华北克拉通的拼贴演化史具有较大争议外，华北克拉通的最终克拉通化时间
也未有定论。Hou 等（2006b）依据泰山大型的未变形未变质的辉绿岩墙的高精度 U-Pb 年
龄 1847 Ma 确定了至少在约 1.85 Ga 华北克拉通东部就已经具有了刚性板块的特征，完成
了克拉通化过程。Zhao 和 Zhai（2013）认为，华北克拉通东部陆块与西部陆块于约 1850 Ma
碰撞拼合完成克拉通化，这支持了本书的观点。翟明国（2004，2011）、Kusky 等（2016）、
Tang 和 Santosh（2018）认为，在新太古代末期（约 2.5 Ga）华北克拉通的各个微陆块发生
碰撞拼贴，已经完成克拉通化。而在 2.5～1.8 Ga 间，华北克拉通重新活化，主要表现为裂
谷-俯冲-碰撞-伸展等一系列的构造-热事件，这些古元古代构造-热事件可能与地幔柱活动
或俯冲活动有关［图 6.3（e）～（g）］（Peng et al.，2010；Zhai and Santosh，2011；Zhou and
Zhai，2022）。Peng 等（2012a）进一步指出，华北克拉通在 2.5～2.2 Ga 仅有少量的火成岩
发育，但在随后的 2.2～1.8 Ga 经历了一次伸展-挤压事件，发育了大量的火成岩。

华北克拉通以发育新太古代约 2.7 Ga 和约 2.5 Ga 构造岩浆活动为特征，前人通过对这些岩浆活动的研究取得了许多新的认识（王伟等，2015）。尽管太古宙是大陆地壳生长的主要时期，这一观点已基本获得共识，但是针对华北克拉通太古宙地壳生长方式和壳幔动力学过程仍然存在很大的争议。部分学者提出地幔柱或者与拆沉相关的垂向构造体制，而其他学者主张与俯冲相关的侧向增生模式，或者地幔柱-岛弧的联合作用体制。研究表明，华北克拉通在太古宙末期，科马提岩明显减少、富钾花岗质岩石普遍发育、地壳再循环速度显著增强，反映地壳演化的壳幔动力学机制发生了明显的转变。

针对此问题，Sun 等（2021）、刘树文等（2021）对华北克拉通各区域变质火山岩进行了统计和分析，提出华北克拉通新太古代晚期壳-幔动力学演化过程。太古宙的构造体制是顶壳构造、地幔柱构造还是板块构造，取决于太古宙的地幔与现代地幔的温度差（δT）。当 δT 小于 100 ℃时，发育以类现代板块特征俯冲作用为主导的构造体制；当 δT 在 100～175 ℃之间时，发育规模较小、高角度的浅俯冲构造。由于俯冲角度大，俯冲板片发生断裂，进而导致了板片俯冲和后撤，此时，壳幔动力学体制以水平增生为主导；当 δT 在 175～250 ℃之间时，发育前俯冲构造体制，岩石圈刚性较弱，发生塑性变形，各微陆块拼贴挤压，陆壳厚度增加；当 δT 大于 250 ℃时，俯冲构造无法形成，而是发育以顶壳构造、地幔柱构造和穹脊构造为主导的垂向构造体制（Gerya，2014；Cawood et al.，2018；Nebel et al.，2018；Capitanio et al.，2019a，2019b）。Sun 等（2021）运用 TTG 岩浆实验和微量元素理论模拟等手段，初步获得了中-新太古代时期华北克拉通中东部陆块的岩石圈热状态特征（图 6.4）。研究结果表明，约 2.5 Ga 华北克拉通中东部各区地壳厚度在 35～56 km 之间，相比约 2.7 Ga 发生了不同程度的减薄。其中鲁西地区为 40～43 km、辽北-吉南地区为 40～43 km、中条山为 44～47 km、登封-太华地区为 50～53 km、胶东地区为 35～38 km、冀东-辽西地区为 39～45 km（Sun et al.，2019b，2020a，2021）。约 2.5 Ga 各地区的莫霍面地温梯度分别为鲁西地区 15 ℃/km、辽北-吉南地区 15.1 ℃/km、中条山 13.2 ℃/km、登封-太华地区 10.1 ℃/km、胶东地区 18 ℃/km、冀东-辽西地区 13 ℃/km（Sun et al.，2019b，2020a，2021）。上述估算结果表明，华北克拉通中东部新太古代晚期的岩石圈热状态表现出明显的空间分带性特点。其中，北部和南部登封-太华地壳厚度均大于 50 km，而地温梯度在 8.7～10.1 ℃/km 之间，与现代地温梯度（约 11.7 ℃/km）相当或略低，比现代地幔温度高了不到 100 K，完全满足现代板块构造启动的温度条件。而中条山和鲁西地区地壳的地温梯度略低于 13.5 ℃/km，比现代地幔温度高 100～150 K。此时的构造体制仍以水平板块构造为主导，但是其俯冲规模小、频次高、角度大，具有热俯冲的特征。俯冲板片俯冲的深度也比现代板片更浅。辽北-吉南地区和胶东地区的地温梯度明显较高（大于 14.2 ℃/km），其热状态具有弧后盆地的特征（Bai et al.，2016；Fu et al.，2018，2019）。不同地区约 2.5 Ga 的热状态特征表明，华北克拉通中东部在新太古代晚期，具有发生水平构造体制下类现代板块构造和热俯冲的分带特征的温度条件。

结合上述，对华北克拉通中东部新太古代晚期岩石圈热状态的研究发现，在冀东、辽南和鲁西地区发育大量新太古代晚期具有俯冲特征的变质火山岩以及埃达克质和赞岐状花岗岩，这表明俯冲板片产生的流体和熔体对亏损地幔楔进行了强烈的交代作用（Gao et al.，2019a，2020a，2020b；Wang et al.，2022b）。新太古代晚期，地球的壳幔动力学主导机制已经由垂向构造体制下地幔柱作用转化为水平构造体制下早期板块俯冲作用。此外，在辽北-吉南等地区还发育有来自未受到流体交代地幔的岩浆岩，说明垂向地幔柱作用还在局部存在，但是已经不是华北克拉通主导的壳幔动力学机制。因此，在新太古代晚期华北克拉通的壳幔动力学体制总体受到了水平构造体制下俯冲作用的控制，局部受到垂向地幔柱和水平俯冲作用的联合控制。

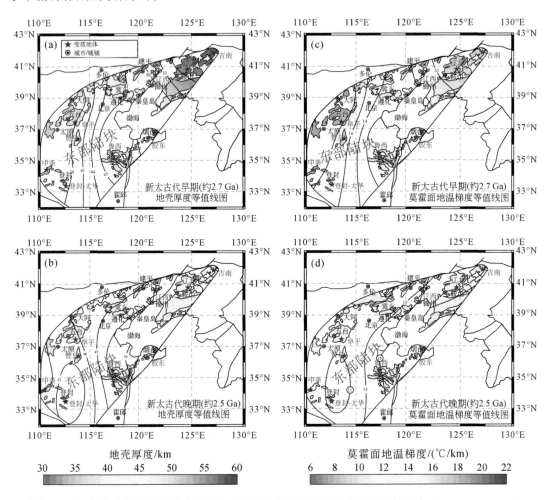

图 6.4　中-新太古代时期华北克拉通地壳厚度和莫霍面地温梯度变化（修改自 Sun et al.，2021）

6.2　鲁西新太古代壳幔相互作用与大地构造环境

　　近年来，众多学者对鲁西太古宙基底岩石学、年代学和地球化学等方面进行了深入研究，对鲁西新太古代壳幔相互作用与大地构造演化提出了许多不同的模型。万渝生等（2012）、王伟等（2015）把鲁西花岗-绿岩带形成演化划分为两个阶段：①新太古代早期（2.75～2.60 Ga），幔源超基性-基性熔岩在水下喷发形成泰山岩群雁翎关岩组和下柳杭岩组的科马提岩和拉斑玄武岩，其中玄武岩层夹有少量陆源碎屑沉积岩，其大地构造环境可能为洋底高原。鲁西在约 2.62 Ga 发育一定规模 TTG，但其大地构造环境尚不明确。该阶段形成的花岗-绿岩带构成鲁西地区新太古代早期陆核（B 带）。②新太古代晚期（2.60～2.50 Ga），鲁西花岗-绿岩带具明显的空间分带现象，很可能表明鲁西在该时期为岛弧构造环境。微陆块汇聚发生俯冲作用，形成大陆边缘岛弧，东西部均为岛弧岩浆作用产物，山草峪岩组就是在岛弧环境下快速沉积的产物。随着微陆块拼贴产生的大规模走滑剪切和异常热扰动，变质杂砂岩和 TTG 片麻岩等岩石发生重熔，形成了大规模新太古代末期壳源花岗岩。

Peng 等（2012，2013a，2013b）在鲁西地区中南部发现了具有俯冲相关的地球化学特征的硅质高镁玄武岩，结合对高镁埃达克质侵入体和高 Ba-Sr 花岗岩的研究，将鲁西花岗-绿岩带的演化分为三个阶段（图 6.5）：①洋底高原处由地幔柱上涌导致科马提岩的喷发，在板块边缘开始出现初始俯冲并发育 TTG 岩石；②板块继续俯冲，形成大面积、多期次的TTG，此时俯冲角度仍然比较缓；③俯冲板块的部分熔融与地幔楔相互作用部分混合，俯冲角度变陡。后期由于洋底高原与加厚的陆壳碰撞，板片后撤，导致了俯冲板片与地幔发生熔体和流体交代作用（图 6.5）。

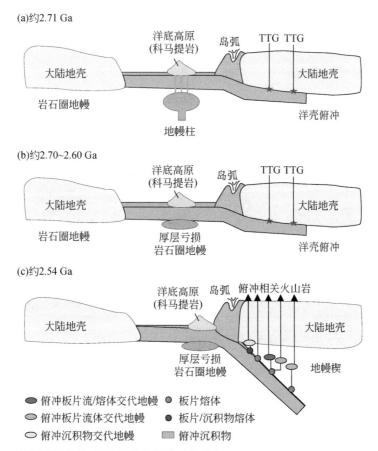

图 6.5　鲁西地区花岗-绿岩带演化模式（修改自 Peng et al.，2012，2013a，2013b）

结合不同岩石组合的时空关系，Sun 等（2020b）、Yu 等（2022）提出了鲁西新太古代大地构造演化的单向俯冲模型。

（1）在新太古代晚期紫苏花岗岩中发现了约 3.0～2.8 Ga 的捕获锆石，表明鲁西在中太古代可能存在一个奥长花岗质古陆核（Yu et al.，2022）。

（2）新太古代早期（约 2.85～2.69 Ga），在鲁西发现了典型的约 2.85～2.80 Ga 科马提岩和约 2.78～2.71 Ga 拉斑玄武岩、安山岩及英安岩序列（Polat et al.，2006a；Cheng and Kusky，2007）。结合区域构造，Gao 等（2019b）提出了地幔柱诱发的洋内岛弧体系（图 6.6）。经过持续的俯冲，约 2.69 Ga 地壳厚度增长到了约 44～51 km。

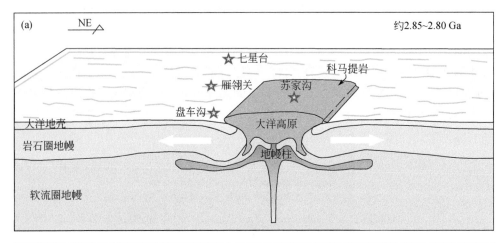

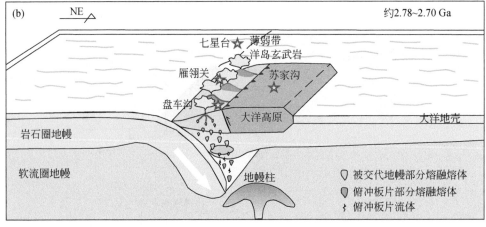

图 6.6 鲁西新太古代早期大地构造环境（修改自 Gao et al.，2019b）

（3）随后，鲁西经历了新太古代中期（约 2.60 Ga）的构造-热事件，这一事件被后期岩浆和变质作用记录下来（Wan et al.，2014；Ren et al.，2016）。结合约 2.7 Ga 到约 2.5 Ga 地壳厚度的变化以及约 2.59 Ga 高镁花岗闪长岩，Hu 等（2019a，2019b）提出了新太古代中期（约 2.68～2.58 Ga）俯冲诱发的拆沉模型，拆沉导致了地壳减薄和高热流［图 6.7（a）］。

（4）新太古代晚期（约 2.56～2.49 Ga），各种证据都表明，鲁西经历了西南向东北长期（约 2.64～2.53 Ga）的侧向俯冲增生之后，整体处于弧后伸展的环境，有如下证据：①约 2.53 Ga 条带状石英正长岩指示了伸展环境；②约 2.52～2.50 Ga 拉斑玄武岩与弧后盆地玄武岩具有相似的特征（Gao et al.，2020a）；③约 2.7 Ga 到约 2.5 Ga 地壳厚度变薄（Sun et al.，

2019b）；④新太古代晚期花岗岩的多样性（包括壳源花岗岩、幔源基性岩和壳幔混合花岗岩）反映了强烈的壳幔相互作用过程（Yu et al.，2019，2021）；⑤约 2.52~2.50 Ga 软流圈地幔的岩浆上涌导致了高温麻粒岩相变质作用（Wu et al.，2012）。

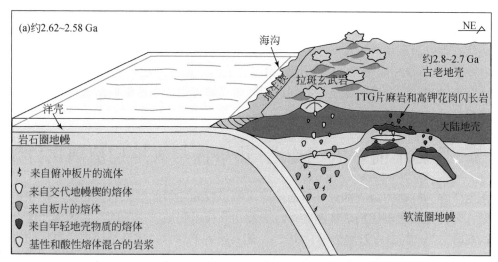

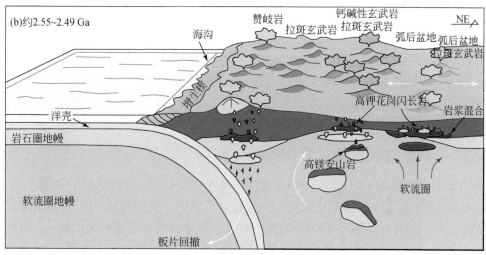

图 6.7　鲁西新太古代晚期大地构造环境（修改自 Gao et al.，2020a）

　　Sun 等（2020a）、Gao 等（2020a，2020b）基于鲁西单向俯冲模型，根据多样的岩石组合总结了鲁西新太古代晚期壳幔相互作用过程［图 6.7（b）］。①约 2.55 Ga 之前，大洋板片开始俯冲，并可能一直持续到约 2.49 Ga，使得地幔楔受到了俯冲板片流体的交代，随后被交代的地幔楔部分熔融产生了约 2.58~2.57 Ga 的钙碱性玄武岩和安山岩的岩石组合。②钙碱性玄武岩和安山岩的幔源岩浆沿着壳幔边界底侵，提供了足够的热量，使得下地壳（年轻玄武岩和变质杂砂岩）部分熔融，产生了约 2.56 Ga TTG 片麻岩和约 2.54 Ga 钾质花岗岩的岩浆组合。③幔源熔体沿着岩浆通道持续上升，在不同地壳深度下大量侵位，形成了约 2.53~2.52 Ga 石英闪长岩（低分异赞岐岩）、约 2.53 Ga 角闪岩、约 2.54~2.53 Ga 高镁埃达克岩（玻安岩）以及约 2.00～2.49 Ga 辉长岩组合。与此同时，残余的热量使地壳物质（年轻玄武岩、变质杂砂岩以及再循环沉积岩）在不同深度下脱水熔融，产生了约 2.53 Ga 石英正长岩、约 2.52 Ga TTG 片麻岩以及约 2.51 Ga 钾质花岗岩岩石组合。④不同程度的壳幔岩浆混合产生了约 2.53 Ga 高镁花岗闪长岩（分异赞岐岩）。然而，上述鲁西单向俯冲模型虽然较好地解释了鲁西岩石组合特征，但仍然存在一些局限性：①鲁西在新太古代的岩石圈热状态难以满足俯冲带弯滑平直的现代脆性板块特征，而是该时期鲁西发生以"热厚软"为特征的浅俯冲；②基性的原始地壳密度可能低于周围的超基性-基性洋底高原，因而原始地壳难以俯冲到洋底高原之下；③该模型难以解释鲁西东西部的新太古代岩浆活动和构造作用具有对称分布的特点。

6.3 鲁西早前寒武纪构造-热事件与大地构造演化讨论

作为华北克拉通的组成部分，鲁西地区保留了较为完好的新太古代岩浆活动和构造作用记录，是研究新太古代构造体制转换、壳幔相互作用和地壳生长的重要区域（侯贵廷，2012；刘树文等，2021；万渝生等，2022）。随着研究的深入，鲁西地区古元古代的岩浆活动被陆续发现，这对探究鲁西古元古代克拉通化过程具有重要意义（侯贵廷，2012；Yang et al.，2019；Zhang et al.，2023）。然而，由于对鲁西构造-热事件的认识不够全面，学者对鲁西早前寒武纪大地构造演化过程尚存在一些争议。因此，本书认为有必要对鲁西地区新太古代至古元古代科马提岩、变质玄武岩、韧性剪切带和基性岩墙等构造-热事件进行系统深入的讨论，从而揭示鲁西早前寒武纪的大陆生长和克拉通化的构造演化过程，同时为探索整个华北克拉通早前寒武纪构造演化提供关键证据（Hou et al.，2006b，2008a；Yang et al.，2020a，2020b；Zhang et al.，2022a，2023）。

6.3.1 新太古代早期：垂向构造体制期

鲁西新太古代早期（约 2.7 Ga）的岩浆活动分布较为局限，主要分布在中部带（B 带）。约 2.7 Ga 表壳岩包括大部分雁翎关岩组和柳杭岩组底部，为一套科马提岩-拉斑玄武岩序列（Wan et al.，2011）。其中，科马提岩是一种发育鬣刺结构的超基性火山岩，一般起源于高热地幔岩浆，可作为新太古代地幔柱事件的直接证据（Arndt et al.，2008）。鲁西地区科马提岩发育在泰山岩群雁翎关岩组和柳杭岩组底部，分布于鲁西中部的苏家沟、盘车沟、雁翎关和柳杭等地区（Zuo et al.，2021）。其中，苏家沟科马提岩形成于约 2.7 Ga 之前，因其是华北克拉通唯一发育鬣刺结构的新太古代科马提岩而受到了广泛关注。Polat 等（2006a）研究了鲁西雁翎关地区科马提岩的地球化学特征，并指出该地区具有鬣刺结构的科马提岩具有较高的 MgO（31%～33%）、较低的 Al_2O_3、TiO_2 和 Zr 以及 Nb 亏损特征。此外，他们认为科马提岩经历了约 2%～6% 的地壳混染和橄榄石的分离结晶，因此提出了约 2.7 Ga 鲁西地区发生地幔柱-克拉通相互作用的动力学模型。Cheng 和 Kusky（2007）根据科马提岩中橄榄石与熔体之间的质量平衡，计算出其潜在喷发温度约为 1270℃，认为在新太古代早期，鲁西存在地幔柱相关的岩浆事件。Yang 等（2020b）对苏家沟科马提岩进行了详细研究，在野外识别出两个科马提岩熔岩流。基于对科马提岩变质矿物混合模拟，Yang 等

（2020b）提出了后期变质作用会对科马提岩全岩微量元素产生影响，并根据相平衡模拟和橄榄石-铬铁矿矿物对模拟证明科马提岩的橄榄石为变质成因。因此，使用全岩 MgO 含量计算得出科马提岩所代表的地幔潜能温度为 1628～1688 ℃，指示了垂向地幔柱作用的大地构造环境。

除科马提岩以外，新太古代早期表壳岩另一个主要组成为拉斑玄武岩，主要分布在鲁西中部的雁翎关—柳杭—七星台—盘车沟一带（Wan et al.，2011；Dong et al.，2021）。Polat 等（2006a）指出，在雁翎关岩组科马提岩之上发育一套枕状玄武岩，具有较为平坦的稀土分异模式和 Nb、Ti 亏损的特征。Wang 等（2013b）用年龄为 2706±9 Ma 的英云闪长岩脉限制了雁翎关岩组表壳岩的年龄上限。同时，Wang 等（2013b）指出，柳杭岩组主要由大量拉斑玄武岩和少部分富 Nb 玄武岩组成。其中拉斑玄武岩与雁翎关岩组地球化学特征不同，其 HFSE 亏损不明显；而富 Nb 玄武岩则表现出 LREE 较为富集的稀土分异模式，具有较高的 TiO$_2$ 和 Nb。因此，Wang 等（2013b）认为柳杭组玄武岩起源于亏损地幔的部分熔融，而富 Nb 玄武岩则可能熔融程度更低，它们共同指示了鲁西在约 2.7 Ga 可能处于稳定的被动大陆边缘环境。Gao 等（2019b）对七星台和盘车沟地区拉斑玄武岩的岩石学和地球化学特征做了大量的研究。结果表明，七星台地区拉斑玄武岩年龄为约 2.73 Ga，其 MgO 较高，表现为较平坦的稀土分异模式且 HFSE 亏损不明显，与柳杭岩组玄武岩类似，表明其起源于亏损地幔；而盘车沟地区拉斑玄武岩年龄为约 2.78～2.71 Ga，其 MgO 较低且表现为较强烈的 Nb、Ta 亏损特征，与雁翎关岩组玄武岩类似，表明其起源于受到俯冲流体交代的地幔楔。基于以上岩石学特征，Gao 等（2019b）认为新太古代早期鲁西地区存在地幔柱诱发的初始洋-洋俯冲，且科马提岩形成年龄应该早于约 2.78 Ga。本书在鲁西泰山地区发现的 2.702 Ga 拉斑玄武岩具有 HFSE 亏损的特征，与雁翎关岩组玄武岩相似，但是其 LREE 更为富集，表明该岩石起源于被俯冲流体和熔体交代的亏损地幔楔。因此，本书认为，鲁西在约 2.7 Ga 出现初始俯冲，其原因更可能为岩石圈热状态的改变、地幔柱上涌的推力以及洋底高原两侧和原始地壳的密度差异。鲁西约 2.7 Ga 花岗绿岩带的形成受到了垂向地幔柱和水平初始俯冲的共同作用。

鲁西约 2.7 Ga 侵入岩主要为 TTG 片麻岩，分布在鲁西中部带，构成了中部带基底的主体。Wan 等（2010，2011）对中部带 TTG 片麻岩进行了详细的野外调查和年代学研究，得出 TTG 片麻岩的年龄为 2.74～2.71 Ga。Sun 等（2019b）和 Hu 等（2019a）对 TTG 片麻岩的岩石学和地球化学进行了研究，结果表明，TTG 片麻岩具有高硅低镁的特征、强烈分异的稀土模式以及 LREE 富集特征，因此推断其起源于低钾基性岩在下地壳深度和较高的压力下（约 1.3～1.5 GPa）发生部分熔融。结合前文对新太古代表壳岩的研究，约 2.7 Ga TTG 片麻岩可能是地幔柱上涌使基性下地壳发生部分熔融进而发生壳幔相互作用的结果（Wang et al.，2015a）。

结合前人对鲁西新太古代早期岩浆作用的研究，本书提出了鲁西新太古代早期大地构造演化模型（图 6.8）。在鲁西苏家沟等地区发现的科马提岩，其年龄应早于约 2.78 Ga，所代表的地幔潜能温度超过 1600 ℃，为垂向构造体制下地幔柱作用形成的。因此，鲁西地区在＞2.78 Ga 经历了洋底高原环境下的地幔柱上涌，导致了地壳伸展以及大洋岩石圈弱化 [图 6.8（a）]。同时，地幔物质在高热环境下发生部分熔融，形成了一系列科马提岩和低钾拉斑玄武岩。该时期，鲁西处于伸展环境，垂向地幔柱作用占据主导。在 2.78～2.70 Ga 期间，鲁西地区地幔柱活动逐渐衰减，持续上涌的地幔柱不断加热下地壳，导致基性下地壳发生重熔形成了大量约 2.7 Ga TTG。由于岩石圈热状态的改变、地幔柱上涌的推力以及加厚的洋底高原与其两侧的原始地壳的密度差异，在鲁西西部发生了较重的洋底高原向陆壳的初始俯冲，导致现在残余的绿岩保存很少［图 6.8（b）］。该时期地温梯度较高，初始俯冲的规模小、俯冲深度浅，为热俯冲，俯冲板片流体交代上地幔导致其部分熔融，在雁翎关和盘车沟等地区形成了一系列岛弧拉斑玄武岩。该时期鲁西开始处于挤压环境，受到了垂向地幔柱作用和水平俯冲作用共同控制。这里特别指出，早期地壳的初始俯冲是初级的，不具备现代板块的刚性边界，可能边界不截然，厚度变化大，较热，较软，所以不能用现代板块平滑整齐的形态表达（图 6.8）。

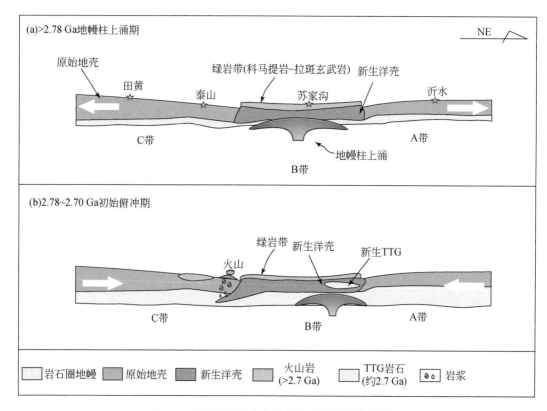

图 6.8 鲁西地区新太古代早期大地构造演化模型

6.3.2 新太古代中晚期：水平构造体制转换期

鲁西新太古代中期（2.7～2.6 Ga）岩浆活动并不活跃，以侵入岩为主，火山岩分布极少。鲁西地区约 2.6 Ga 喷出岩主要分布在东北部的沂水地区。Gao 等（2019a）报道了该地区 2.64 Ga 高镁安山岩，其中有一组安山岩具有轻微分异的稀土模式，并表现出 Nb 和 Ta 亏损的特征，推测其起源于被流体交代的亏损地幔楔，指示鲁西东部在新太古代中期存在水平俯冲和壳幔相互作用。本书在泰山地区发现的 2.66～2.64 Ga 拉斑玄武岩与沂水地区的高镁安山岩表现出了十分相似的微量元素特征，表明其同样起源于被流体交代的地幔楔，并指示在约 2.6 Ga 鲁西地区的西部存在持续俯冲作用。

新太古代中期侵入岩主要为英云闪长片麻岩、高镁花岗闪长片麻岩、二长花岗片麻岩以及 TTG 片麻岩，相比火山岩分布要广，主要集中在鲁西中部带的七星台、雁翎关、盘车沟和孟良崮等地区。Wan 等（2014）和 Ren 等（2016）对该期侵入岩的野外地质和年代学进行了详细研究，指出其年龄在 2.67～2.59 Ga 之间。鲁西约 2.6 Ga 岩浆活动以年轻地壳加入和地壳再循环作用为特征，并发生区域性构造-热事件。Hu 等（2019a）进一步对约 2.6 Ga 侵入岩进行了岩石学和地球化学的研究。文章指出，英云闪长岩具有低钾高钠特征，起源于俯冲洋壳脱水部分熔融；二长花岗岩具有高硅低镁特征，起源于年轻硬砂岩的部分熔融；花岗闪长岩具有高硅高镁特征，其母岩浆可能为壳幔混合作用的岩浆，因此可能起源于拆沉下地壳物质的部分熔融。其中，英云闪长岩具有赞岐岩的特征，花岗闪长岩具有埃达克岩的特征，表明该时期鲁西发生强烈的壳幔相互作用。这种壳幔相互作用只能是在洋壳俯冲背景下地幔楔熔融的幔源岩浆与大陆地壳相互作用时才可以发生，为典型的洋陆俯冲，而洋内俯冲不可能形成这种岩石组合。上述岩石组合表明，鲁西地区在约 2.6 Ga 从洋内岛弧环境转变为活动大陆边缘环境。此外，Sun 等（2019b，2021）根据对鲁西 TTG 岩石学和变质作用研究，提出鲁西地壳厚度从约 2.7 Ga 的 44～51 km 缩减到约 2.5 Ga 的 35～43 km，减薄了约 10 km。因此，Hu 等（2019a）提出新太古代中期鲁西地区可能存在俯冲导致的拆沉作用。

鲁西新太古代晚期（2.6～2.5 Ga）发育比早期和中期更为强烈的岩浆活动，形成了多种多样的火山岩和侵入岩，构成了鲁西地区东部和西部的基底。新太古代晚期火山岩十分丰富，包括拉斑玄武岩、钙碱性玄武岩、碱性玄武岩、硅质高镁玄武岩、英安岩和流纹岩等，在鲁西的东部带、中部带和西部带均有出露，集中分布于沂水、泰山、孟良崮、龙虎寨和田黄等地区（Wan et al.，2010，2012a；Peng et al.，2013b；Gao et al.，2019a；Yang et al.，2020a；Wang et al.，2022b）。这些岩石年龄在 2.55～2.50 Ga 之间，基本上具有高场强元素亏损的特征，表明其起源于被交代的地幔楔部分熔融（Guo et al.，2013；Gao et al.，2020a）。其中，玄武岩可分为 LREE 亏损型和 LREE 富集型，LREE 亏损型起源于被俯冲流体微弱交代的亏损地幔楔，而 LREE 富集型则起源于被俯冲流体和熔体强烈交代的地幔楔（Wang et al.，2022b）。本书在鲁西田黄地区发现的一系列新太古代晚期表壳岩，包括了钙碱性玄武岩和碱性玄武岩，其年龄在 2.57～2.52 Ga 之间。这套岩石表现出强烈的 LREE 富集和高场强元素亏损，与 Gao 等（2020a）在沂水地区发现的钙碱性玄武岩具有十分相似的特征，推断其起源于被俯冲流体和熔体交代的成熟地幔楔。新太古代晚期，钙碱性玄武岩和碱性玄武岩逐渐取代了拉斑玄武岩，在鲁西地区的东西部广泛发育，标志着洋陆俯冲带的成熟。

鲁西新太古代晚期侵入岩种类十分丰富，构成了鲁西西部带和东部带的主体。侵入岩类型在前文已有论述，主要包括了 TTG 片麻岩、花岗闪长岩-二长花岗岩-正长花岗岩系列、辉长-闪长-石英闪长岩系列和紫苏花岗岩等，其年龄也横跨 2.60～2.50 Ga（Wan et al.，2010）。近年来，众多学者对鲁西新太古代侵入岩的岩石成因进行了详细研究，本书对其研究成果进行了系统性总结（表 6.1）。根据表 6.1，这些侵入岩既有幔源成因（如石英闪长岩），又有壳源成因（如正长花岗岩），还有壳幔混合作用成因（如花岗闪长岩）（Gao et al.，2019a；Sun et al.，2019a，2020b；Yu et al.，2019，2021；Meng et al.，2023）。可以看出，鲁西新太古代晚期发生了俯冲主导的强烈的壳幔相互作用。地幔楔受到俯冲流体和熔体交代作用发生部分熔融，进而幔源岩浆与下地壳发生强烈的相互作用，形成了高硅埃达克岩、低硅赞岐岩和高钾花岗岩等多种类型的侵入岩。其中，埃达克岩来自加厚下地壳部分熔融，赞岐岩来自地幔楔部分熔融或者壳幔混合。在 A 带和 C 带都发育有俯冲背景下壳幔相互作用成因的侵入岩（见图 6.9 中的粉色和肉色的侵入岩分布区）和弧后环境的表壳岩（原岩为玄武岩-安山岩，见图 6.9 中的绿色火山岩分布区），表明这两带都处于活动大陆边缘下的弧后环境。

表 6.1　鲁西新太古代侵入岩岩石成因汇总

样品	位置	年龄/Ga	岩石成因	参考文献
新太古代早期				
TTG	鲁西中部	约 2.70	起源于含石榴子石下地壳低钾基性岩部分熔融	Sun 等（2019b）
新太古代中期				
英云闪长岩	鲁西中部	约 2.62	起源于俯冲洋壳的部分熔融	Hu 等（2019a）
二长花岗岩	鲁西中部	约 2.61～2.58	起源于年轻硬砂岩的部分熔融	Hu 等（2019a）
花岗闪长岩	七星台	约 2.59	起源于拆沉下地壳物质与地幔壳幔混合作用	Hu 等（2019a）
新太古代晚期				
高钾花岗岩	鲁西东部	约 2.51～2.50	起源于 TTG、赞岐状岩和二长花岗岩不同程度的混合	Gao 等（2018b）
二长花岗岩	平邑	约 2.54	起源于下地壳变质杂砂岩的部分熔融	Sun 等（2019a）
石英二长闪长岩	平邑	约 2.54～2.52	起源于受到了流体交代的地幔部分熔融	Sun 等（2019a）
花岗闪长岩	平邑	约 2.54～2.52	起源于壳幔岩浆混合	Sun 等（2019a）
TTG	鲁西中部	约 2.55	起源于无石榴子石的下地壳低钾基性岩部分熔融	Sun 等（2019b）
正长花岗岩	沂水	约 2.51	起源于硬砂岩或 TTG 部分熔融	Sun 等（2020b）
石英正长岩	墨石山	约 2.53	起源于年轻幔源玄武质岩和再循环沉积岩	Sun 等（2020b）
石英闪长岩	泰山	约 2.53～2.52	起源于被交代地幔部分熔融	Sun 等（2020b）

　　基于对上述火山岩和侵入岩的研究，本书提出了鲁西新太古代中晚期双向洋陆俯冲模型（图 6.9）。该时期鲁西存在广泛而强烈的水平俯冲作用，中部带（B 带）（图 6.10 中的深绿色条带区为科马提岩-玄武岩区）两边可能发育两条约 2.6～2.5 Ga 热俯冲带，而东部带（A 带）和西部带（C 带）各发育一套俯冲成因的玄武岩-安山岩，代表了弧后区域（图 6.9、图 6.10 中的绿色岩区）。本书认为鲁西东部带和西部带位于弧后环境，主要有以下证据：①鲁西在新太古代中晚期地壳减薄，地幔位温和莫霍面地温梯度降低，其岩石圈热状态满足水平构造体制发生的条件；②鲁西地区的东西部发育的新太古代晚期 TTG 起源于基性下地壳部分熔融，只有俯冲带才能为其形成提供含水环境；③鲁西地区的东西部都发育

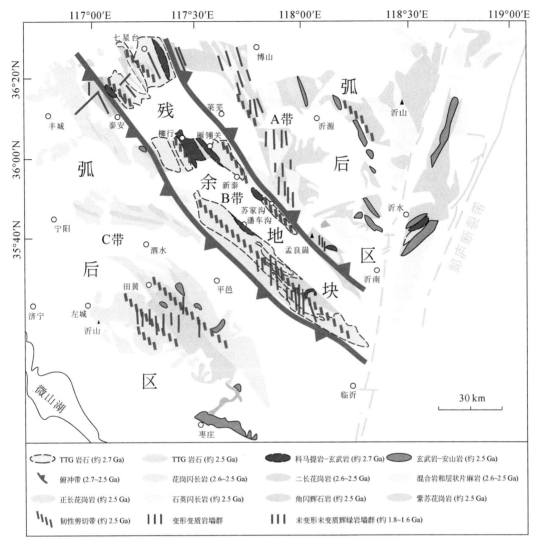

图 6.9　鲁西地区新太古代中晚期双向俯冲构造分区简图（修改自 Wan et al., 2012a；杨立辉，2021）

具有俯冲特征的钙碱性玄武岩和碱性玄武岩，这不仅指示了俯冲带的成熟，也是弧后区域的特征岩石；④鲁西在新太古代晚期发育大量具有强烈壳幔相互作用成因的花岗岩，指示了活动大陆边缘下的弧后环境；⑤鲁西新太古代晚期花岗岩具有空间分带性的分布特点，并发育条带状石英正长岩，指示了弧后环境。

本书在此需要指出，前人建立的新太古代中晚期俯冲作用模型存在俯冲带弯滑平直的现代板块特征是不妥的，早期板块由于热流高，应该表现为较软的、非弯滑平直的，俯冲作用和浮力均起作用。结合前人对新太古代中晚期岩浆活动的研究，本书针对鲁西新太古代中晚期大地构造演化提出了洋陆双向的浅热俯冲模型（图 6.10）。新太古代中期（约 2.7~2.6 Ga），鲁西在初始俯冲的持续作用下，其中下地壳广泛发生了重熔，形成了大面积的 TTG 侵入体。这些 TTG 在消融了原始地壳的同时，也破坏了地表的绿岩带。新太古代早中期侵入体构成了鲁西约 2.7 Ga 花岗绿岩带的主体，并使鲁西地区从洋底高原被动陆缘转变为洋

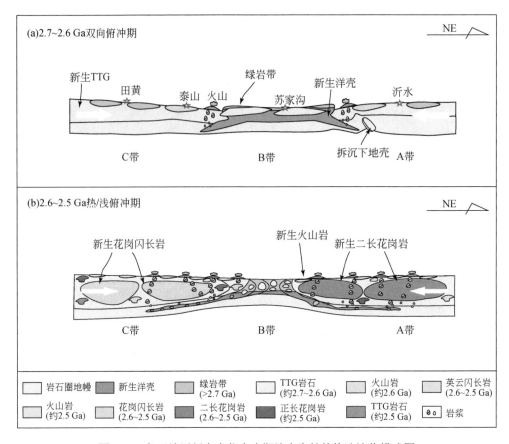

图 6.10　鲁西地区新太古代中晚期地壳生长的构造演化模式图

陆双向俯冲的活动大陆边缘环境。在鲁西沂水地区和泰山地区分别发现了约 2.6 Ga 具有高场强元素亏损特征的高镁安山岩和拉斑玄武岩，本书认为，此时在 A 带和 C 带出现了双向初始俯冲［图 6.10（a）］。虽然俯冲带规模较小，俯冲深度较浅，较热，但俯冲带较为活跃，并开始逐渐成熟。此时壳幔相互作用较为强烈，沿着鲁西 B 带两侧形成了一系列 TTG 片麻岩。同时，高镁花岗闪长片麻岩的发现及地温梯度的变化也表明鲁西沂水地区可能存在拆沉作用。新太古代晚期（2.6～2.5 Ga），地幔柱完全消失，双向俯冲带继续发育并成熟，下插的洋壳继续向地幔延伸。此时地温梯度较高，因此俯冲角度较高，以热、轻、浅俯冲为主［图 6.10（b）］。根据本书研究，在鲁西 A 带和 C 带都发育俯冲相关的玄武岩-安山岩序列和赞岐状花岗岩，表明该时期鲁西俯冲作用十分广泛，且发生十分强烈的壳幔相互作用，形成了一系列种类多样、组成复杂的火山岩和侵入岩。这些约 2.5 Ga 岩浆岩取代了约 2.7 Ga 岩浆岩，使得约 2.7 Ga 花岗绿岩带残存于 B 带。在此之后，新太古代晚期岩浆岩构成了鲁西 A 带和 C 带的太古宙基底。这种由绿岩带代表的较重的洋底高原分别向东西两侧俯冲的双俯洋陆俯冲模式也解释了该地区中间 B 带残余绿岩很少的原因［图 6.10（a）（b）］。

　　由此可见，自新太古代中期开始，水平构造体制完全取代了垂向构造体制，成为鲁西地区地壳生长和壳幔相互作用的主导体制。鲁西构造体制转换的过程有如下特点。

　　（1）岩石圈热状态的改变为构造体制转换创造了条件。从新太古代早期到新太古代晚期，鲁西地壳厚度不断减薄，地幔位温和莫霍面地温梯度逐渐降低，岩石圈热状态开始趋近于现代板块构造的岩石圈热状态，这为出现水平构造体制下的俯冲作用奠定了热力学基础（Sun et al.，2021）。

（2）地幔柱上涌产生的推力以及超基性-基性洋底高原的两侧与周围基性原始地壳的密度差异可能是初始俯冲作用的诱因。早期垂向地幔柱作用使原始地壳发生伸展，形成了科马提岩-拉斑玄武岩组成的洋底高原（图6.10的A带）（Gao et al.，2019b）。洋底高原不断受到地幔柱加热而发生部分熔融，形成了大量新太古代早期TTG。随后，地幔柱上涌使得洋底高原向两侧扩张，加厚的致密洋底高原发生重力失稳，由于大洋超基性岩与基性原始地壳的密度差异，诱发了较重的洋底高原向东西两侧的原始陆壳发生初始俯冲，进而形成了鲁西的A带和C带（图6.10）。自此，鲁西的水平俯冲作用开始出现，并逐渐影响了鲁西后期的岩浆活动和地壳生长方式。

（3）构造体制转换并不是在某一时间完成的，而是一个复杂且漫长的过程。鲁西地区的初始俯冲作用在新太古代早期开始出现，在新太古代晚期取代了地幔柱作用且占据主导地位。然而，在华北克拉通其他地区，如辽东、胶东等地区，其新太古代晚期的岩石圈热状态尚不满足俯冲作用发生的条件，仍然以垂向地幔柱作用为主导（刘树文等，2021）。因此本书认为，新太古代是一个全球构造体制转换的重要时期，但在不同区域，其发生转换的时间和过程并不相同。总体来看，全球各个区域岩石圈热状态都在向着现代板块体制下的岩石圈热状态发展，水平俯冲作用在局部地区持续发展，并最终成为全球主导的构造体制。

6.3.3　新太古代末—古元古代早期：拼贴变形—后碰撞期

近二十年来，学者通过详细的野外勘探研究，在鲁西地区发现大量线状分布的韧性剪切带，它们主要分布在田黄、泰山、七星台、新泰、蒙山和沂水等地区，沿着鲁西的中部带及两侧呈北北西向带状分布（张拴宏和周显强，1999；王新社，1999；王新社等，2005；宋明春，2008；王东明，2021；Zhang et al.，2021，2022a）（图6.9）。这些剪切带发育在新太古代晚期花岗岩之上，呈NW-SE走向、SW倾向，糜棱面理近于直立、拉伸线理近于水平。由于鲁西在中-新生代受到郯庐断裂的影响，其太古宙花岗绿岩带被分割成北西向展布的盆岭构造格局（侯贵廷等，1998a，2001，2003a；李三忠等，2005；侯贵廷，2014）。因此，鲁西地区韧性剪切带现今糜棱面理的产状可能与太古宙初始产状有所差异。王东明（2021）使用构造平衡剖面恢复方法，对鲁西剪切带原始产状进行恢复。结果表明，鲁西C带的田黄地区剪切带初始产状近于直立或略倾向NE，位于B带的蒙山剪切带也是倾向NE，近于直立。前人通过对鲁西的中部和东部剪切带脉体锆石和糜棱岩云母的年代学研究，得出鲁西地区剪切带活动时间普遍为新太古代末期（约2.5 Ga），指示了微陆块水平拼贴和地壳垂向增厚的过程（王东明，2021）。

本书以鲁西地区的青邑韧性剪切带为重点研究对象，进行了详细的几何学、运动学和年代学研究，认为该韧性剪切带具有与鲁西地区其他剪切带相似的几何学特征。本书利用极莫尔圆法获得该剪切带的运动学涡度为0.79～0.99，证明了青邑韧性剪切带受简单剪切作用控制在压扭环境下发生右行走滑剪切。通过微观构造、矿物组合和EBSD研究，得出该剪切带经历了高绿片岩相（400～500℃）变质环境的结论。对该剪切带的糜棱岩和一条同剪切晚期脉体进行了年代学分析，得到剪切活动时间为新太古代末期（约2.50 Ga）。该韧性剪切带的母岩主要为约2.54 Ga二长花岗岩和花岗闪长岩，其中花岗闪长岩具有赞岐状花岗岩的特征，表明在新太古代晚期，该地区位于活动大陆边缘环境，发育强烈的水平俯冲和壳幔相互作用。结合对该地区岩浆活动和韧性剪切带的研究，本书认为太古宙末期鲁西地区在持续的俯冲之后，发生了强烈的微陆块间的水平拼贴碰撞，在发育广泛壳源岩浆活动的同时，在中下地壳形成了数条规模较大的韧性剪切带（图6.11）。

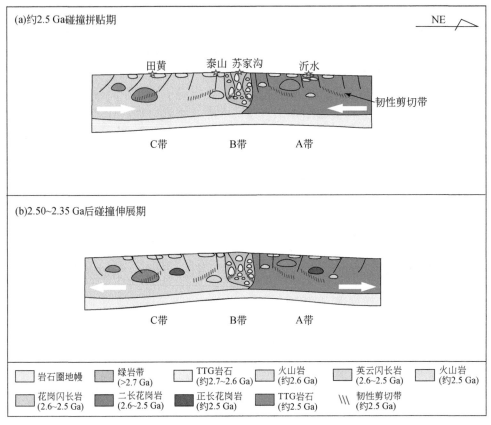

图6.11 鲁西地区新太古代末期至古元古代早期大地构造演化模式图

结合对新太古代末期岩浆活动和韧性剪切带的研究，本书提出了鲁西新太古代末期到古元古代早期的大地构造演化模型（图6.11）。鲁西地区发育北西向透入性片麻理以及数条新太古代末期活动的韧性剪切带。这些线性构造都表明，该时期鲁西地区在挤压构造环境下发生了微陆块间的水平侧向碰撞拼贴 [图6.11（a）]。微陆块拼贴将在鲁西地区广泛分布的新太古代早中期花岗绿岩带挤压到了B带，并导致了地壳垂向生长，为鲁西地区较早的克拉通化奠定了基础。持续的碰撞拼贴形成了数条压扭性韧性剪切带，并导致陆壳增厚重熔，形成了弱变形的壳源花岗岩。微陆块的拼贴和地壳的冷却都导致鲁西地区进一步的克拉通化。在华北克拉通的其他地区也发现了一系列古元古代早期（约2.50～2.42 Ga）的变质作用、岩浆活动和韧性剪切带，表明此时华北克拉通的各个地区都在发生微陆块拼贴和克拉通化作用，从碰撞拼贴的挤压环境逐渐转换为后碰撞的伸展环境，并在此之后完成了克拉通化过程（Zhou and Zhai，2022）。然而，鲁西地区在古元古代进入了"岩浆停滞期"，缺乏约 2.4 Ga 的岩浆活动和构造作用的记录，可能是地壳的冷却时期，为以后的完全克拉通化并具备刚性冷板块阶段奠定了热力学基础。我们在鲁西地区发现的 2.344 Ga 变质基性岩墙，表明鲁西地区完成克拉通化的时间应早于约 2.35 Ga。因此，认为鲁西地区在新太古代末期完成微陆块碰撞拼贴后，在古元古代早期（约 2.50～2.35 Ga）就应该处于克拉通化作用影响下的后碰撞伸展环境，并在约 2.35 Ga 前彻底完成了克拉通化过程 ［图 6.11（b）］。

6.3.4　古元古代中晚期：大陆伸展期

古元古代基性岩墙在鲁西地区分布较为广泛，根据其变质程度可分为变质岩墙和未变质岩墙。其中，变质岩墙形成于古元古代早、中期（2.50～2.05 Ga），数量极少，仅出露于卧龙峪和孟良崮地区（Yang et al.，2019；Zhang et al.，2023）。未变质岩墙形成于古元古代晚期（约 1.8～1.6 Ga），数量较多，广泛分布于鲁西的泰山、田黄和蒙阴等地区（Hou et al.，2008a；侯贵廷，2012；Li et al.，2015；Wang et al.，2022a）。本书在鲁西泰山地区发现了一条侵位年龄为 2344±8 Ma 的变质基性岩墙，此即为在鲁西地区发现的古元古代岩浆停滞期（2.45～2.2 Ga）的基性岩浆活动，填补了该时期构造-热事件记录的空白。该卧龙峪变质岩墙经历绿片岩相变质作用，具有轻稀土元素富集和高场强元素亏损的特征。岩石学和地球化学研究表明，卧龙峪变质岩墙起源于受到俯冲流体交代的大陆岩石圈地幔（SCLM）部分熔融，代表了陆内伸展的大地构造环境。本书在鲁西孟良崮地区还发现了侵位年龄为 2089±20 Ma 的变质基性岩墙，这也是在鲁西发现的古元古代中期（2.30～2.05 Ga）岩浆活动记录。该岩墙起源于亏损地幔的部分熔融，在岩浆上升过程中经历了一定程度的地壳混染。岩墙是完成克拉通化后地壳脆性伸展的产物，表明鲁西地区在古元古代中期已具有板块的刚性，并处于陆内伸展环境。因此，本书认为，鲁西地区的克拉通化应在约 2.35 Ga 之前就已完成，并且在 2.35～2.05 Ga 期间长期处于克拉通化后的陆内伸展环境。

鲁西地区的岩墙大部分为未变形未变质的岩墙，其侵位时间为古元古代晚期（侯贵廷，2012）。Hou 等（2006b）最早对鲁西泰山脚下的红门大岩墙进行了年代学研究，得出其侵位年龄为约 1.84 Ga，这是华北克拉通未变形未变质岩墙的最老年龄。随后，Wang 等（2007b）在鲁西莱芜地区发现了侵位年龄为 1.841 Ga 的未变形未变质的基性岩墙，进一步证实了鲁西地区最早的未变形未变质岩墙群的年龄为约 1.84 Ga。Hou 等（2008a）对鲁西地区大量的约 1.8 Ga 的基性岩墙进行了岩石学和地球化学的研究。这些岩墙表现出轻稀土元素富集和高场强元素亏损的特征，推测其起源于 SCLM，指示了持续的陆内伸展环境。Li 等（2015）对鲁西泰山和莱芜地区的基性岩墙进行年代学和地球化学研究。这些岩墙的侵位年龄为约 1.68～1.62 Ga，其地球化学特征与约 1.84 Ga 的岩墙十分相似，但表现出不同的 $\varepsilon_{Nd}(t)$ 值，可能起源于被再次交代的 SCLM。Wang 等（2022a）在鲁西地区陆续发现了两条年龄分别为 1.70 Ga 和 1.62 Ga 的基性岩墙，其地球化学特征指示了板内岩浆活动，代表了较为稳定的大地构造环境。因此，本书认为鲁西地区古元古代晚期的基性岩墙群整体形成于陆内伸展环境，其形成机制与同期燕辽-中条拗拉谷系的伸展构造环境有统一的大地构造背景（侯贵廷等，1998b；Hou et al.，2006a；侯贵廷，2012）。伸展作用导致了地幔柱上涌，华北克拉通古老的 SCLM 发生部分熔融并被重新活化，连续发生了约 1.84 Ga、约 1.70 Ga 和约 1.62 Ga 等多期次的岩浆活动。

与鲁西地区相对应，在华北克拉通其他地区已经发现了 600 多条古元古代晚期基性岩墙，以及至少 5 个古元古代晚期拗拉谷或大陆裂谷，包括燕辽拗拉谷、晋陕拗拉谷、中条拗拉谷、贺兰山裂谷和渣尔泰-白云鄂博裂谷。这些基性岩墙群与同期活动的拗拉谷系有一定成生联系，表明整个华北克拉通在古元古代晚期受到了广泛的伸展作用（侯贵廷，2012）。该时期伸展事件是一个全球性事件，在印度克拉通以及加拿大地盾均发育有大量古元古代晚期放射状岩墙群，指示了古元古代全球哥伦比亚超大陆开始裂解（Hou et al.，2008b）。Hou 等（2008a，2008b，2008c）基于全球古元古代晚期的巨型放射状岩墙群、古地磁数据和大火成岩省等证据对全球哥伦比亚超大陆进行了重建。古元古代晚期（约 1.85~1.75 Ga）全球哥伦比亚超大陆发生了初始裂解，在华北克拉通、印度克拉通和加拿大地盾形成了巨型放射状岩墙群。中元古代晚期（约 1.40~1.20 Ga）全球哥伦比亚超大陆完成了最终解体，在各个克拉通广泛发育岩墙群和大火成岩省事件（Hou et al.，2008c；Zhang et al.，2022b）。由此可见，鲁西地区及整个华北克拉通的古元古代晚期伸展事件正是对全球哥伦比亚超大陆初始裂解的响应。

结合前人对鲁西古元古代基性岩墙的研究，本书提出了鲁西地区古元古代大地构造演化模型（图 6.12）。古元古代早中期（2.35~2.05 Ga），鲁西地区发育变质基性岩墙，表明此时鲁西大陆地壳完成克拉通化后呈现脆性特征，标志着进入现代板块构造机制的时代。这些岩墙的地球化学特征表明其起源于 SCLM，指示了鲁西地区在 2.35~2.05 Ga 处于陆内伸展环境 [图 6.12（a）]。此外，华北克拉通中条地区发现的 2.37~2.32 Ga 科马提岩表明，在古元古代早期仍存在垂向地幔柱作用（Yuan et al.，2017）。因此，本书认为，鲁西地区古老的 SCLM 在新太古代末期受到了俯冲板片流体和熔体的交代后，在古元古代早期的岩浆停滞期保持稳定。在约 2.35 Ga 鲁西地区的 SCLM 被上涌的地幔柱加热发生部分熔融，才形成了约 2.3 Ga 变质基性岩墙。随后，鲁西又经历了多期次不同规模的地幔柱上涌事件，地壳持续伸展，在 2.35~2.05 Ga 发生多期岩浆活动。在鲁西地区尚未发现古元古代中期（2.05~1.85 Ga）岩浆活动记录。然而，在 2.05~1.85 Ga 期间，华北克拉通广泛发育岛弧岩浆作用和高压变质作用。华北克拉通的大地构造环境从伸展转变为挤压、从稳定转变为活动，发生弧-陆俯冲和陆-陆碰撞事件，这与全球哥伦比亚超大陆汇聚事件相一致（Hou et al.，2008b；侯贵廷，2012；Zhou and Zhai，2022）。因此，本书认为，鲁西地区在 2.05~1.85 Ga 的构造演化应与华北克拉通一致，周缘大地构造环境从伸展转变为挤压，但其内部仍较为稳定 [图 6.12（b）]。古元古代晚期（约 1.85~1.60 Ga），华北克拉通在重新完成微陆块拼合和整体的克拉通化过程后，随着全球哥伦比亚超大陆的初始裂解，发生了广泛的伸展裂谷事件和基性岩浆活动（Hou et al.，2008b；Zhao et al.，2012；侯贵廷，2012）。此时，鲁西地区发育大量基性岩墙群，指示了地幔柱作用下的伸展环境。本书认为，鲁西地区在约 1.85~1.60 Ga 处于持续陆内伸展环境 [图 6.12（c）]。

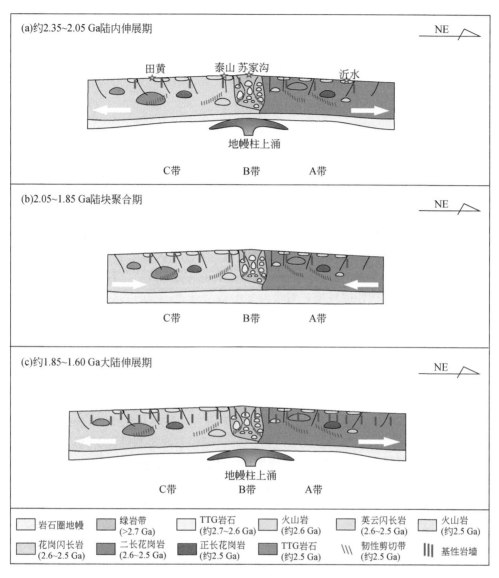

图 6.12　鲁西地区古元古代大地构造演化模型

第7章 结　语

　　针对华北克拉通东部的鲁西地区早前寒武纪构造演化存在的科学问题：①新太古代鲁西地区从垂向构造体制向水平构造体制的转换问题；②新太古代末期鲁西微陆块在碰撞拼贴过程缺乏构造地质学的证据；③古元古代早期鲁西地区在微陆块拼合后完成克拉通化的时间和过程尚不清晰。本书开展了全面系统的深入研究，包括：对鲁西地区新太古代基性岩浆活动、韧性剪切带和古元古代变质岩墙分别开展了详细的岩石学、构造地质学、地球化学和年代学的研究，并总结归纳了前人的研究成果，探讨了鲁西地区新太古代至古元古代的构造-热事件及其动力学机制。本书得到以下5条重要认识。

　　（1）在鲁西地区的苏家沟科马提岩露头区，野外识别出科马提岩的两期熔岩，大地构造环境为从裂谷到大洋的伸展环境。对于苏家沟科马提岩，考虑到其经历强烈变质，无原生橄榄石的事实，无法应用橄榄石作为温度计，本书用 Arndt（2008）所提计算方法，以全岩的 MgO 含量作为原始岩浆 MgO 含量，得到了苏家沟科马提岩的岩浆温度为 1540～1600 ℃，可以证明苏家沟科马提岩为地幔柱起源。本书认为，鲁西>2.7 Ga 苏家沟科马提岩与同时期其他绿岩带发育的 Murno 型科马提岩一致，均为地幔柱成因，代表了垂向的地壳生长模式。此时期的鲁西地区在地幔柱上涌导致的伸展环境下，最终拉张形成新的洋壳。

　　（2）在鲁西的泰山地区和田黄地区发育多期表壳岩，包括：约 2.70 Ga 拉斑玄武岩、约 2.66～2.64 Ga 拉斑玄武岩和约 2.57～2.52 Ga 钙碱性玄武岩和碱性玄武岩。这些表壳岩（原岩是玄武岩系列）起源于受俯冲流体或熔体交代的亏损地幔楔，指示开始出现水平构造体制下的岩浆活动。鲁西地区在新太古代早期发生初始俯冲，晚期在花岗-绿岩带的东西两侧发生了双向俯冲带，并逐渐成熟，进入了水平构造机制的时代。

　　（3）鲁西地区的青邑韧性剪切带具有简单剪切主导的右行走滑特征，其形成的变质环境为高绿片岩相（400～500 ℃），剪切活动时间为约 2.50 Ga。该剪切带具有陡立的面理，指示地壳垂向加厚，是新太古代末期鲁西地区微陆块间发生碰撞拼贴的产物，代表微陆块拼贴的重要构造事件。

　　（4）鲁西地区卧龙峪和孟良崮的变质岩墙侵位年龄分别为 2.344 Ga 和 2.089 Ga，起源于受到俯冲流体交代的古老大陆岩石圈地幔（SCLM）部分熔融。这些变质岩墙与鲁西古元古代晚期的未变质岩墙具有相似的地球化学特征，指示了陆内伸展环境，标志着鲁西在约 2.35 Ga 前已完成克拉通化，具备现代板块的刚性特征。

　　（5）结合上述结论和前人研究成果，本书提出了鲁西地区在新太古代>2.78 Ga 时期，处于地幔柱垂向构造机制主导的地壳生长环境；2.78～2.7 Ga，在鲁西地区，由于洋底高原重力作用而发生了初始俯冲，整体处于挤压环境，受到了地幔柱和俯冲作用的共同控制；在 2.7～2.6 Ga，鲁西地区从大洋环境转变为活动大陆边缘环境，在洋底高原的东西两侧发育双向俯冲带，即在鲁西地区的东西部均出现俯冲作用；在 2.6～2.5 Ga，鲁西地区的俯冲作用十分广泛，并发生强烈的壳幔相互作用，表明鲁西地区已进入以水平构造机制为主的时代；在约 2.50 Ga，鲁西地区在挤压环境下发生了微陆块间的碰撞拼贴，在中下地壳形成数条韧性剪切带；在 2.50～2.35 Ga，鲁西地区处于克拉通化过程中的后碰撞伸展环境；在 2.35～2.05 Ga，鲁西地区发育一定规模的基性岩墙，处于地幔柱作用下的陆内伸展环境，标志着鲁西地区基本完成了克拉通化，具备了刚性板块的特征；在 2.05～1.85 Ga，华北克拉通重新活化，鲁西周缘大地构造环境从伸展转变为挤压，但其内部仍较为稳定；在约 1.85～1.60 Ga，鲁西地区及整个华北克拉通发育大量未变形未变质的岩墙群，标志着包括鲁西在内的整个华北克拉通彻底完成了克拉通化过程，并响应全球哥伦比亚超大陆的伸展裂解事件，表明进入中元古代整个华北克拉通完全进入现代板块构造机制的时代。

参 考 文 献

曹国权. 1996. 鲁西早前寒武纪地质[M]. 北京：地质出版社：1-210.

杜利林，庄育勋，杨崇辉. 2003. 山东新泰孟家屯岩组锆石特征及其年代学意义[J]. 地质学报，77（3）：359-366.

杜利林，杨崇辉，王伟. 2011. 五台地区滹沱群时代与地层划分新认识：地质学与锆石年代学证据[J]. 岩石学报，27（4）：1037-1055.

杜利林，杨崇辉，宋会侠. 2018. 华北克拉通五台地区 2.2～2.1 Ga 花岗岩的成因与构造背景[J]. 岩石学报，34（4）：1154-1174，1242-1247.

韩阳光，颜丹平，李政林. 2015. 在 CorelDRAW 平台上进行 Fry 法有限应变测量的新技术[J]. 现代地质，29（3）：494-500.

侯贵廷. 2012. 华北基性岩墙群[M]. 北京：科学出版社：1-177.

侯贵廷. 2014. 渤海湾盆地地球动力学[M]. 北京：科学出版社：1-202.

侯贵廷，穆治国. 1994. 华北克拉通晚前寒武纪镁铁质岩墙群 K-Ar 年龄及地质意义[J]. 华北地质矿产杂志，9（3）：267-270.

侯贵廷，钱祥麟，宋新民. 1998a. 渤海湾盆地的形成机制研究[J]. 北京大学学报，34（4）：503-509.

侯贵廷，张臣，钱祥麟，等. 1998b. 华北克拉通中元古代基性岩墙群形成机制及构造应力场[J]. 地质论评，44（3）：309-314.

侯贵廷，李江海，钱祥麟，等. 2000. 华北克拉通中部中元古代岩墙群的古地磁学研究及其地质意义[J]. 中国科学 D 辑：地球科学，30（6）：602-608.

侯贵廷，钱祥麟，蔡东升. 2001. 渤海湾盆地中，新生代构造演化[J]. 北京大学学报，37（6）：845-851.

侯贵廷，钱祥麟，李江海. 2002. 华北克拉通中元古代岩墙群形成的构造应力场数值模拟[J]. 北京大学学报，38（4）：492-496.

侯贵廷，钱祥麟，蔡东升. 2003a. 渤海-鲁西地区白垩-古近纪裂谷活动-火山岩的地球化学证据[J]. 地质科学，38（1）：13-21.

侯贵廷，李江海，Halls H C，等. 2003b. 华北晚前寒武纪镁铁质岩墙群的流动构造及侵位机制[J]. 地质学报，77（2）：210-216.

侯贵廷，李江海，金爱文，等. 2004. 鲁西地块早前寒武纪构造-岩浆活动区划及演化的新认识[J]. 高校地质学报，10（2）：240-249.

侯泉林. 2018. 高等构造地质学（第二卷）[M]. 北京：科学出版社：1-231.

侯泉林，程南南，石梦岩，等. 2018. 不同构造层次岩石变形准则的融合与发展[J]. 岩石学报，34（6）：1792-1800.

李三忠，王金铎，刘建忠，等. 2005. 鲁西地块中生代构造格局及其形成背景[J]. 地质学报，79（4）：487-497.

李三忠，李玺瑶，戴黎明，等. 2015. 前寒武纪地球动力学（Ⅵ）：华北克拉通形成[J]. 地学前缘，22（6）：77-96.

李三忠, 王光增, 索艳慧, 等. 2019. 板块驱动力: 问题本源与本质[J]. 大地构造与成矿学, 43 (4): 605-643.

李曙光. 1993. 蛇绿岩生成构造环境的 Ba-Th-Nb-La 判别图[J]. 岩石学报, (2): 146-157.

李壮, 陈斌, 刘经纬. 2015. 辽东半岛南辽河群锆石 U-Pb 年代学及其地质意义[J]. 岩石学报, 31 (6): 1589-1605.

刘江, 张进江, 张波. 2012. 极摩尔圆法计算二维平均运动学涡度[J]. 地质科学, 47 (1): 13-21.

刘俊来. 2017. 大陆中部地壳应变局部化与应变弱化[J]. 岩石学报, 33 (6): 1653-1666.

刘树文, 王伟, 白翔, 等. 2015. 前寒武纪地球动力学 (Ⅶ): 早期大陆地壳的形成与演化[J]. 地学前缘, 22 (6): 97-108.

刘树文, 包涵, 高磊, 等. 2021. 华北克拉通中东部新太古代晚期变质火山岩及动力学体制[J]. 岩石学报, 37 (1): 113-128.

彭澎. 2016. 华北陆块前寒武纪岩墙群及相关岩浆岩地质图说明书: 1:2500000[M]. 北京: 科学出版社.

宋明春. 2008. 山东省大地构造格局和地质构造演化[D]. 北京: 中国地质科学院: 1-247.

万渝生, 刘敦一, 王世进, 等. 2012. 华北克拉通鲁西地区早前寒武纪表壳岩系重新划分和 BIF 形成时代[J]. 岩石学报, 28 (11): 3457-3475.

万渝生, 董春艳, 颉颃强, 等. 2022. 华北克拉通新太古代早期—中太古代晚期 (2.6~3.0 Ga) 巨量陆壳增生: 综述[J]. 地质力学学报, 28 (5): 866-906.

汪云亮, 张成江, 修淑芝. 2001. 玄武岩类形成的大地构造环境的 Th/Hf-Ta/Hf 图解判别[J]. 岩石学报, 17 (3): 413-421.

王东明. 2021. 华北克拉通新太古代晚期鲁西造山带及其构造意义研究[D]. 北京: 中国地质科学院: 1-111.

王世进. 1993. 鲁西地区早前寒武纪地质构造[J]. 中国区域地质, 3: 216-222.

王伟. 2015. 鲁西泰山岩群变质玄武岩地球化学特征及地质意义[J]. 岩石学报, 31 (10): 2959-2973.

王伟, 王世进, 刘敦一, 等. 2010. 鲁西新太古代济宁群含铁岩系形成时代——SHRIMP U-Pb 锆石定年[J]. 岩石学报, 26 (4): 1175-1181.

王伟, 刘树文, 白翔, 等. 2015. 前寒武纪地球动力学 (Ⅷ): 华北克拉通太古宙末期地壳生长方式[J]. 地学前缘, 22 (6): 109-124.

王伟, 翟明国, Santosh M. 2016. 鲁西太古宙表壳岩的成因及其对地壳演化的制约[J]. 中国科学: 地球科学, 46 (7): 949-962.

王新社. 1999. 山东田黄地区晚太古代末期韧性剪切带研究[D]. 北京: 中国地质大学.

王新社, 庄育勋, 徐惠芬, 等. 1999. 泰山地区太古宙末韧性剪切作用在陆壳演化中的意义[J]. 中国区域地质, 18 (2): 57-63.

王新社, 张尚坤, 张富中, 等. 2005. 鲁西青邑韧性剪切带运动学涡度及剪切作用类型[J]. 地球学报, 26 (5): 39-44.

伍家善, 耿元生, 沈其韩. 1998. 中朝古大陆太古宙地质特征及构造演化[M]. 北京: 地质出版社: 1-217.

徐海军, 金淑燕, 郑伯让. 2007. 岩石组构学研究的最新技术——电子背散射衍射 (EBSD) [J]. 现代地质, 2: 213-225.

徐惠芬, 董一杰, 施允亨. 1992. 鲁西花岗岩-绿岩带[M]. 北京: 地质出版社: 56-67.

杨崇辉, 杜利林, 耿元生. 2017. 冀东古元古代基性岩墙群的年龄及地球化学: ~2.1Ga 伸展及~1.8Ga 变质[J]. 岩石学报, 33 (9): 2827-2849.

杨立辉. 2021. 鲁西早前寒武纪基性-超基性岩构造-热事件动力学机制研究[D]. 北京：北京大学.

杨明春，陈斌，闫聪. 2015. 华北克拉通胶—辽—吉带古元古代条痕状花岗岩成因及其构造意义[J]. 地球科学与环境学报，37（5）：32-51.

翟明国. 2004. 华北克拉通地质事件群的分解和构造意义探讨[J]. 岩石学报，20（6）：1343-1354.

翟明国. 2011. 克拉通化与华北陆块的形成[J]. 中国科学：地球科学，41（8）：1037-1046.

翟明国. 2022. 太古宙的洋-陆与古地理问题[J]. 古地理学报，24（5）：825-847.

翟明国，卞爱国. 2000. 华北克拉通新太古代末超大陆拼合及古元古代末-中元古代裂解[J]. 中国科学D辑：地球科学，30（S1）：129-137.

翟明国，赵磊，祝禧艳，等. 2020. 早期大陆与板块构造启动——前沿热点介绍与展望[J]. 岩石学报，36：2249-2275.

张福勤，刘建忠，欧阳自远，等. 1998. 华北克拉通基底绿岩的岩石大地构造学研究[J]. 地球物理学报，S1：99-107.

张进江，郑亚东. 1995. 运动学涡度、极摩尔圆及其在一般剪切带定量分析中的应用[J]. 地质力学学报，3：55-64.

张进江，郑亚东. 1997. 运动学涡度和极摩尔圆的基本原理与应用[J]. 地质科技情报，3：34-40.

张青，李馨. 2021. 电子背散射衍射技术（EBSD）在组构分析中的应用和相关问题[J]. 岩石学报，37（4）：1000-1014.

张荣隋，司荣军，宋炳忠. 1998. 蒙阴县苏家沟科马提岩[J]. 山东地质，14（1）：26-33.

张荣隋，唐好生，孔令广. 2001. 山东蒙阴苏家沟科马提岩的特征及其意义[J]. 中国区域地质，20（3）：236-244.

张拴宏，周显强. 1999. 鲁西地区韧性剪切带显微构造研究及岩组分析[J]. 地质找矿论丛，1：39-47.

张拴宏，田晓娟，周显强. 1999. 鲁西地区韧性剪切带岩石磁组构分析及其构造意义[J]. 物探化探计算技术，1：66-72.

赵国春，孙敏，Wilde S A. 2002. 华北克拉通基底构造单元特征及古元古代拼合[J]. 中国科学D辑：地球科学，32（7）：538-549.

赵子然，宋会侠，沈其韩. 2013. 沂水青龙峪超镁铁质岩石和基性麻粒岩的锆石SHRIMP U-Pb定年[J]. 岩石学报，29（2）：551-563.

郑亚东，王涛，张进江. 2008. 运动学涡度的理论与实践[J]. 地学前缘，69（3）：209-220.

Aldanmaz E，Pearce J A，Thirlwall M F. 2000. Petrogenetic evolution of late Cenozoic, post-collision volcanism in western Anatolia, Turkey[J]. Journal of Volcanology and Geothermal Research, 102：67-95.

Allegre C J，Minster J F. 1978. Quantitative models of trace element behavior in magmatic processes[J]. Earth and Planetary Science Letters, 38（1）：1-25.

Allen D E，Seyfried W E. 2005. REE controls in ultramafic hosted MOR hydrothermal systems: an experimental study at elevated temperature and pressure[J]. Geochimica et Cosmochimica Acta, 69：675-683.

Anderson T. 2002. Correlation of common lead in U-Pb analyses that do not report ^{204}Pb[J]. Chemical Geology, 192（1-2）：59-79.

Angerer T，Kerrich R，Hagemann S G. 2013. Geochemistry of a komatiitic, boninitic, and tholeiitic basalt association in the Mesoarchean Koolyanobbing greenstone belt, Southern Cross Domain, Yilgarn craton：

implications for mantle sources and geodynamic setting of banded iron formation[J]. Precambrian Research, 224: 110-128.

Aoki I, Takahashi E. 2004. Density of MORB eclogite in the upper mantle[J]. Physics of the Earth and Planetary Interiors, 143: 129-143.

Arndt N T, Lesher C M. 2004. Komatiite[M]// Selley R C, Cocks L R, Plimer I R. The Encyclopedia of Geology. Amsterdam: Elsevier: 260-268.

Arndt N T, Lesher C M, Barnes S J. 2008. Komatiite [M]. New York: Cambridge University Press: 1-231.

Bach W, Paulick H, Garrido C J. 2006. Unraveling the sequence of serpentinization reactions: petrography, mineral chemistry, and petrophysics of serpentinites from MAR 15°N (ODP Leg 209, Site 1274) [J]. Geophysical Research Letters, 33: 13306-13309.

Bai X, Liu S W, Guo R R, et al. 2016. A Neoarchean arc-backarc system in Eastern Hebei, North China Craton: constraints from zircon U-Pb-Hf isotopes and geochemistry of dioritic-tonalitictrondhjemitic-granodioritic (DTTG) gneisses and felsic paragneisses[J]. Precambrian Research, 273: 90-111.

Bali E, Aud'etat A, Keppler H. 2011. The mobility of U and Th in subduction zone fluids: an indicator of oxygen fugacity and fluid salinity[J]. Contributions to Mineralogy and Petrology, 161: 597-613.

Ballhaus C, Berry R F, Green D H. 1991. High pressure experimental calibration of the olivine-orthopyroxene-spinel oxygen geobarometer: implications for the oxidation state of the upper mantle[J]. Contributions to Mineralogy and Petrology, 107: 27-40.

Barley M, Bekker A, Krapez B. 2005. Late Archean to Early Paleoproterozoic global tectonics, environmental change and the rise of atmospheric oxygen[J]. Earth and Planetary Science Letters, 238: 156-171.

Barnes M J. 2000. Chromite in komatiites, II. Modification during greenschist to mid-amphibolite facies metamorphism[J]. Journal of Petrology, 41 (3): 387-409.

Barnes M J, Van Kranendonk M J, Sonntag I. 2012. Geochemistry and tectonic setting of basalts from the Eastern Goldfields Superterrane[J]. Australian Journal of Earth Sciences, 59: 707-735.

Barrett T J, MacLean W H. 1997. Volcanic Sequences, Lithogeochemistry, and Hydrothermal Alteration in Some Bimodal Volcanic-associated Massive Sulfide Systems[D]. Ottawa: Carleton University: 105-133.

Bedard J H. 2006. A catalytic delamination-driven model for coupled genesis of Archean crust and sub-continental lithospheric mantle[J]. Geochimica et Cosmochimica Acta, 70: 1188-1214.

Bedard J H. 2018. Stagnant lids and mantle overturns: implications for Archaean tectonics, magmagenesis, crustal growth, mantle evolution, and the start of plate tectonics[J]. Geoscience Frontiers, 9 (1): 19-49.

Behrmann J H, Platt J P. 1982. Sense of nappe emplacement from quartz c-axis fabrics: an example from the Betic Cordilleras (Spain) [J]. Earth and Planetary Science Letters, 59: 208-215.

Belica M E, Piispa E J, Meert J G, et al. 2014. Paleoproterozoic mafic dyke swarms from the Dharwar craton: paleomagnetic poles for India from 2.37 to 1.88 Ga and rethinking the Columbia supercontinent[J]. Precambrian Research, 244: 100-122.

Black L P, Kamo S L, Allen C M, et al. 2003. TEMORA 1: a new zircon standard for Phanerozoic U-Pb geochronology[J]. Chemical Geology, 200: 155-170.

Bobyarchick A. 1986. The eigenvalues of steady state flow in Mohr space[J]. Tectonophysics, 122: 35-51.

Brown M，Johnson T，Gardiner N J. 2020. Plate tectonics and the Archean Earth[J]. Annual Review of Earth and Planetary Sciences，48：291-320.

Campbell I H，Griffith E W，Hill R I. 1989. Melting in an Archean mantle plume：heads it's basalts，tails it's komatiites[J]. Nature，339：697-699.

Campbell I H，Griffiths R W. 2014. Did the formation of D″ cause the Archaean–Proterozoic transition?[J]. Earth and Planetary Science Letters，388：1-8.

Capitanio F A，Nebel O，Cawood P A，et al. 2019a. Reconciling thermal regimes and tectonics of the early Earth[J]. Geology，47（10）：923-927.

Capitanio F A，Nebel O，Cawood P A，et al. 2019b. Lithosphere differentiation in the early Earth controls Archean tectonics[J]. Earth and Planetary Science Letters，525：115755.

Castillo P R，Janney P E，Solidum R U. 1999. Petrology and geochemistry of Camiguin Island，southern Philippines：insights to the source of adakites and other lavas in a complex arc setting[J]. Contributions to Mineralogy and Petrology，134：33-51.

Cawood P A. 2020. Earth matters：a tempo to our planet's evolution[J]. Geology，48（5）：525-526.

Cawood P A，Kröner A，Pisarevsky S. 2006. Precambrian plate tectonics: criteria and evidence[J]. GSA Today，16: 4-11.

Cawood P A，Hawkesworth C J，Pisarevsky S A. 2018. Geological archive of the onset of plate tectonics[J]. Philosophical Transactions of the Royal Society A，376（2132）：1-30.

Chen H X，Wang J，Wang H，et al. 2015. Metamorphism and geochronology of the Luoning metamorphic terrane，southern terminal of the Palaeoproterozoic Trans-North China Orogen，North China Craton[J]. Precambrian Research，264：156-178.

Cheng S H，Kusky T. 2007. Komatiites from west Shandong，North China craton：implications for plume tectonics[J]. Gondwana Research，12：77-83.

Condie K C. 1998. Episodic continental growth and supercontinents，a mantle avalanche connection?[J]. Earth and Planetary Science Letters，193：97-108.

Condie K C. 2005. High field strength element ratios in Archean basalts：a window to evolving sources of mantle plumes?[J]. Lithos，79（3-4）：491-504.

Condie K C. 2008. Did the character of subduction change at the end of the Archean? Constraints from convergent-margin granitoids[J]. Geology，36（8）：611-614.

Condie K C. 2018. A planet in transition：the onset of plate tectonics on Earth between 3 and 2 Ga?[J]. Geoscience Frontiers，9：51-60.

Condie K C，Kröner A. 2008. When did plate tectonics begin? Evidence from the geologic record[M]//Condie K C，Pease V. When did Plate Tectonics Begin on Planet Earth? Geological Society of America，440：281-294.

Condie K C，Aster R C. 2010. Episodic zircon age spectra of orogenic granitoids：the supercontinent connection and continental growth[J]. Precambrian Research，180（3-4）：227-236.

Condie K C，Kröner A. 2013. The building blocks of continental crust：evidence for a major change in the tectonic setting of continental growth at the end of the Archean[J]. Gondwana Research，23（2）：394-402.

Condie K C，O'Neill C，Aster R C. 2009. Evidence and implications for a widespread magmatic shutdown for 250

My on Earth[J]. Earth and Planetary Science Letters，282：294-298.

Dan W，Li X H，Guo J，et al. 2012. Paleoproterozoic evolution of the eastern Alxa Block，westernmost North China：evidence from in situ zircon U-Pb dating and Hf-O isotopes[J]. Gondwana Research，21：838-864.

Debaille V，O'Neill C，Brandon A D，et al. 2013. Stagnant-lid tectonics in early Earth revealed by [142]Nd variations in late Archean rocks[J]. Earth and Planetary Science Letters，373：83-92.

Deschamps F，Guillot S，Godard M. 2010. In situ characterization of serpentinites from forearc mantle wedges：timing of serpentinization and behavior of fluid-mobile elements in subduction zones[J]. Chemical Geology，269（3-4）：262-277.

Dhuime B，Hawkesworth C J，Cawood P A，et al. 2012. A change in the geodynamics of continental growth 3 billion years ago[J]. Science，335（6074）：1334-1336.

Dhuime B，Wuestefeld A，Hawkesworth C J. 2015. Emergence of modern continental crust about 3 billion years ago[J]. Nature Geoscience，8（7）：552-555.

Diwu C R，Sun Y，Zhao Y，et al. 2014. Early Paleoproterozoic （2.45-2.20 Ga） magmatic activity during the period of global magmatic shutdown：implications for the crustal evolution of the southern North China Craton[J]. Precambrian Research，255：627-640.

Dodson M H. 1973. Closure temperature in cooling geochronological and petrological systems[J]. Contributions to Mineralogy and Petrology，40：259-274.

Dong C Y，Xie H Q，Kröner A. 2017. The complexities of zircon crystllazition and overprinting during metamorphism and anatexis：an example from the late Archean TTG terrane of western Shandong Province，China[J]. Precambrian Research，300：181-200.

Dong C Y，Bai W，Xie H Q，et al. 2021. Early Neoarchean oceanic crust in the North China Craton：evidence from geology，geochemistry and geochronology of greenstone belts in western Shandong[J]. Lithos，380-381：105888.

Dong C Y，Ma M Z，Wilde S A，et al. 2022. The first identification of early Paleoproterozoic （2.46-2.38 Ga） supracrustal rocks in the Daqingshan area，northwestern North China Craton：Geology，geochemistry and SHRIMP U-Pb dating[J]. Precambrian Research，377：106727.

Donnelly K E，Goldstein S L，Langmuir C H，et al. 2004. Origin of enriched ocean ridge basalts and implications for mantle dynamics[J]. Earth and Planetary Science Letters，226：347-366.

Du L L，Yang C H，Guo J H，et al. 2010. The age of the base of the Paleoproterozoic Hutuo Group in the Wutai Mountains area，North China Craton：SHRIMP zircon U-Pb dating of basaltic andesite[J]. Chinese Science Bulletin，55：1782-1789.

Du L L，Yang C H，Wyman D A. 2016. 2090-2070 Ma A-type granitoids in Zanhuang Complex：further evidence on a Paleoproterozoic rift-related tectonic regime in the Trans-North China Orogen[J]. Lithos，254-255：18-35.

Du L L，Yang C H，Wyman D A. 2017. Zircon U-Pb ages and Lu-Hf isotope compositions from clastic rocks in the Hutuo Group：further constraints on Paleoproterozoic tectonic evolution of the Trans-North China Orogen[J]. Precambrian Research，303：291-314.

Duan Q S，Du L L，Song H X，et al. 2021. Petrogenesis of the 2.3 Ga Lengkou metavolcanic rocks in the North China Craton：implications for tectonic settings during the magmatic quiescence[J]. Precambrian Research，

357：106151.

Duan Z Z，Wei C J，Qian J H. 2015. Metamorphic *P-T* paths and Zircon U-Pb age data for the Paleoproterozoic mafic dykes of high-pressure granulite facies from Eastern Hebei，North China Craton[J]. Precambrian Reseach，271：295-310.

Duan Z Z，Wei C J，Li Z. 2019. Metamorphic *P-T* paths and zircon U-Pb ages of Paleoproterozoic metabasic dykes in eastern Hebei and northern Liaoning：implications for the tectonic evolution of the North China Craton[J]. Precambrian Research，326：124-141.

Dunlap W J. 1997. Neocrystallization or cooling? [40]Ar/[39]Ar ages of white micas from low-grade mylonites[J]. Chemical Geology，143：181-203.

Elkins-Tanton L T. 2012. Magma oceans in the inner solar system[J]. Annual Review of Earth and Planetary Sciences，40（1）：113-139.

Eriksson P G，Condie K C. 2014. Cratonic sedimentation regimes in the ca. 2450-2000 Ma period：relationship to a possible widespread magmatic slowdown on Earth?[J]. Gondwana Research，25：30-47.

Ernst R E，Wingate M T D，Buchan K L，et al. 2008. Global record of 1600-700Ma Large Igneous Provinces (LIPs)：implications for the reconstruction of the proposed Nuna (Columbia) and Rodinia supercontinents[J]. Precambrian Research，160(2):159-178.

Ernst R E，Bond D P G，Zhang S H，et al. 2021. Large Igneous Province record through time and implications for secular environmental changes and geological time-scale boundaries[M]//Ernst R E，Dickson A J，Bekker A. Large Igneous Provinces：A Driver of Global Environmental and Biotic Changes，255. American Geophysical Union Geophysical Monograph：3-26.

Evans B，Renner J，Hirth G A. 2001. Few remarks on the kinetics of static grain growth in rocks[J]. International Journal of Earth Sciences，90（1）：88-103.

Farmer G L. 2014. Continental basaltic rocks[J]. Treatise on Geochemistry，4：75-110.

Fossen H. 2016. Structural Geology[M]. Cambridge：Cambridge University Press：1-452.

Fossen H，Cavalcante G C G. 2017. Shear zones—a review[J]. Earth-Science Reviews，171：434-455.

Frisby C，Bizimis M，Mallick S. 2016. Seawater-derived rare earth element addition to abyssal peridotites during serpentinization[J]. Lithos，248-251：432-454.

Frost B R，Evans K A，Swapp S M. 2013. The process of serpentinization in dunite from New Caledonia[J]. Lithos，178：24-39.

Fry N. 1979. Random point distributions and strain measurement in rocks[J]. Tectonophysics，60：89-105.

Fu J H，Liu S W，Cawood P A，et al. 2018. Neoarchean magmatic arc in the western Liaoning Province，northern North China Craton：geochemical and isotopic constraints from sanukitoids and associated granitoids[J]. Lithos，322：296-311.

Fu J H，Liu S W，Zhang B，et al. 2019. A Neoarchean K-rich granitoid belt in the northern North China Craton[J]. Precambrian Research，328：193-216.

Gagnon É，Schneider D A，Kalbfleisch T，et al. 2016. Characterization of transpressive deformation in shear zones of the Archean North Caribou greenstone belt（NW Superior Province）and the relationship with regional metamorphism[J]. Tectonophysics，693：261-276.

Gao L，Liu S W，Sun G Z，et al. 2018a. Neoarchean siliceous high-Mg basalt（SHMB）from the Taishan granite-greenstone terrane，Eastern North China Craton: petrogenesis and tectonic implications[J]. Precambrian Research，315：138-161.

Gao L，Liu S W，Sun G Z，et al. 2018b. Petrogenesis of late Neoarchean high-K granitoids in the Western Shandong terrane，North China Craton，and their implications for crust-mantle interactions[J]. Precambrian Research，315：138-161.

Gao L，Liu S W，Sun G Z，et al. 2019a. Neoarchean crust-mantle interactions in the Yishui Terrane，south-eastern margin of the North China Craton: constraints from geochemistry and zircon U-Pb-Hf isotopes of metavolcanic rocks and high-K granitoids[J]. Gondwana Research，65：97-124.

Gao L，Liu S W，Zhang B，et al. 2019b. A ca. 2.8 Ga plume-induced intraoceanic arc system in the eastern North China Craton[J]. Tectonics，38：1694-1717.

Gao L，Liu S W，Hu Y L，et al. 2020a. Late Neoarchean geodynamic evolution: evidence from the metavolcanic rocks of the Western Shandong Terrane，North China Craton[J]. Gondwana Research，80：303-320.

Gao L，Liu S W，Wang M J，et al. 2020b. Late Neoarchean volcanic rocks in the southern Liaoning Terrane and their tectonic implications for the formation of the eastern North China Craton[J]. Geoscience Frontiers，11（3）：1053-1068.

Geng Y S，Du L L，Ren L D. 2012. Growth and reworking of the Early Precambrian continental crust in the North China Craton: constraints from zircon Hf isotopes[J]. Gondwana Research，21：517-529.

Gerya T. 2014. Precambrian geodynamics: concepts and models[J]. Gondwana Research，25：442-463.

Gibson I L，Kirkpatrick R J，Emmerman R，et al. 1982. The trace element composition of the lavas and dikes from a 3-km vertical section through the lava pile of eastern Iceland[J]. Journal of Geophysical Research: Solid Earth，87：6532-6546.

Graziani R，Larson K P，Soret M. 2020. The effect of hydrous mineral content on competitive strain localization mechanisms in felsic granulites[J]. Journal of Structural Geology，134：104015.

Graziani R，Larson K P，Law R D，et al. 2021. A refined approach for quantitative kinematic vorticity number estimation using microstructures[J]. Journal of Structural Geology，153：104459.

Greber N D，Dauphas N，Bekker A，et al. 2017. Titanium isotopic evidence for felsic crust and plate tectonics 3.5 billion years ago[J]. Science，357：1271-1274.

Grove T L，Parman S W. 2004. Thermal evolution of the Earth as recorded by komatiites[J]. Earth and Planetary Science Letters，219：173-187.

Guo R R，Liu S W，Santosh M. 2013. Zircon U-Pb-Hf isotopes and geochemistry of Neoarchean dioritic-trondhjemitic gneisses，Eastern Hebei，North China Craton: constraints on petrogenesis and tectonic implications[J]. Gondwana Research，24：664-686.

Guo R R，Liu S W，Zhang J，et al. 2016. Neoarchean Andean type active continental margin in the northeastern North China Craton: geochemical and geochronological evidence from metavolcanic rocks in the Jiapigou granitegreenstone belt，Southern Jilin Province[J]. Precambrian Research，285：147-169.

Halls H C. 1982. The importance and potential of mafic dyke swarms in studies of geodynamic processes[J]. Geoscience Canada，9（3）：145-154.

Hamilton W B. 2011. Plate tectonics began in Neoproterozoic time，and plumes from deep mantle have never operated[J]. Lithos，123：1-20.

Han J S，Chen H Y，Yao J M，et al. 2015. 2.24 Ga mafic dykes from Taihua Complex，southern Trans-North China Orogen，and their tectonic implications[J]. Precambrian Research，270：124-138.

Handy M R，Wissing S B，Streit L E. 1999. Frictional-viscous flow in mylonite with varied bimineralic composition and its effect on lithospheric strength[J]. Tectonophysics，303：175-191.

Hanmer S，Williams M，Kopf C. 1995. Modest movements，spectacular fabrics in an intracontinental deep-crustal strike-slip fault：Striding-Athabasca mylonite zone，NW Canadian Shield[J]. Journal of Structural Geology，17：493-507.

Harrison T M，Duncan I，McDougall I. 1985. Diffusion of ^{40}Ar in biotite-temperature，pressure and compositional effects[J]. Geochimica et Cosmochimica Acta，49：2461-2468.

Harrison T M，Célérier J，Aikman A B，et al. 2009. Diffusion of ^{40}Ar in muscovite[J]. Geochimica et Cosmochimica Acta，73：1039-1051.

Hartlaub R P，Heaman L M，Chacko T，et al. 2007. Circa 2.3-Ga magmatism of the Arrowsmith Orogeny，Uranium City region，western Churchill Craton，Canada[J]. Journal of Geology，115（2）：181-195.

Hawkesworth C J，Gallagher K，Hergt J M，et al. 1993. Mantle and slab contribution in arc magmas[J]. Annual Review of Earth and Planetary Sciences，21：175-204.

Heaman L M. 2009. The application of U-Pb geochronology to mafic，ultramafic and alkaline rocks：an evaluation of three mineral standards[J]. Chemical Geology，261：43-52.

Hellebrand E，Snow J E，Hoppe P. 2002. Garnet-field melting and late-stage refertilization in residual abyssal peridotites from the Central Indian Ridge[J]. Journal of Petrology，43（12）：2305-2338.

Herzberg C. 1995. Generation of plume magmas through time，an experimental approach[J]. Chemical Geology，126：1-16.

Herzberg C，O'Hara M J. 2002. Plume-associated ultramafic magmas of Phanerozoic age[J]. Journal of Petrology，43：1857-1883.

Herzberg C，Condie K，Korenaga J. 2010. Thermal history of the earth and its petrological expression[J]. Earth and Planetary Science Letters，292：79-88.

Hippertt J，Rocha A，Lana C，et al. 2001. Quartz plastic segregation and ribbon development in high-grade striped gneisses[J]. Journal of Structural Geology，23：67-80.

Hoffmann J E，Münker C，Polat A，et al. 2011. The origin of decoupled Hf-Nd isotope compositions in Eoarchean rocks from southern West Greenland[J]. Geochimica et Cosmochimica Acta，75：6610-6628.

Hollings P，Wyman D A. 1999. Trace element and Sm-Nd systematics of volcanic and intrusive rocks from the 3 Ga Lumby Lake Greenstone Belt，Superior Province：evidence for Archean plume-arc interaction[J]. Lithos，46：189-213.

Hopkins M，Harrison T M，Manning C E. 2008. Low heat flow inferred from 4Ga zircons suggests Hadean plate boundary interactions[J]. Nature，456:493-496.

Hopkins M D，Harrison T M，Manning C E. 2010. Constraints on Hadean geodynamics from mineral inclusions in ＞4 Ga zircons[J]. Earth and Planetary Science Letters，298：367-376.

Hoskin P W O，Schaltegger U. 2003. The composition of zircon and igneous and metamorphic petrogenesis[J]. Reviews in Mineralogy and Geochemistry，53（1）：27-62.

Hou G T，Wang C，Li J H，et al. 2006a. The Paleoproterozoic extension and reconstruction of～1.8 Ga stress filed of the North China Craton[J]. Tectonophysics，422：89-98.

Hou G T，Liu Y L，Li J H. 2006b. Evidence for 1.8 Ga extension of the Eastern Block of the North China Craton from SHRIMP U-Pb dating of mafic dyke swarms in Shandong Province[J]. Journal of Asian Earth Sciences，27：392-401.

Hou G T，Li J H，Yang M H，et al. 2008a. Geochemical constrains on the tectonic environment of the Late Paleoproterozoic mafic dyke swarms in the North China Craton[J]. Gondwana Research，13（1）：103-116.

Hou G T，Santosh M，Qian X L，et al. 2008b. Configuration of the Late Paleoproterozoic supercontinent Columbia：insights from radiating mafic dyke swarms[J]. Gondwana Research，14（3）：395-409.

Hou G T，Santosh M，Qian X L，et al. 2008c. Tectonic constraints on 1.3～1.2 Ga final breakup of Columbia supercontinent from a giant radiating dyke swarm[J]. Gondwana Research，14（3）：561-566.

Hou G T，Kusky T M，Wang C C，et al. 2010. Mechanics of the giant radiating Mackenzie dyke swarm：a paleostress field modeling[J]. Journal of Geophysical Research：Solid Earth：115：2402.

Hu Y L，Liu S W，Gao L，et al. 2019a. Diverse middle Neoarchean granitoids and the delamination of thickened crust in the Western Shandong Terrane，North China Craton[J]. Lithos，348-349：105178.

Hu Y L，Liu S W，Sun G Z，et al. 2019b. Petrogenesis of the Neoarchean granitoids and crustal oxidation states in the Western Shandong Province，North China Craton[J]. Precambrian Research，334：105446.

Hu Z C，Liu Y S，Gao S，et al. 2012. Improved in situ Hf isotope ratio analysis of zircon using newly designed X skimmer cone and Jet sample cone in combination with the addition of nitrogen by laser ablation multiple collector ICP-MS[J]. Journal of Analytical Atomic Spectrometry，27：1391-1399.

Huang X L，Niu Y L，Xu Y G，et al. 2010. Mineralogical and geochemical constraints on the petrogenesis of post-collisional potassic and ultrapotassic rocks from western Yunnan，SW China[J]. Journal of Petrology，51：1617-1654.

Irvine T N，Baragar W R A. 1971. A guide to the chemical classification of the common volcanic rocks[J]. Canadian Journal of Earth Science，8：523-548.

Jensen L S. 1976. A new cation plot for classifying subalkalic volcanic rocks[R]. Ontario Ministry of Natural Resources Miscellaneous Paper 66：22.

Kato D，Aoki K，Komiya T，et al. 2018. Constraints on the P-T conditions of high-pressure metamorphic rocks from the Inyoni shear zone in the mid-Archean Barberton Greenstone Belt，South Africa[J]. Precambrian Research，315：1-18.

Kern H，Gao S，Liu Q S. 1996. Seismic properties and densities of middle and lower crustal rocks exposed along the North China geoscience transect[J]. Earth and Planetary Science Letters，139：439-455.

Kerrich R，Polat A，Wyman D，et al. 1999. Trace element systematics of Mg-，to Fe-tholeiitic basalt suites of the Superior Province：implications for Archean mantle reservoirs and greenstone belt genesis[J]. Lithos，46（1）：163-187.

Kinzler R J. 1997. Melting of mantle peridotite at pressures approaching the spinel to garnet transition：

application to mid-ocean ridge basalt petrogenesis[J]. Journal of Geophysical Research Solid Earth，102：853-874.

Kohlstedt D L，Evans B，Mackwell S J. 1995. Strength of the lithosphere：constraints imposed by laboratory experiments[J]. Journal of Geophysical Research，100：17587-17602.

Komiya T，Maruyama S，Masuda T，et al. 1999. Plate tectonics at 3.8-3.7 Ga：field evidence from the Isua accretionary complex，southern West Greenland[J]. Journal of Geology，107：515-554.

Kusky T M. 2011. Geophysical and geological tests of tectonic models of the North China Craton[J]. Gondwana Research，20：26-35.

Kusky T M，Zhai M G. 2012. The neoarchean ophiolite in the North China Craton：early Precambrian plate tectonics and scientific debate[J]. Journal of Earth Science，23（3）：277-284.

Kusky T M，Li J H，Tucker R D. 2003. The Archean Dongwanzi ophiolite complex，North China Craton：2.505-billion-year-old oceanic crust and mantle[J]. Science，292（5519）：1142-1145.

Kusky T M，Polat A，Windley B，et al. 2016. Insights into the tectonic evolution of the north China Craton through comparative tectonic analysis：a record of outward growth of Precambrian continents[J]. Earth-Science Reviews，162：387-432.

LaFlèche M R，Camire G，Jenner G A. 1998. Geochemistry of post-Acadian，Carboniferous continental intraplate basalts from the Maritimes basin，Magdalen islands，Quebec，Canada[J]. Chemical Geology，148：115-136.

Lauri L S，Mikkola P，Karinen T. 2012. Early Paleoproterozoic felsic and mafic magmatism in the Karelian province of the Fennoscandian shield[J]. Lithos，151：74-82.

Law R D. 2014. Deformation thermometry based on quartz c-axis fabrics and recrystallisation microstructures：a review[J]. Journal of Structural Geology，66：129-161.

Law R D，Schmid S M，Wheeler J. 1990. Simple shear deformation and quartz crystallographic fabrics：a possible natural example from the Torridon area of NW Scotland[J]. Journal of Structural Geology，12：29-45.

Le Bas M J. 2000. IUGS reclassification of the high-Mg and picritic volcanic rocks[J]. Journal of Petrology，41：1467-1470.

Lee J Y，Marti K，Severinghaus J P，et al. 2006. A redetermination of the isotopic abundances of atmospheric Ar[J]. Geochimica et Cosmochimica Acta，70：4507-4512.

Li J，Liu Y J，Jin W，et al. 2017. Neoarchean tectonics：insight from the Baijiafen ductile shear zone，eastern Anshan，Liaoning Province，NE China[J]. Journal of Asian Earth Sciences，139：165-182.

Li S S，Santosh M，Cen K. 2016. Neoarchean convergent margin tectonics associated with microblock amalgamation in the North China Craton：evidence from the Yishui Complex[J]. Gondwana Research，38：113-131.

Li S Z，Zhao G C. 2007. SHRIMP U-Pb zircon geochronology of the Liaoji granitoids：constraints on the evolution of the Paleoproterozoic Jiao-Liao-Ji belt in the Eastern Block of the North China Craton[J]. Precambrian Research，158：1-16.

Li S Z，Zhao G C，Sun M. 2005. Deformational history of the Paleoproterozoic Liaohe group in the Eastern block of the North China Craton[J]. Journal of Asian Earth Sciences，24：654-669.

Li S Z，Zhao G C，Sun M. 2006. Are the South and North Liaohe group of North China Craton different exotic terranes? Nd isotope constraints[J]. Gondwana Research，9：198-208.

Li S Z，Zhao G C，Zhang J. 2010. Deformational history of the Hengshan-Wutai-Fuping belt：implication for the evolution of the Trans-North China Orogen[J]. Gondwana Research，18：611-631.

Li S Z，Suo Y H，Li X Y，et al. 2018. Microplate tectonics：new insights from micro-blocks in the global oceans，continental margins and deep mantle[J]. Earth-Science Reviews，185：1029-1064.

Li Y，Peng P，Wang X P，et al. 2015. Nature of 1800-1600 Ma mafic dyke swarms in the North China Craton：implications for the rejuvenation of the sub-continental lithospheric mantle[J]. Precambrian Research，257：114-123.

Li Z，Wei C J. 2017. Two types of Neoarchean basalts from Qingyuan greenstone belt，North China Craton：petrogenesis and tectonic implications[J]. Precambrian Research，292：175-193.

Lin S F. 2005. Synchronous vertical and horizontal tectonism in the Neoarchean：kinematic evidence from a synclinal keel in the northwestern Superior craton，Canada[J]. Precambrian Research，139（3）：181-194.

Lin S F，Jiang D Z，Williams P F. 2007. Importance of differentiating ductile slickenside striations from stretching lineations and variation of shear direction across a high-strain zone[J]. Journal of Structural Geology，29（5）：850-862.

Lin S F，Beakhouse G P. 2013. Synchronous vertical and horizontal tectonism at late stages of Archean cratonization and genesis of Hemlo gold deposit，Superior craton，Ontario，Canada[J]. Geology，41（3）：359-362.

Lister G S. 1977. Discussion：crossed-girdle c-axis fabrics in quartzites plastically deformed by plane strain and progressive simple shear[J]. Tectonophysics，39（1-3）：51-54.

Lister G S，Dornsiepen U F. 1982. Fabric transitions in the Saxony granulite terrain[J]. Journal of Structural Geology，41：81-92.

Lister G S，Snoke A W. 1984. S-C mylonites[J]. Journal of Structural Geology，6：617-638.

Liu B R，Neubauer F，Liu J L，et al. 2017. Neoarchean ductile deformation of the Northeastern North China Craton：the Shuangshanzi ductile shear zone in Qinglong，eastern Hebei，North China[J]. Journal of Asian Earth Sciences，139：224-236.

Liu C H，Zhao G C，Sun M. 2011. U-Pb and Hf isotopic study of detrital zircons from the Hutuo Group in the Trans-North China Orogen and tectonic implications[J]. Gondwana Research，20（1）：106-121.

Liu D Y，Wilde S A，Wan Y S. 2009. Combined U-Pb，hafnium and ocygen isotope analysis of zircons from meta-igneous rocks in the southern North China Craton reveal multiple events in the Late Mesoarchean-Early Neoarchean[J]. Chemical Geology，261：140-154.

Liu P H，Liu F L，Wang F. 2013. Petrological and geochronological preliminary study of the Xiliu ~2.1 Ga meta-gabbro from the Jiaobei terrane，the southern segment of the Jiao-Liao-Ji Belt in the North China Craton[J]. Acta Petrology Sinence，29：2371-2390.

Liu S W，Pan Y M，Xie Q L，et al. 2004. Archean geodynamics in the Central Zone，North China Craton：constraints from geochemistry of two contrasting series of granitoids in the Fuping and Wutai complexes[J]. Precambrian Research，130：229-249.

Liu S W，Zhang J，Li Q G，et al. 2012. Geochemistry and U-Pb zircon ages of metamorphic volcanic rocks of the

Paleoproterozoic Lvliang Complex and constraints on the evolution of the Trans-North China Orogen，North China Craton[J]. Precambrian Research，222-223：173-190.

Liu S W，Bao H，Sun G Z，et al. 2022. Archean crust-mantle geodynamic regimes: a review[J]. Geosystems and Geoenvironment，1（3）：100063.

Liu Y S，Hu Z C，Gao S，et al. 2008. In situ analysis of major and trace elements of anhydrous minerals by LA-ICP-MS without applying an internal standard[J]. Chemical Geology，257（1-2）：34-43.

Liu Y S，Gao S，Hu Z C，et al. 2010. Continental and oceanic crust recycling-induced melt-peridotite interactions in the Trans-North China Orogen: U-Pb dating，Hf isotopes and trace elements in zircons of mantle xenoliths[J]. Journal of Petrology，51（1-2）：537-571.

Lu S，Phillips D，Kohn B P，et al. 2015. Thermotectonic evolution of the western margin of the Yilgarn Craton，Western Australia: new insights from $^{40}Ar/^{39}Ar$ analysis of muscovite and biotite[J]. Precambrian Research，270：139-154.

Lu X P，Wu F Y，Guo J H. 2006. Zircon U-Pb geochronological constraints on the Paleoproterozoic crustal evolution of the Eastern block in the North China Craton[J]. Precambrian Research，146（3-4）：138-164.

Ludwig K R. 2003. User's manual for Isoplot 3.00: a geochronological toolkit for microsoft excel[J]. Berkeley Geochronogy Center Special Publication，4：25-34.

Luo Y，Sun M，Zhao G C. 2008. A comparison of U-Pb and Hf isotopic compositions of detrital zircons from the North and South Liaohe Groups: constraints on the evolution of the Jiao-Liao-Ji Belt，North China Craton[J]. Precambrian Research，163：279-306.

Mainprice D，Bouchez J L，Blumenfeld P，et al. 1986. Dominant c-slip in naturally deformed quartz: implications for dramatic plastic softening at high temperature[J]. Geology，14：819-822.

Manikyamba C，Kerrich R. 2011. Geochemistry of alkaline basalts and associated high-Mg basalts from the 2.7 Ga Penakacherla Terrane，Dharwar Craton，India: an Archean depleted mantle-OIB array[J]. Precambrian Research，188：104-122.

Martin H，Smithies R H，Moyen J F. 2005. An overview of adakite，tonalite-trondhjemite-granodiorite（TTG），and sanukitoid: relationships and some implications for crust evolution[J]. Lithos，79（1-2）：1-24.

Maruyama S，Santosh M，Azuma S. 2018. Initiation of plate tectonics in the Hadean: eclogitization triggered by the ABEL Bombardment[J]. Geoscience Frontiers，9：1033-1048.

Maurel C，Maurel P. 1982. Étude expérimentale de la distribution de l'aluminium entre bain silicaté basique et spinelle chromifère. Implications pétrogénétiques: teneur en chrome des spinelles[J]. Bulletin de Minéralogie，105：197-202.

McDougall I，Harrison T M. 1999. Geochronology and thermochronology by the $^{40}Ar/^{39}Ar$ method[M]. Oxford: Oxford University Press: 1-282.

McKenzie D，Bickle M J. 1988. The volume and composition of melt generated by extension of the lithosphere[J]. Journal of Petrology，29：625-679.

McKenzie D，O'Nions R K. 1991. Partial melt distribution from inversion of rare earth element concentrations[J]. Journal of Petrology，32：1021-1091.

Means W D，Hobbs B E，Lister G S，et al. 1980. Vorticity and non-coaxiality in progressive deformations[J].

Journal of Structural Geology, 2: 371-378.

Meer F V D. 1995. Estimating and simulating the degree of serpentinization of peridotites using hyperspectral remotely sensed imagery[J]. Nonrenewable Resources, 4(1): 84-98.

Menegon L, Nasipuri P, Stünitz H, et al. 2011. Dry and strong quartz during deformation of the lower crust in the presence of melt[J]. Journal of Geophysical Research: Solid Earth, 116 (B10): 1-23.

Meng Y K, Chen J, Wang X, et al. 2023. Late Neoarchean crust-mantle interaction and tectonic implications in western Shandong Province, North China Craton: evidence from a granodiorite pluton and associated magmatic enclaves[J]. Lithos, 436-437: 106978.

Menzies M, Chazot G. 1995. Fluid processes in diamond to spinel facies shallow mantle[J]. Journal of Geodynamics, 20: 387-415.

Middlemost E A. 1994. Naming materials in the magma/igneous rock system[J]. Earth-Science Reviews, 37: 215-224.

Moore W B, Webb A A G. 2013. Heat-pipe earth[J]. Nature, 501: 501-505.

Morales L F, Mainprice D, Lloyd G E, et al. 2011. Crystal fabric development and slip systems in a quartz mylonite: an approach via transmission electron microscopy and viscoplastic self-consistent modelling[J]. Geological Society, London, Special Publications, 360 (1): 151-174.

Morimoto N. 1988. Nomenclature of pyroxenes[J]. American Mineralogist, 73: 1123-1133.

Moyen J F, Laurent O. 2018. Archaean tectonic systems: a view from igneous rocks[J]. Lithos, 302-303: 99-125.

Moyen J F, Martin H. 2012. Forty years of TTG research[J]. Lithos, 25: 442-463.

Mulch A, Cosca M A. 2004. Recrystallisation or cooling ages: in situ UV-laser $^{40}Ar/^{39}Ar$ geochronology of muscovite in mylonitic rocks[J]. Journal of the Geological Society, 161: 573-582.

Nania L, Montomoli C, Iaccarino S, et al. 2022. A thermal event in the Dolpo region (Nepal): a consequence of the shift from orogen perpendicular to orogen parallel extension in central Himalaya[J]. Journal of the Geological Society, 179 (1).

Nebel O, Campbell I H, Sossi P A, et al. 2014. Hafnium and iron isotopes in early Archean komatiites record a plume-driven convection cycle in the Hadean Earth[J]. Earth and Planetary Science Letters, 397: 111-120.

Nebel O, Capitanio F A, Moyen J F, et al. 2018. When crust comes of age: on the chemical evolution of Archaean, felsic continental crust by crustal drip tectonics[J]. Philosophical Transactions of the Royal Society A: Mathematical Physical and Engineering Sciences, 376 (2132): 20180103.

Ning W B, Kusky T, Wang L, et al. 2022. Archean eclogite-facies oceanic crust indicates modern-style plate tectonics[J]. Proceedings of the National Academy of Sciences, 119 (15): 1-8.

Niu Y L. 2004. Bulk-rock major and trace element compositions of abyssal peridotites: implications for mantle melting, melt extraction and post-melting processes beneath mid-ocean ridges[J]. Journal of Petrology, 45 (12): 2423-2458.

Nozaka T, Robert P W, Meyer R. 2017. Serpentinization of olivine in troctolites and olivine gabbros from the Hess Deep Rift[J]. Lithos, 282: 201-214.

Nutman A P, Friend C R L, Bennett V C. 2002. Evidence for 3650-3600Ma assembly of the northern end of the Itsaq Gneiss Complex, Greenland: implication for early Archean tectonics[J]. Tectonics, 21: 1005.

Nutman A P，Wan Y S，Du L L. 2011. Multistage late Neoarchaean crustal evolution of the North China Craton，eastern Hebei[J]. Precambrian Research，189：43-65.

O'Neill H S C，Wall V J. 1987. The olivine-orthopyroxene-spinel oxygen geobarometer，the nickel precipitation curve，and the oxygen fugacity of the earth's upper mantle[J]. Journal of Petrology，28(6)：1169-1191.

O'Neill C，Lenardic A，Weller M. 2016. A window for plate tectonics in terrestrial planet evolution?[J]. Physics of the Earth and Planetary Interiors，255：80-92.

Oriolo S，Oyhantçabal P，Wemmer K，et al. 2016. Shear zone evolution and timing of deformation in the Neoproterozoic transpressional Dom Feliciano Belt，Uruguay[J]. Journal of Structural Geology，92：59-78.

Oriolo S，Wemmer K，Oyhantçabal P，et al. 2018. Geochronology of shear zones—a review[J]. Earth-Science Reviews，185：665-683.

Ouyang D J，Guo J H. 2020. Modern-style tectonic cycle in earliest Proterozoic time：petrogenesis of dioritic-granitic rocks from the Daqingshan-Wulashan Terrane，southern Yinshan Block，North China Craton[J]. Lithos，352-353：105322.

Palin R M，Santosh M. 2021. Plate tectonics：what，where，why，and when?[J]. Gondwana Research，100：3-24.

Palin R M，Santosh M，Cao W，et al. 2020. Secular change and the onset of plate tectonics on Earth[J]. Earth-Science Reviews，207：103172.

Parman S W，Grove T L. 2004. Petrology and geochemistry of Barberton komatiites and basaltic komatiites：evidence of Archean forearc magmatism[J]. Developments in Precambrian Geology，13（4）：539-565.

Passchier C W. 1987. Stable positions of rigid objects in non-coaxial flow—a study in vorticity analysis[J]. Journal of Structural Geology，9：679-690.

Passchier C W. 1988. Analysis of deformation paths in shear zones[J]. Geologische Rundschau，77：9-318.

Passchier C W，Trouw R A J. 2005. Microtectonics[M]. 2ed. Berlin：Springer-Verlag.

Patchett P J，White W M，Feldmann H，et al. 1984. Hafnium/rare earth element fractionation in the sedimentary system and crustal recycling into the Earth's mantle[J]. Earth and Planetary Science Letters，69：365-378.

Paulick H，Bach W，Godard M. 2006. Geochemistry of abyssal peridotites（Mid-Atlantic Ridge，15°20′N，ODP Leg 209）：implications for fluid/rock interaction in slow spreading environments[J]. Chemical Geology，234：179-210.

Pearce J A. 1980. Geochemical evidence for genesis and eruptive setting of lavas from Tethyan ophiolites[G]// Panayiotou A. Ophiolites. Cyprus：Geological Survey Department：261-272.

Pearce J A. 2008. Geochemical fingerprinting of oceanic basalts with applications to ophiolite classification and the search for Archean oceanic crust[J]. Lithos，100：14-48.

Pearce J A，Peate D W. 1995. Tectonic implications of the composition of volcanic arc magmas[J]. Annual Review of Earth and Planetary Sciences，23（1）：251-285.

Pearce J A，van der Laan S，Arculus R J，et al. 1992. Boninite and Harzburgite from Leg 125 （Bonin-Mariana Fore-arc）：a case study of magma genesis during the initial stage of subduction[C]// Fryer P，Pearce J A，Stokking L B. Ocean Drilling Program：Science Results，125：623-659.

Peng P. 2015. Precambrian mafic dyke swarms in the North China Craton and their geological implications[J].

Science China Earth Sciences，58（5）：649-675.

Peng P，Zhai M G，Zhang H F. 2005. Geochronological constraints on the Paleoproterozoic evolution of the North China Craton: SHRIMP zircon ages of different types of mafic dikes[J]. International Geology Review，47（5）：492-508.

Peng P，Zhai M G，Guo J H. 2006. 1.80-1.75Ga mafic dyke swarms in the central North China Craton: implications for a plume-related break-up event[M]. London: Taylor and Francis Group: 99-112.

Peng P，Zhai M G，Guo J H，et al. 2007. Nature of mantle source contributions and crystal differentiation in the petrogenesis of the 1.78 Ga mafic dykes in the central North China craton[J]. Gondwana Research，12（1）：29-46.

Peng P，Zhai M G，Ernst R. 2008. A 1.78 Ga large igneous province in the North China Craton: the Xiong'er Volcanic Province and the North China dyke swarm[J]. Lithos，101（3-4）：260-280.

Peng P，Guo J H，Zhai M G. 2010. Paleoproterozoic gabbronoritic and granitic magmatism in the northern margin of the North China craton: evidence of crust-mantle interaction[J]. Precambrian Research，183：635-659.

Peng P，Bleeker W，Ernst R E，et al. 2011. U-Pb baddeleyite ages，distribution and geochemistry of 925 Ma mafic dykes and 900 Ma sills in the North China Craton: evidence for a Neoproterozoic mantle plume[J]. Lithos，127（1-2）：210-221.

Peng P，Guo J H，Zhai M G，et al. 2012a. Genesis of the Hengling magmatic belt in the North China Craton: implications for Paleoproterozoic tectonics[J]. Lithos，148：27-44.

Peng P，Liu F L，Zhai M G. 2012b. Age of the Miyun dyke swarm: constraints on the maximum depositional age of the Changcheng System[J]. China Science Bulletin，57：105-110.

Peng P，Wang X P，Windley B F，et al. 2014. Spatial distribution of～1950-1800Ma metamorphic events in the North China Craton: implications for tectonic subdivision of the craton[J]. Lithos，202-203：250-266.

Peng P，Wang C，Wang X P. 2015. Qingyuan high-grade granite-greenstone terrain in the Eastern North China Craton: root of Neoarchaean arc[J]. Tectonophysics，662：7-21.

Peng P，Ernst R E，Hou G T，et al. 2016. Dyke swarms: keys to paleogeographic reconstructions[J]. Science Bulletin，61（21）：1669-1671.

Peng P，Yang S Y，Su X D. 2017. Petrogenesis of the 2090 Ma Zanhuang ring and sill complexes in North China: a bimodal magmatism related to intra-continental process[J]. Precambrian Research，303：153-170.

Peng T P，Fan W M，Peng B X. 2012. Geochronology and geochemistry of late Archean adakitic plutons from the Taishan granite-greenstone terrain: implications for tectonic evolution of the eastern North China Craton[J]. Precambrian Research，208-211：53-71.

Peng T P，Wilde S A，Fan W M. 2013a. Late Neoarchean potassic high Ba-Sr granites in the Taishan granite-greenstone terrane: petrogenesis and implications for continental crustal evolution[J]. Chemical Geology，344：23-41.

Peng T P，Wilde S A，Fan W M. 2013b. Neoarchean siliceous high-Mg basalt （SHMB） from the Taishan granite-greenstone terrane，Eastern North China Craton: petrogenesis and tectonic implications[J]. Precambrian Research，228：233-249.

Piccolo A，Palin R M，Kaus B J，et al. 2019. Generation of Earth's early continents from a relatively cool Archean mantle[J]. Geochemistry Geophysics Geosystems，20：1679-1697.

Polat A. 2009. The geochemistry of Neoarchean（ca. 2700 Ma）tholeiitic basalts，transitional to alkaline basalts，and gabbros，Wawa Subprovince，Canada：implications for petrogenetic and geodynamic processes[J]. Precambrian Research，168，83-105.

Polat A. 2013. Geochemical variations in Archean volcanic rocks，southwestern Greenland：traces of diverse tectonic settings in the early Earth[J]. Geology，41：379-380.

Polat A，Hofmann A W. 2003. Alteration and geochemical patterns in the 3.7-3.8 Ga Isua greenstone belt，West Greenland[J]. Precambrian Research，126：197-218.

Polat A，Kerrich R. 2004. Precambrian arc associations：boninites adakites magnesian andesites and Nb-enriched basalts[J]. Developments in Precambrian Geology，13：567-597.

Polat A，Kerrich R. 2005. Reading the geochemical fingerprints of Archean hot subduction volcanic rocks：evidences for accretion and crustal recycling in a mobile tetonic regime[J]. Geophysical Monograph Series on Archean Geodynamics and Environments，164：189-214.

Polat A，Kerrich R，Wyman D A. 1998. The late Archean Schreiber-Hemlo and White River-Dayohessarah greenstone belts，Superior Province：collages of oceanic plateaus，oceanic arcs，and subduction accretion complexes[J]. Tectonophysics，289：295-326.

Polat A，Hofmann A W，Rosing M T. 2002. Boninite-like volcanic rocks in the 3.7-3.8 Ga Isua greenstone belt，West Greenland：geochemical evidence for intraoceanic subduction zone processes in the early Earth[J]. Chemical Geology，184：231-254.

Polat A，Kusky T M，Li J H. 2005. Geochemistry of Neoarchean（ca. 2.55-2.50 Ga）volcanic and ophiolitic rocks in the Wutaishan greenstone belt，central orogenic belt，North China Craton：implications for geodynamic setting and continental growth[J]. Geological Society of America Bulletin，117：1387-1399.

Polat A，Herzberg C，Munker C. 2006a. Geochemical and petrological evidence for a suprasubduction zone origin of Neoarchean（ca. 2.5 Ga）peridotites，central orogenic belt，North China craton[J]. Geological Society of America Bulletin，118：771-784.

Polat A，Li J，Fryer B. 2006b. Geochemical characteristics of the Neoarchean（2800-2700 Ma）Taishan greenstone belt，North China Craton：evidence for plume-craton interaction[J]. Chemical Geology，230：60-87.

Polat A，Kusky T M，Li J H. 2007. Geochemistry of Neoarchean（ca. 2.55-2.50 Ga）volcanic and ophiolitic rocks in the Wutaishan greenstone belt，central orogenic belt，North China Craton：implications for geodynamic setting and continental growth：reply[J]. Geological Society of America Bulletin，119：490-492.

Polat A，Appel P W U，Fryer B J. 2011. An overview of the geochemistry of Eoarchean to Mesoarchean ultramafic to mafic volcanic rocks，SW Greenland：implications for mantle depletion and petrogenetic processes at subduction zones in the early Earth[J]. Gondwana Research，20：255-283.

Pyke D R，Naldrett A J，Eckstrand O R. 1973. Archean ultramafic flows in Munro Township，Ontario[J]. Bulletin of the Geological Society of America，84：955-978.

Ramsay J G. 1980. Shear zone geometry：a review[J]. Journal of Structural Geology，2：83-99.

Reiners P W，Nelson B K，Nelson S W. 1996. Evidence for multiple mechanisms of crustal contamination of magma from compositionally zoned plutons and associated ultramafic intrusions of the Alaska Range[J].

Journal of Petrology，37：261-292.

Ren P，Xie H Q，Wang S J. 2016. A ca. 2.60 Ga tectono-thermal event in Western Shandong Province，North China Craton from zircon U-Pb-O isotopic evidence：plume or convergent plate boundary process[J]. Precambrian Research，281：236-252.

Renner R，Nisbet E G，Cheadle M J. 1994. Komatiite flows from the reliance formation，Belingwe Belt，Zimbabwe：Ⅰ. Petrography and mineralogy[J]. Journal of Petrology，35：361-400.

Rogers N，Macdonald R，Fitton J G，et al. 2000. Two mantle plumes beneath the East African rift system：Sr，Nd and Pb isotope evidence from Kenya Rift basalts[J]. Earth and Planetary Science Letters，176：387-400.

Rudnick R L，Gao S. 2003. Composition of the continental crust[M]. Treatise on Geochemistry，3：1-64.

Rudnick R L，Gao S，Ling W L. 2004. Petrology and geochemistry of spinel peridotite xenoliths from Hannuoba and Qixia，North China Craton[J]. Lithos，77：609-637.

Sanislav I V，Dirks P H G M，Blenkinsop T，et al. 2018. The tectonic history of a crustal-scale shear zone in the Tanzania Craton from the Geita Greenstone Belt，NW-Tanzania Craton[J]. Precambrian Research，310：1-16.

Santosh M，Teng X M，He X F，et al. 2016. Discovery of Neoarchean suprasubduction zone ophiolite suite from Yishui Complex in the North China Craton[J]. Gondwana Research，38：1-27.

Saunders A D，Storey M，Kent R W，et al. 1992. Consequences of plume-lithosphere interactions[J]// Storey B C，Alabaster T，Pankhurst R J. Magmatism and the Cause of Continental Breakup. Geological Society，London，Special Publications，68（1）：41-60.

Schneider S，Hammerschmidt K，Rosenberg C L. 2013. Dating the longevity of ductile shear zones：insight from Ar/Ar in situ analyses[J]. Earth and Planetary Science Letters，369-370：43-58.

Searle M P. 2006. Role of the Red River Shear zone，Yunnan and Vietnam，in the continental extrusion of SE Asia[J]. Journal of the Geological Society，London，163：1025-1036.

Shaw D M. 1970. Trace element fractionation during anatexis[J]. Geochimica et Cosmochimica Acta，34：237-243.

Shervais W，Kolesar J P，Andreasen A. 2005. A field and chemical study of serpentinization-Stonyford，California：chemical flux and mass balance[J]. International Geology Review，47（1）：1-23.

Shirey S B，Kamber B S，Whitehouse M J，et al. 2008. A review of the isotopic and trace element evidence for mantle and crustal processes in the Hadean and Archean：implications for the onset of plate tectonic subduction[J]. GSA Special Papers，440：1-29.

Simpson C，De Paor D G. 1993. Strain and kinematic analysis in general shear zones[J]. Journal of Structural Geology，15：1-20.

Sizova E，Gerya T，Brown M. 2014. Contrasting styles of Phanerozoic and Precambrian continental collision[J]. Gondwana Research，25（2）：522-545.

Slama J，Kosler J，Condon D J，et al. 2008. Plesovice zircon：a new natural reference material for U/Pb and Hf isotopic microanalysis[J]. Chemical Geology，249（1-2）：1-35.

Srivastava R K. 2010. Dyke Swarms：keys for geodynamic interpretation[C]// Proceedings of the Sixth International Dyke Conference. Berlin：Springer：116-121.

Steiger R，Jäger E. 1977. Subcommission on geochronology：convention on the use of decay constants in geo-

and cosmochronology[J]. Earth and Planetary Science Letters，36：359-362.

Stern R J. 2005. Evidence from ophiolites，blueschists，and ultra-high pressure metamorphic terranes that the modern episode of subduction tectonics began in Neoproterozoic time[J]. Geology，33：557-560.

Stevenson D. 2009. Evolution of the Earth，Treatise on Geophysics[M]. Amsterdam：Elsevier Press：1-320.

Stipp M，Stünitz H，Heilbronner R，et al. 2002a. Dynamic recrystallization of quartz: correlation between natural and experimental conditions[J]. Geological Society London Special Publications，200：171-190.

Stipp M，Stünitz H，Heilbronner R，et al. 2002b. The eastern Tonale fault zone：a "natural laboratory" for crystal plastic deformation of quartz over a temperature range from 250 to 700 °C[J]. Journal of Structural Geology，24：1861-1884.

Sun G Z，Liu S W，Gao L. 2019a. Neoarchean sanukitoids and associated rocks from the Tengzhou-Pingyi intrusive complex，North China Craton：insights into petrogenesis and crust-mantle interactions[J]. Gondwana Research，68：50-68.

Sun G Z，Liu S W，Santosh M，et al. 2019b. Thickness and geothermal gradient of Neoarchean continental crust: inference from the southeastern North China craton[J]. Gondwana Research，73：16-31.

Sun G Z，Liu S W，Wang M J，et al. 2020a. Complex Neoarchean mantle metasomatism：evidence from sanukitoid diorites-monzodiorites-granodiorites in the northeastern North China Craton[J]. Precambrian Research，342：105692.

Sun G Z，Liu S W，Gao L，et al. 2020b. Origin of late Neoarchean granitoid diversity in the Western Shandong province，North China Craton[J]. Precambrian Research，339：105620.

Sun G Z，Liu S W，Cawood P A，et al. 2021. Thermal state and evolving geodynamic regimes of the Meso- to Neoarchean North China Craton[J]. Nature Communications，12（1）：3888.

Sun S S，McDonough W F. 1989. Chemical and isotopic systematics of oceanic basalts：implications for mantle composition and processes[J]. Geological Society Special Publications，42：313-345.

Suzuki K，Adachi M，Kajizuka I. 1994. Electron microprobe observations of Pb diffusion in metamorphosed detrital monazites[J]. Earth and Planetary Science Letters，128：391-405.

Takeshita T. 2021. Quartz microstructures from the sambagawa metamorphic rocks，southwest Japan：indicators of deformation conditions during exhumation[J]. Minerals，11（10）：1038.

Takeshita T，Wenk H. 1988. Plastic anisotropy and geometrical hardening in quartzites[J]. Tectonophysics，149（3-4）：345-361.

Tang L，Santosh M. 2018. Neoarchean-Paleoproterozoic terrane assembly and Wilson cycle in the North China Craton：an overview from the central segment of the Trans-North China Orogen[J]. Earth-Science Reviews，182.

Tang M，Chen K，Rudnick R L. 2016. Archean upper crust transition from mafic to felsic marks the onset of plate tectonics[J]. Science，351：372-375.

Teixeira W，Ávila C A，Dussin I A，et al. 2015. A juvenile accretion episode（2.35-2.32Ga）in the Mineiro belt and its role to the Minas accretionary orogeny：zircon U-Pb-Hf and geochemical evidences[J]. Precambrian Research，256：148-169.

Tian W，Wang S Y，Liu F L. 2017. Archean-Paleoproterozoic lithospheric mantle at the northern margin of the

North China Craton represented by tectonically exhumed peridotites[J]. Acta Geologica Sinica, 91: 2041-2057.

Tikoff B, Fossen H. 1993. Simultaneous pure and simple shear: the unified deformation matrix[J]. Tectonophysics, 217: 267-283.

Toplis M J. 2005. The thermodynamics of iron and magnesium partitioning between olivine and liquid: criteria for assessing and predicting equilibrium in natural and experimental systems[J]. Contributions to Mineralogy and Petrology, 149: 22-39.

Toy V G, Prior D J, Norris R J. 2008. Quartz fabrics in the Alpine Fault mylonites: influence of pre-existing preferred orientations on fabric development during progressive uplift[J]. Journal of Structural Geology, 30 (5): 602-621.

Tullis J. 1977. Preferred orientation of quartz produced by slip during plane strain[J]. Tectonophysics, 39: 87-102.

Turner S, Rushmer T, Reagan M. 2014. Heading down early on start of subduction on Earth[J]. Geology, 42: 139-142.

van Kranendonk M J, Smithies R H, Hickman A H, et al. 2007. Review: secular tectonic evolution of Archean continental crust: interplay between horizontal and vertical processes in the formation of the Pilbara Craton, Australia[J]. Terra Nova, 19: 1-38.

Wan Y S, Liu D Y, Wang S J, et al. 2010. Juvenile magmatism and crustal recycling at the end of the Neoarchean in Western Shandong Province, North China Craton: evidence from SHRIMP zircon dating[J]. America Journal of Science, 310: 1503-1552.

Wan Y S, Liu D Y, Wang S J, et al. 2011. ～2.7 Ga juvenile crust formation in the North China Craton (Taishan-Xintai area, western Shandong Province): further evidence of an understated event from U-Pb dating and Hf isotopic composition of zircon[J]. Precambrian Research, 186: 169-180.

Wan Y S, Dong C Y, Liu D Y, et al. 2012a. Zircon ages and geochemistry of late Neoarchean syenogranites in the North China Craton: a review[J]. Precambrian Research, 222-223: 265-289.

Wan Y S, Wang S J, Liu D Y, et al. 2012b. Redefinition of depositional ages of Neoarchean supracrustal rocks in western Shandong Province, China: SHRIMP U-Pb zircon dating[J]. Gondwana Research, 21: 768-784.

Wan Y S, Zhang Y H, Williams I S. 2013. Extreme zircon O isotopic compositions from 3.8-2.5 Ga magmatic rocks from the Anshan area, North China Craton[J]. Chemical Geology, 352: 108-124.

Wan Y S, Xie S W, Yan C H, et al. 2014. Early Neoarchean (～2.7 Ga) tectono-thermal events in the North China Craton: a synthesis[J]. Precambrian Research, 247: 45-63.

Wan Y S, Dong C Y, Xie H Q, et al. 2023. SHRIMP U-Pb zircon dating and geochemistry of the 3.8-3.1 Ga Hujiamiao Complex in Anshan (North China Craton) and the significance of the trondhjemites for early crustal genesis[J]. Precambrian Research, 388.

Wang C, Peng P, Mitchell R N, et al. 2022a. Casting a vote for shifting the Statherian: petrogenesis of 1.70 and 1.62 Ga mafic dykes in the North China Craton[J]. Lithos, 414-415: 106631.

Wang D, Romer R L, Guo J H, et al. 2020. Li and B isotopic fingerprint of Archean subduction[J]. Geochimica et Cosmochimica Acta, 268: 446-466.

Wang G D, Wang H, Chen H X, et al. 2014a. Metamorphic evolution and zircon U-Pb geochronology of the Mts. Huashan amphibolites: insights into the Palaeoproterozoic amalgamation of the North China Craton[J].

Precambrian Research, 245: 100-114.

Wang J, Wu Y B, Gao S. 2010. Zircon U-Pb and trace element data from rocks of the Huai'an complex: new insights into the late Paleoproterozoic collision between the Eastern and Western Blocks of the North China Craton[J]. Precambrian Research, 178: 59-71.

Wang Q, Wtman D A, Xu J F. 2007a. Early Cretaceous adakitic granites in the Northern Dabie complex, central China: implications for partial melting and delamination of thickened lower crust[J]. Geochimica et Cosmochimica Acta, 71: 2609-2636.

Wang W, Liu S W, Bai X, et al. 2011. Geochemistry and zircon U-Pb-Hf isotopic systematics of the Neoarchean Yixian-Fuxin greenstone belt, northern margin of the North China Craton: implications for petrogenesis and tectonic setting[J]. Gondwana Research, 20: 64-81.

Wang W, Liu S W, Santosh M. 2013a. Zircon U-Pb-Hf isotopes and whole rock geochemistry of granitoid gneisses in the Jianping gneissic terrane, Western Liaoning Province: constraints on the Neoarchean crustal evolution of the North China Craton[J]. Precambrian Research, 224: 184-221.

Wang W, Yang E X, Zhai M G, et al. 2013b. Geochemistry of ~2.7 basalts from Taishan area: constraints on the evolution of early Neoarchean granite-greenstone belt in western Shandong Province, China[J]. Precambrian Research, 224: 94-109.

Wang W, Zhai M G, Tao Y B, et al. 2014b. Late Neoarchean crustal evolution of the eastern North China Craton: a study on the provenance and metamorphism of paragneiss from the Western Shandong Province[J]. Precambrian Research, 255: 583-602.

Wang W, Liu S W, Santosh M, et al. 2015a. Neoarchean intra-oceanic arc system in the western Liaoning Province: implications for early Precambrian crustal evolution in the Eastern Block of the North China Craton[J]. Earth-Science Reviews, 150: 329-364.

Wang W, Liu S W, Cawood P A, et al. 2017. Late Neoarchean crust-mantle geodynamics: evidence from Pingquan Complex of the Northern Hebei Province, North China Craton[J]. Precambrian Research, 303: 470-493.

Wang X, Zhu W B, Zheng Y F. 2022b. Geochemical constraints on the nature of Late Archean basaltic-andesitic magmatism in the North China Craton[J]. Earth-Science Reviews, 230.

Wang X M, Zeng Z G, Chen J B. 2009. Serpentinization of peridotites from the southern Mariana fore-arc[J]. Progress in Natural Science, 19: 1287-1295.

Wang X P, Peng P, Wang C. 2016. Petrogenesis of the 2115 Ma Haicheng mafic sills from the Eastern North China craton: implications for an intra-continental rifting[J]. Gondwana Research, 39: 347-364.

Wang Y F, Li X H, Jin W. 2015b. Eoarchean ultra-depleted mantle domains inferred from ca. 3.81 Ga Anshan trondhjemitic gneisses, North China Craton[J]. Precambrian Research, 263: 88-107.

Wang Y J, Zhao G C, Fan W M, et al. 2007b. LA-ICP-MS U-Pb zircon geochronology and geochemistry of Paleoproterozoic mafic dykes from western Shandong Province: implications for back-arc basin magmatism in the Eastern Block, North China Craton[J]. Precambrian Research, 154 (1-2): 107-124.

Wei C J, Qian J H, Zhou X W. 2014. Paleoproterozoic crustal evolution of the Hengshan-Wutai-Fuping region, North China Craton[J]. Geoscience Frontiers, 5: 485-497.

Weller M B，Lenardic A. 2018. On the evolution of terrestrial planets：Bi-stability，stochastic effects，and the non-uniqueness of tectonic states[J]. Geoscience Frontiers，9：91-102.

Wiedenbeck M，Alle P，Corfu F，et al. 1995. Three natural zircon standards for U-Th-Pb，Lu-Hf，trace element and REE analyses[J]. Geostandards Newsletter，19（1）：1-23.

Wiemer D，Schrank C E，Murphy D T，et al. 2018. Earth's oldest stable crust in the Pilbara Craton formed by cyclic gravitational overturns[J]. Nature Geoscience，11：357-361.

Williams I S. 1998. U-Th-Pb geochronology by ion microprobe[J]. Reviews in Economic Geology，7：1-35.

Wilson C J L. 1975. Preferred orientation in quartz ribbon mylonites[J]. Geological Society of America Bulletin，86：968-974.

Winchester J A，Floyd P A. 1977. Geochemical discrimination of different magma series and their differentiation products using immobile elements[J]. Chemical Geology，20：325-343.

Wingate M T D，Compston W. 2000. Crystal orientation effects during ion microprobe U-Pb analysis of baddeleyite[J]. Chemical Geology，168：75-97.

Wintsch R P，Yeh M W. 2013. Oscillating brittle and viscous behaviour through the earthquake cycle in the Red River Shear Zone：monitoring flips between reaction and textural softening and hardening[J]. Tectonophysics，587：46-62.

Woodhead J D，Hergt J M，Davidson J P，et al. 2001. Hafnium isotope evidence for 'conservative' element mobility during subduction zone processes[J]. Earth and Planetary Science Letters，192：331-346.

Wu M L，Zhao G C，Sun M Y，et al. 2012. Petrology and P-T path of the Yishui mafic granulites：implications for tectonothermal evolution of the Western Shandong Complex in the Eastern Block of the North China Craton[J]. Precambrian Research，222-223：312-324.

Wu M L，Zhao G C，Sun M. 2013. Zircon U-Pb geochronology and Hf isotopes of major lithologies from the Yishui Terrane：implications for the crustal evolution of the Eastern Block，North China Craton[J]. Lithos，170-171：164-178.

Wu Z Z，Wang C，Song S G，et al. 2022. Ultrahigh-pressure peridotites record Neoarchean collisional tectonics[J]. Earth and Planetary Science Letters，596：117787.

Xia X P，Sun M，Zhao G C. 2006. U-Pb and Hf isotopic study of detrital zircons from the Wulashan khondalites：constraints on the evolution of the Ordos Terrane，Western Block of the North China Craton[J]. Earth and Planetary Science Letters，241：581-593.

Xypolias P. 2009. Some new aspects of kinematic vorticity analysis in naturally deformed quartzites[J]. Journal of Structural Geology，31（1）：3-10.

Xypolias P. 2010. Vorticity analysis in shear zones：a review of methods and applications[J]. Journal of Structural Geology，32（12）：2072-2092.

Yang L H，Hou G T，Liu S W，et al. 2019. 2.09 Ga mafic dykes from Western Shandong，Eastern block of North China Craton，and their tectonic implications[J]. Precambrian Research，325：39-54.

Yang L H，Hou G T，Gao L，et al. 2020a. Neoarchaean subduction tectonics in Western Shandong Province，China：evidence from geochemistry and zircon U-Pb-Hf isotopes of metabasalts[J]. Geological Journal，55（5）：3575-3600.

Yang L H，Tian W，Hou G T，et al. 2020b. Volcanic succession，petrology，and geochemistry of the Sujiagou komatiite from the North China Craton[J]. Geological Journal，55（5）：3265-3282.

Yin C Q，Zhao G C，Guo J H. 2011. U-Pb and Hf isotopic study of zircons of the Helanshan complex：constrains on the evolution of the khondalite belt in the Western block of the North China Craton[J]. Lithos，122：25-38.

Yin C Q，Zhao G C，Wei C J. 2014. Metamorphism and partial melting of high-pressure politic granulites from the Qianlishan Complex：constraints on the tectonic evolution of the khondalite belt in the North China Craton[J]. Precambrian Research，242：172-186.

Yu Y，Li D P，Chen Y L，et al. 2019. Late Neoarchean slab rollback in the Jiaoliao microblock，North China Craton：constraints from zircon U-Pb geochronology and geochemistry of the Yishui Complex，Western Shandong Province[J]. Lithos，342-343：315-332.

Yu Y，Li D P，Chen Y L，et al. 2021. Mantle cooling and cratonization of Archean lithosphere by continuous plate subduction：constraints from TTGs，sanukitoids，and high-K granites，eastern North China Craton[J]. Precambrian Research，353：106042.

Yu Y，Li D P，Chen Y L，et al. 2022. Mesoarchean trondhjemitic continental nucleus and pre-plate tectonic crustal-mantle interactions of the western Shandong Complex，North China Craton[J]. Precambrian Research，369：106517.

Yuan H L，Gao S，Liu X M. 2004. Accurate U-Pb age and trace element determinations of zircon by laser ablation inductively coupled plasmamass spectrometry[J]. Geostandards and Geoanalytical Research，28：353-370.

Yuan L L，Zhang X H，Yang Z L，et al. 2017. Paleoproterozoic Alaskan-type ultramafic-mafic intrusions in the Zhongtiao mountain region，North China Craton：petrogenesis and tectonic implications[J]. Precambrian Research，296：39-61.

Zegers T E，van Keken P E. 2001. Middle Archean continent formation by crustal delamination[J]. Geology，29（12）：1083-1086.

Zegers T E，Keijzer M D，Passchier C W，et al. 1998. The Mulgandinnah Shear Zone：an Archean crustal scale strike-slip zone，Eastern Pilbara，Western Australia[J]. Precambrian Research，88（1）：233-247.

Zhai M G，Peng P. 2020. Origin of early continents and beginning of plate tectonics[J]. Science Bulletin，65（12）：970-973.

Zhai M G，Santosh M. 2011. The Early Precambrian odyssey of the North China Craton：a synoptic overview[J]. Gondwana Research，20：6-25.

Zhai M G，Santosh M. 2013. Metallogeny of the North China Craton：link with secular changes in the evolving Earth[J]. Gondwana Research，24：275-297.

Zhai M G，Shao J A，Hao J，et al. 2003. Geological signature and possible position of the North China block in the Supercontinent Rodinia[J]. Gondwana Research，6：171-183.

Zhang B，Zhang J J，Chang Z F，et al. 2012a. The Biluoxueshan transpressive deformation zone monitored by synkinematic plutons，around the eastern Himalayan syntaxis[J]. Tectonophysics，574-575：158-180.

Zhang C L，Diwu C R，Kröner A. 2015. Archean-Paleoproterozoic crustal evolution of the Ordos Block in the North China Craton：constraints from zircon U-Pb geochronology and Hf isotopes for gneissic granitoids of the basement[J]. Precambrian Research，267：121-136.

Zhang H，Liu Y，Yang L H，et al. 2021. Numerical modelling of porphyroclast rotation in the brittle-viscous transition zone[J]. Journal of Structural Geology，148：104357.

Zhang H，Hou G T，Zhang B，et al. 2022a. Kinematics，temperature and geochronology of the Qingyi ductile shear zone：tectonic implications for late Neoarchean microblock amalgamation in the Western Shandong Province，North China craton[J]. Journal of Structural Geology，161：104645.

Zhang H，Hou G T，Tian W. 2023. Baddeleyite dating of a 2.34 Ga mafic dyke in the Western Shandong Province，North China Craton，and its tectonic implications[J]. Geological Journal，438-439：107013.

Zhang J，Zhao G C，Li S Z，et al. 2007. Deformation history of the Hengshan Complex：implications for the tectonic evolution of the Trans-North China Orogen[J]. Journal of Structural Geology，29（6）：933-949.

Zhang J，Zhao G C，Li S Z. 2009. Polyphase deformation of the Fuping Complex，Trans-North China Orogen：structures，SHRIMP U-Pb zircon ages and tectonic implications[J]. Journal of Structural Geology，31：177-193.

Zhang J，Zhao G C，Li S Z，et al. 2012b. Structural and aeromagnetic studies of the Wutai Complex：implications for the tectonic evolution of the Trans-North China Orogen[J]. Precambrian Research，222-223（6）：212-229.

Zhang J J，Zheng Y D. 1997. Polar Mohr constructions for strain analysis in general shear zones[J]. Journal of Structural Geology，19（5）：745-748.

Zhang S H，Ernst R，Yang Z Y，et al. 2022b. Spatial Distribution of 1.4-1.3 Ga LIPs and Carbonatite-Related REE Deposits：evidence for Large-Scale Continental Rifting in the Columbia （Nuna） Supercontinent[J]. Earth and Planetary Science Letters，597：117815.

Zhang W，Hu Z，Spectroscopy A. 2020. Estimation of isotopic reference values for pure materials and geological reference materials[J]. Atomic Spectroscopy，41（3）：93-102.

Zhao G C，Zhai M G. 2013. Lithotectonic elements of Precambrian basement in the North China Craton：review and tectonic implications[J]. Gondwana Research，23：1207-1240.

Zhao G C，Wilde S A，Cawood P A. 1998. Thermal evolution of Archean basement rocks from the Eastern part of the North China Craton and its bearing on tectonic setting[J]. International Geology Review，40：706-721.

Zhao G C，Wilde S A，Cawood P A. 2001. Archean blocks and their boundaries in the North China Craton：lithological，geochemical，structural and P-T path constraints and tectonic evolution[J]. Precambrian Research，101：45-73.

Zhao G C，Sun M，Wilde S A，et al. 2004. A Paleo-Mesoproterozoic supercontinent：assembly，growth and breakup[J]. Earth-Science Reviews，67：91-123.

Zhao G C，Sun M，Wilde S A. 2005. Late Archean to Paleoproterozoic evolution of the North China Craton：key issues revisited[J]. Precambrian Research，136：177-202.

Zhao G C，Wilde S A，Sun M. 2008. SHRIMP U-Pb zircon geochronology of the Huai'an Complex：constrians on Late Archean to Paleoproterozoic magmatic and metamorphic events in the Trans-North China Orogen[J]. American Journal of Sciences，308：270-303.

Zhao G C，Li S Z，Sun M，et al. 2011. Assembly，accretion，and break-up of the Palaeo-Mesoproterozoic Columbia supercontinent：records in the North China Craton revisited[J]. International Geology Review，53：1331-1356.

Zhao G C，Cawood P A，Li S Z，et al. 2012. Amalgamation of the North China Craton：key issues and discussion[J]. Precambrian Research，222-223：55-76.

Zhao Z R，Song H X，Shen Q H. 2009. Geochemistry and age of a metapelite rock in the Yishui complex，Shandong Province[J]. Acta Petrologica Sinica，25：1863-1871.

Zheng Y F，Zhao G C，2020. Two styles of plate tectonics in Earth's history[J]. Science Bulletin，65（4）：329-334.

Zhou Y Y，Zhai M G. 2022. Mantle plume-triggered rifting closely following Neoarchean cratonization revealed by 2.50-2.20 Ga magmatism across North China Craton[J]. Earth-Science Reviews，230：104060.

Zuo R，Long X P，Zhai M G，et al. 2021. Geochemical characteristics of the early Neoarchean komatiite from the North China Craton：evidence for plume-craton interaction[J]. Precambrian Research，357（B6）：106143.